国际照明设计年鉴
2014

100+ PROJECTS
INTERNATIONAL
LIGHTING DESIGN
YEARBOOK 2014

主编_何崴　副主编_张昕　参编_陈东 张倩 李蔚霖 王子妍 赵晓波

照明设计 杂志社　策划　　　　ⅭⅮN西顿照明　协办　　　　中国林业出版社

谨将此书献给《照明设计》十周年生日

THIS BOOK INSCRIBE TO THE 10TH ANNIVERSARY OF
PROFESSIONAL LIGHTING DESIGN CHINA

PREFACE 序言

本书是我主持编撰的第 4 本《国际照明设计年鉴》。自 2008 年开始，我与我的团队每两年编辑出版一部"年鉴"，或者说"双年鉴"用以向国内的建筑师、室内设计师、照明设计师们介绍两年内国内外最具特点，也最优秀的照明设计案例及设计思想。时间如梭，一晃已是 6 个年头，中国的照明行业发生了很多大事和小事，而我们对于照明设计的那份热情仍然未变。因此，在 2014 年的开年之际，我们又如约开始筹备《国际照明设计年鉴 2014》一书。

必须说明的是，《国际照明设计年鉴 2014》一书首先延续了前三本《年鉴》的大格局，以介绍国内外近两年发生的优秀案例为主。在案例组织上，我们仍然按照项目的性质，对案例进行了分类，如文化建筑、城市景观、商业零售等等。读者可以通过目录，或者书页上的色彩提示清晰的找到不同类型的照明设计项目，并快速的掌握近两年来此类建筑照明的趋势，以及国内外设计师的设计思想。对于每个案例的介绍，我们力求简洁明了：简短概括的介绍文字，典型场景的照片，特别是相关技术图纸的呈现是我们希望运用的手法。

我们希望能透过此书，向读者勾勒一个国际照明设计的大轮廓，但也能让设计同行透过项目互相交流和学习。正可谓："致广大"基础上的"尽精微"。

在介绍案例的同时，本次我们还特意增加了理论性、思考性的文章，这是在前三本《年鉴》中没有的。近年来，随着照明技术的革命，特别是 LED 和 OLED 的成熟，以及控制技术的发展，照明设计的理念已经发生了翻天覆地的变化，照明的自我表现欲望在不断的提升，它对于城市和环境的作用也在不断放大，大有和建筑分庭抗礼之势；另一方面，能源的危机、生态和节能的意识，以及光对健康的影响等议题又要求设计师重新思考天然光和人工光的关系，光明与黑暗的关系等一系列问题。而这些思想既是当今照明界正在发生的事实，也是引导未来发展的基石。

作为一本需要反映近两年照明设计现状的书籍，我们觉得这些思想的呈现是必要的。诚然，因为时间和诸多条件的限制，在本书中，我们只是将近年来收集到的相关文章进行了筛选性呈现，其中部分文章还根据需要进行了文摘式的重编。想来对于很多学者来说，这种草草的态度是不可取的；但因为本书的初衷不是论著，而是希望成为广大活跃在一线的设计师的一个"充电器"，因此也请各位读者原谅我们的"不认真"。

在本文的最后，我必须再次感谢参与本书编写的各位同事，以及给予过本书帮助的新老朋友们。感谢各位的支持和付出！没有你们，就没有此书的面世。最后，我代表本书的编辑团队，衷心的感谢所有陪伴我们的读者，希望各位能够喜欢这本书，并将它作为你书架上的一本常用书。

《照明设计》执行主编
2014 年夏日于北京

This is the fourth *International Lighting Design Yearbook* edited by me. From 2008, my team and I edit and publish a "yearbook" or "biennial yearbook" every two years with the aim of presenting the most characteristic and outstanding lighting design cases and design ideas home and abroad in the past two years to all the Chinese architects, interior designers and lighting designers. Despite of the great changes in China's lighting industry over the past six years, our passion for the lighting design realm is still as intense as ever. At the beginning of 2014, we got started to prepare a new issue - *International Lighting Design Yearbook* 2014 for our readers.

I would like to point out that *International Lighting Design Yearbook* 2014 continues the framework of the previous issues, which focuses on excellent domestic and foreign cases finished over the past two years. These cases are classified in accordance with the nature of projects, such as cultural construction, cityscape, commercial & retail, etc. so that the readers may locate different types of lighting design projects according to the catalogue or color indications and know more about the trends of these buildings in the past two years and the design philosophies of domestic and foreign designers without delay. In addition, we try to give brief and clear description of each case: concise introduction, photographs of typical scenes and especially presenting related technical drawings have been our usual techniques.

We would like to see that this book will not only give our readers an outline of the international lighting design realm but enable business peers to communicate with and learn from each other as well, that is, this book covers a wide range of lighting knowledge without losing minute details.

In addition to introducing related cases, we have particularly included theoretical and thought-provoking articles for the first time. On the one hand, with the revolution of lighting technology, especially

the maturing LED and OLED and the development of control technology, earth-shaking changes have taken place in the lighting design philosophy. This has led to diverse techniques to highlight illumination which has played a more and more important role, and even not second to buildings, in beautifying the city and environment. On the other hand, such issues as energy crisis, the awareness of ecological protection and energy conservation and the impact of light on health make it necessary for designers to rethink the relations between natural light and artificial light and between light and darkness, etc. These ideas, facing the lighting industry at the moment, also serve as foundations for future development.

We believe it is necessary to present these ideas in a book on the status quo of the lighting design industry in the past two years. Owing to limited time and other constraints, this Yearbook only includes some of our collections of recent years, part of which still needs re-editing into abstracts. For many scholars, maybe this editing method is not acceptable. But this book is expected to be a "charger" for the forefront designers instead of being a treatise. So we would like to call for more understanding on the part of all the readers and learners of our "haste" in preparing this Yearbook.

Here I would like to offer my gratitude to all my colleagues and friends who have made the writing of this book possible. Without your support and efforts, this book will never be available to our readers. Besides, on behalf of our editing team, I would like to extend my heartfelt thanks to all our readers and hope this book will become one of your favorites to keep you company from time to time.

He Wei
Summer of 2014, Beijing

CONTENTS 目录

1 /HOT SPOT
热点议题

2 /LIGHTING DESIGN PROJECTS
优秀照明设计案例100⁺

CONTENTS 目录⁺

CONTENTS 目录+

3
FIELD RECOMMENDATION
专业推荐

4
APPENDIX & INDEX
附录 & 索引

1/HOT SPOT
热点议题

高楼建筑和桥梁的室外照明及其对鸟类和鱼类生命的负面影响

EXTERIOR ILLUMINATION OF TALL BUILDINGS AND BRIDGES AND ITS NEGATIVE IMPACT ON THE LIFE OF BIRDS AND FISH

文 _ Karolina M. Zielinska-Dabkowska 博士，PLDA

在过去的上百年里，人们已经从根本上改变了夜晚天空的外观表现。工业的发展、生活方式的改变以及根据每天时间变化的大众消费者对我们的星球上大范围面积内的自然黑夜的减少做出了"贡献"。迄今为止所实施的研究表明，夜晚之后可见的照明装置负面地影响了动植物群。

人工照明会破坏诸如鸟类、鱼类、蝙蝠和昆虫这样的特定生物的功能。观察结果已经显示，太多的人工光，尤其是彩色光，会对夜间生物物种产生巨大的影响，扰乱其自身的昼夜节律。动物对夜间行为的偏好可能是因为一些因素，诸如：躲避捕食者、厌恶热量、更安全地喂食或繁殖。夜晚环境光强度的改变可能会带来多种问题，繁殖、避开合适的栖息地、季节性迁徙路线的改变以及某些物种的数量减少甚至是灭绝。

尽管事实上人们已经实施了越来越多的关于室外照明对动植物群的负面影响的研究，不幸的是，这在职业照明设计的实践当中很少被考虑到，其原因在于，聚焦于生物多样性的研究者们和科学家们没有和设计照明的人们——职业照明设计师们，分享他们科研工作的发现成果。另一方面，照明设计师们缺乏在上述主题上的任何可用信息，也没有确定的指导方针可以遵循。

通过这篇文章，基于近期这样一个关于所有生命究竟有多少与自然光相关的发现，我想要开启一项讨论，并质疑这种观念：进化在所有生物体里都体现为对其天然环境，特别是对于白色和彩色光的自然敏感度。此外，我想要确定一套关于如何减少室外照明对鸟类和鱼类生命造成的负面后果的指导原则。

高楼建筑和结构的照明

自从电灯泡发明以来，建筑大楼外部照明的概念就俘获了建筑师们、大楼业主们、照明设计师们和公共大众的想象力，建筑外部照明就与权威和声望相关联起来。然而，随着人们对环境和生态问题在感知上的改变，它已经变成了一个"热门"主题。

对于数百万年来在一个昼夜循环下进化的鸟类来说，白天明亮的太阳光线在夜间则被月亮、恒星和行星们的微弱光线所替代。这种情况在近期当人们开始人工照亮夜间天空时终止了，这在工业化区域是最明显的。全球来说，每年基本上有数亿迁徙中的鸟类在春季和秋季的迁徙过程中会受到人工光存在的影响，很多没能在遭遇中生存下来。

长期以来，人们都知道鸟类被光所吸引。根据记录，鸟类的高死亡率与灯塔、被照明的电视塔和其他结构与建筑相关联。根据调查研究，数百种典型鸟类物种在夜晚进行迁徙，利用恒星作为寻路系统。

当月亮和行星们闪闪发光且没有云的时候，夜晚的天空看起来很清楚，鸟类飞过建筑大楼的屋顶、高塔和大桥，避开冲撞的风险。大多数候鸟能高飞到约 450m 的高空，但是有些物种在能见度良好的情况下会低于 90m 飞行。

我们所知道的是，当地鸟类和候鸟类对人工光的反应很大程度上依赖于光源的波长特性。鸟类看起来也拥有出色的彩色视觉，这吸引了它们朝彩色光飞去（它们有五种不同类型的视觉色素和七种不同类型的感光器）。

根据研究，诸如红色和橙色这样的长波长光，由于其光频率低，具有使候鸟失去方向的效果。短波长的光（诸如蓝色和紫色光），光频率高几乎没有被记录下有任何定向上的明显效果。

参考文献：

[1] Able K.P.A radar study of the attitude of nocturnal passerine migration[J].Bird-Banding, 1970(41):282–290.

[2] Barington R.M.The migration of birds as observed at Irish lighthouses and lightships[M]. London:R.H.Porter,1900.

[3]Biological Records Centre[1 October 2013]. 1998. http://www.ecologyandsociety.org/vol13/iss2.

[4] Deutschlander M.E. The case for light dependent magnetic orientation in animals[M].Journal of Experimental Biology,1999(202):891–908.

[5] Dominoni D.M., Goymann W., Helm G., Partecke J., Urban-like night illumination reduces melatonin release in European blackbirds (Turdus merula): implications of city life for biological time-keeping of songbirds[M]. 2013, 10 (1): 60.

[6] Delbeek CH. J.The Effect of Light on the Behaviour and Well Being of Marine Fish: Who Shut Off the Lights?[J]. ATOLL,1986(2).

[7]Folmar L.C., Dickhoff W.W. Evoluation of some physiological parameters as predictive indicates of smoltification[J]. Aauaculture,1981(23):309–324.

[8] Gauthreaux S.A., Belser C.Effects of artificial night lighting on migrating birds [in:] Ecological consequences of artificial night lighting[M].California: Island Press Covelo, 2005.

[9] Gauthreaux S.A., Belser C.Effects of artificial night lighting on migrating birds in Ecological consequences of artificial night lighting[J]. Island Press Covelo, California, 2005:67-68.

[10] Gauthreaux S.A., Belser C. G.The behavioural responses of migrating bird to different lighting systems on tall towers[M]. Ithaca: Cornell University, 1999.

[11] http://www.skykeepers.org/vancalsal.html, Vanishing [accessed: 1 May 2013].

[12] http://www.skykeepers.org/ sundialbridge. html [accessed: 1 May 2013].

[13] Ibid., p.1-107.

[14] Ibid., 377.

[15] Kempenaers B., Borgström P., Loës P., Schlicht E., Valcu M.Artificial Night Lighting Affects Dawn Song, Extra-Pair Siring Success, and Lay Date in Songbirds[J]. Current Biology, 2010(19): 1735-1739.

[16] Levine J.S., MacNichol Jr E. F.Color vision in fish[M].London: Academic Press, 1963.

[17] Moor M. V., Kohler S.J.Artificial light at night in freshwater habitats and its potential ecological effects[M]. California :Island Press Covelo, 2005:376.

[18] Mabee T.J.Nocturnal bird migration in northeast Oregon and south-east Washington[J].North-westen Naturalist,2004(85): 39–47.

[19] Nikolsky G.V. The Ecology of Fish[M]. London: Academic Press, 1963.

[20] Nightingale B., Longore T., Simenstadt Ch. A.Artificial Night Lighting and Fishes[M]. Washington: Islandpress, 2006:267.

[21] Overing R.High mortality at the Washington Monument[J].Auk,1938(55): 679.

[22] Outen A.R. The possible ecological implications of artificial lighting, Hertfordshire[M].

[23] Pot H.Green Light for Nocturnally Migrating Birds[J/OL]..Ecology and Society, 2013.

[24] Terricone P., Royal Treatment[J]. LD+A August, 2007:53–55.

[25] Verheijen F.J.The mechanism of the trapping effect of artificial light sources upon animals[J]. Archives Neerlandaises de Zoologie, 1958(13):1.

依靠波长，人工光可能会干扰一只鸟大脑内部的罗盘功能，这是一个关键的定向机制。当天空中没有指示标志，行星被云或雾所隐藏，磁场定向就用来帮助候鸟们。

在没有月亮的环境下，人工光损害了鸟类自己定向的能力。由于光从外部照亮玻璃大楼，鸟类可能变得很糊涂而飞向被照亮的窗户。在较低的楼层，它们也可能飞向反映在玻璃上的树木的图像。

实验室里的实验已经表明候鸟类需要光谱中的蓝绿色部分的光用于磁场罗盘的定向。品红、蓝和靛蓝色光的使用对其定向的障碍效果很小，而红色和白色光则有负面影响——鸟类被"困"在一个照亮的区域中，无法回到黑暗中或指定的迁徙路线上。

调查研究表明，这依赖于波长 590nm 以下的光（黄色光）的存在。因此，由于缺少为运行磁场定向所必须的较短波长，黄色和红色光能导致混乱，鸟类则会围绕光而旋转。

如果高塔楼由于航空安全的原因而要求在屋顶上和墙上放置警告灯，饱和的红色或闪烁的红色灯塔在夜间应该避免使用。现有的研究显示饱和的或闪烁的红色灯光比白色频闪灯有更高的几率会吸引夜间迁徙的鸟类。

对非候鸟类物种来说，诸如在城市化区域的城乡欧洲山鸟类（乌鸫）进行的研究显示，夜间由光污染造成的人工光正在大范围内干扰地行为和心理过程。类似于人类，鸟类暴露在富含蓝色的白色光下会减少褪黑激素的释放。这极大地影响了它们早上逐步开始的鸣唱行为以及生殖时间和个体繁殖模式。

对"摩天大楼"和其他高大建筑结构的现有室外照明方案的分析显示，它们中只有一些是对鸟类友好的，而这些是由职业照明设计师设计的。一个出色的例子是位于伦敦心脏地带的圣玛莉艾克斯 30 号大楼的方案，由建筑师诺曼·福斯特（Norman Foster）和 Speirs+Major 合作，那里根本没有应用室外照明。尽管做出了这个决定，大楼在城市里还是可辨识的，而且被认为是白天和夜幕后的城市建筑符号。

另一个出色而非常敏感的照明方法来自于日本。为了支持可持续性方法来减少能源的使用和碳排放，Lighting Planners Associates (LPA) 公司为日本东京的森大厦提出了四种不同的照明场景。从黄昏到晚上 8 点，从晚上 8 点到 11 点，从晚上 11 点到凌晨 2 点和从凌晨 2 点到黎明。

当将眼光扩大到全球范围内时，值得一提的是一个始于 2008 年的叫"波士顿灯光熄灭"的新的倡议。在这个自愿性的项目下，参与的大楼业主们和管理者们同意在春季（3 月 1 日～ 6 月 1 日）和秋季（8 月 15 日～ 10 月 31 日）候鸟时节的晚上 11 点和早上 5 点之间关闭或调暗所有的建筑和室内照明。致力于这个项目的大楼已经通过减少能源消耗、降低气候改变的风险节省了金钱，并持续地为保护野生动物做出了贡献。

对鸟类友好的照明指导方针

开发对鸟类友好的人工照明，不会吸引鸟类或扰乱鸟类的定向。使用智能照明控制系统。避免会干扰迁徙候鸟类的磁场罗盘的白色和红色光（当天空中的线索不可见时，这个磁场罗盘在阴天的夜晚对鸟类来说特别重要）。从诸如鸟类学者这样的专家那里寻求有关迁徙季节的专业建议。在大多数迁徙发生的半夜和黎明之间关闭照明。

如果天黑之后灯光不能关闭，建议建筑师们和大楼业主们在玻璃立面上遮蔽窗户（不透明窗帘、百叶窗、遮阳篷）。避免在立面上使用上射照明，如果必须的话，遮挡灯具。建议大楼业主们和管理者们在白天的时间进行办公室清洁。

大桥的照明

直接和间接照明都对其产生重要作用的另一组动物是鱼类。在大多数鱼类里，视觉器官在游泳过程中起到了重要的定向作用。鱼类的行为，特别是它们的日间行为，极大地依赖于照明的角度。基于由 Nikolsky 在 20 世纪 60 年代初期所开展的调查研究，光对鱼类的新陈代谢、生长、行为和身体着色有着强烈的影响。像人类一样，鱼类在它们眼睛里拥有感光器（视锥细胞），使它们能在颜色之间进行分辨并适应光的明亮度。

水里的光环境和陆地上的不同，不仅是在于发光强度，而且还在于各种波长的光基于于水的深度会产生不同的光穿透。较长的波长（比如红色、橙色）会首先被吸收，在水里的第 1m 之内超过 25% 的红光被吸收了，而蓝光和绿光则在很大范围内都不会被吸收。这就是为什么我们感觉大海是蓝色或蓝绿色的。

鱼类的可见光谱依赖于其栖息地的自然环境属性。那些主要生活在诸如池塘、湖泊和河流这样的浅水区的鱼类，对波长较长的光（红色、橙色）更加敏感，而随着在大海和海洋中深度的增加，可见光光谱大大缩小到蓝色和绿色了。大多数鱼类可以在深达 15m 的范围内很好地辨别颜色。

同众所周知的是，强度与满月光（0.05 ~ 0.1 lx）相类似或强度更低的光，能引人注目地影响淡水和江口湾鱼类的行为和空间分布，这些鱼类都受光的自然昼夜和月亮周期的影响。来自单个光源且等于星光的强度（0.0005 ~ 0.001 lx）的人工光足够影响一些淡水鱼的行为。

因此，来自被照亮的大桥的人工光对某些鱼类的迁徙会产生非常重要的影响。幼年的大马哈鱼物种沿河水顺流到海洋和大海进行迁徙，而成年的鱼类则逆流迁徙去产卵。这些鱼类在夜间进行迁徙，在自然照明减弱时则由人工照明水平来提供路线线索——对于鱼类来说，这是避免捕食者增加其存活机会的最简单的方法。

观察结果已经显示，许多大桥的人工照明从大桥上面的区域对野生大马哈鱼的迁徙造成一个可能的捕食者陷阱。捕食者们将自己停留在大桥的灯光下来定位并捕获鱼类。狩猎增加了迁徙的鱼群，反过来又减少了成功迁徙的鱼类数量。

一个与人工光使用相关的负面影响的例子是位于加利福尼亚州雷丁市的海龟湾日晷大桥，由建筑师安东尼奥·卡拉特拉瓦（Antonio Calatrava）设计。这个独特的人行大桥横跨加利福尼亚州的萨克拉门托河，尽管其外形美观，但是其夜间照明对环境却并不友好。大桥底下的照明对于环境来说是个严重的威胁。

观察结果表明，大桥的照明对迁徙中的野生大马哈鱼来说就是个陷阱；捕食者们潜藏在照亮的大桥下方，定位并追捕通过的鱼类。

日晷大桥由 120 盏大型泛光灯进行照明，其中一些是直接上射出光，还有一些是朝水面下射。朝"下"投射的灯具在晚上 11 点关闭，而"上射"部分在整晚都保持开启。不幸的是，由于大桥被喷涂成白色，灯光从表面反射，造成了对水面的持续光照。

在临近伦敦的邱园里，皇家植物园里的赛克勒廊桥是在生态环保敏感区域室外照明应用的一个出色范例。邱园是一片巨大的景观园林和温室的复合体。美丽的、雕刻般的、S 型的桥横跨在湖水表面，和谐地融入到环境中去。它的夜间外观是建筑师（John Pawson）、照明设计师（Speirs+Major）、灯具制造商（ACDC Lighting）和来自皇家植物园的生态学家们之间共同协作的结果。

基于上面所呈现的例子，很显然的是，在设计阶段就去理解相关信息是很重要的，如项目是否位于已经有光污染且伴随着高水平夜间城市活动的小镇或城市中心，或者是否是诸如自然公园这样的天然黑暗的景观，或者是一个照明可能会对环境产生负面后果的有突出自然美景的区域。

对鱼类友好的照明指导方针

开发一个设计方法，在应用人工照明时考虑鱼类生活。避免会吸引以及扰乱鱼类感知的白色、蓝色和绿色光。使用智能照明控制系统来最大程度控制黑夜时分的灯光。

在迁徙周期内以及每晚从半夜开始，关闭任何直接聚焦在水上或被反射到水面上的照明

<table>
<tr><td></td><td>4</td><td>5</td></tr>
<tr><td></td><td>6</td><td>7</td></tr>
<tr><td>1 2</td><td>8</td><td>9</td></tr>
<tr><td>3</td><td></td><td></td></tr>
</table>

1 2003 年秋季，在加拿大多伦多市中心的金融街区，由"关注致命灯光组织"（FLAP）（注：一个鸟类保护志愿者组织）的成员在一个单独的迁徙季节里所收集的 2,000 只死亡的鸟。摄影：Mark Thiessen/ 国家地理学会（美国）

2 圣玛莉艾克斯 30 号大楼的标志性图案只是由室内照明所创建。无室外立面照明的理念已经用于推广绿色建筑的概念并减少光污染。照明设计：Speirs+Major 摄影：Edmund Sumner

3 森大厦，六本木新城，东京，日本。四种不同的照明场景已经应用于支持夜间环境。照明设计：Lighting Planners Associates (LPA)

4 双子塔，吉隆坡，马拉西亚。这个项目很不幸地成为一个巨大的光污染源。它将光线导向天空中，而白光则负面地影响了迁徙候鸟

5 作为巴黎天际线最高点的埃菲尔铁塔。它使用了黄色光进行照明，因此吸引了迁徙候鸟。摄影：roddh/Flicker

6 在英国伦敦皇家植物园里的赛克勒廊桥是在生态环保敏感区域内的室外照明应用的一个出色范例。照明设计：Speirs+Major 摄影：James Newton

7 位于美国萨克拉门托市的日晷大桥由 120 盏泛光灯进行照明，其中一些是直接上射出光，还有一些是朝水面下射，对鱼类的迁徙产生了负面影响。摄影：Tarek Abdellatif

8 英国格拉斯哥市的格拉斯哥大桥由蓝色光和白光照明，光反射入水中，吸引了鱼类

9 基于在地球大气增加的光污染，室外照明在发达国家和发展中国家的发展。纵坐标数字越高，通过人工光的地球大气污染越严重。来源：由波兰的格但斯克技术大学建筑学院的 Karolina M. Zielinska 博士在 2010 年至 2013 年间进行的博士学位研究

设施。在大多数鱼类迁徙发生的午夜和黎明之间关闭照明。一直遮蔽光源。向建筑师建议使用无反射性的表面、表面处理工艺和油漆来使灯光的反射最小化。从诸如鱼类学者这样的专家那里寻求有关迁徙季节的专业建议。

今天，对高楼建筑、结构和大桥不正确地应用，室外照明正在加剧着光污染。这个术语通常用于描述夜间过多的人工照明，特别是在大都会区。这样的污染让天文学家们难以观测天空，并且对夜间活动的动植物群产生负面影响。这个效应在北美、欧洲和亚洲的发达城市和人口密集城市里最为显著。

如文中图表显示，基于地球环境中所增加的光污染，室外照明在发达国家和发展中国家城市中的发展，将来室外照明的发展程度肯定会持续对动植物群产生负面后果。

结论

近些年，我们已经见证了室外照明方法上的转变，关注理解在夜间使用人工照明所带来的负面后果是什么。然而，许多设计师并没有把足够的注意力放在我们人工照亮的环境对其他物种的影响，以及它们的负面效果对动植物群演化发展的影响。人工照明被若无其事地应用于塔楼和大桥上，几乎只是为了实现美化效果这样的单一目的。

有必要去理解的是，对于城市来说，将这种负面问题最小化的唯一方法是，引入由城市代表委托的独立职业照明设计师制定照明总体规划。以一整套指导方针为形式的文件将会对照明设计师、工程师、建筑师和设计团队中其他对照明设计负责的成员有所帮助，并对如何处理有问题的议题提供指导。他们同样也会支持规划机关。此外，作为评估未来室外照明对环境的影响时的一个部分，其他的重要文件需要基于其敏感程度相继设立，当然，必须是在咨询过鸟类学者和鱼类学者以及其他来自生物多样性领域的顾问之后，再来界定应该要在夜里和凌晨时分完全关闭灯光的动物的迁徙时节，而在非迁徙周期，则应当适当考虑特殊流程 / 设计来减少鸟类和鱼类的死亡率。

基于上述例子，很清楚的是任何设计照明的人都有着对社会和环境的责任。作为专家，我们有义务去了解最新的调查研究，拓展我们现有的知识来继续我们的职业发展，并且频繁地质疑我们所参与的项目的方法。

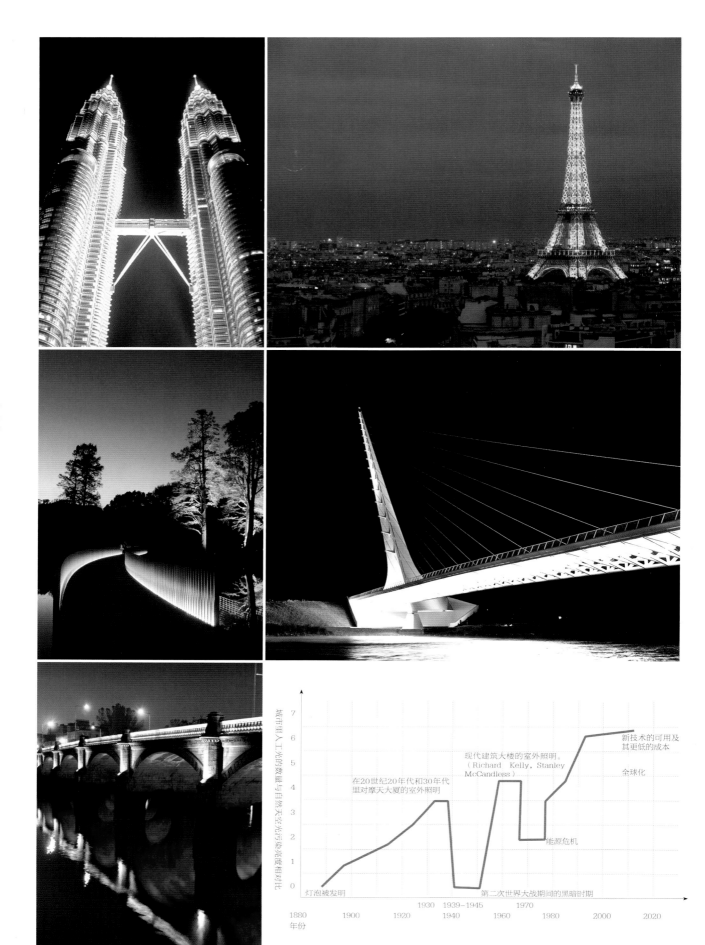

城市里人工光的数量与自然天空光污染亮度相对比

7
6
5
4
3
2
1
0

新技术的可用及
其更低的成本

现代建筑大楼的室外照明。
（Richard Kelly, Stanley
McCandless）

全球化

在20世纪20年代和30年代
里对摩天大厦的室外照明

能源危机

灯泡被发明

第二次世界大战期间的黑暗时期

1880   1900   1920   1930 1940 1960 1970 1980   2000   2020
年份   1939-1945

黑暗艺术

THE DARK ART

编者注：本文是对近年来西方学者、设计师有关黑暗的思考的文摘。主要观点来源于2013年11月在哥本哈根举行的职业照明设计师大会（PLDC）上有关"黑暗艺术"的讨论。

此次讨论由Philip Rafael和Chris Lowe两位照明设计师共同发起并主持，吸引了一大批西方学者、设计师和艺术家。他们希望通过对黑暗的讨论，探索其积极属性，并进一步开发黑暗。

CHRISTOPHER CUTTLE

NO.61 P72

《 在照明设计中
摆脱对黑暗的误解 》

黑暗艺术的目标是运用黑暗"来增强创造性自由和理性标准化之间的平衡"。

引用著名剧场设计师理查德·皮尔波（Richard Pilbrow）的话："关键并不在于灯光在哪，而是在于哪里没有灯光。"

作为设计过剧场灯光和建筑灯光的设计师，我懂得暗和亮同样重要。就像演员开演前需要留白，亮也需要用暗来衬托自己的绚烂。在剧院里我们不需要遵从关于光级的规定或是按照传统惯例来打出完美的灯光。我们并不关心演员是否被灯光闪瞎，或观众是否相信了眼前的假象，也不会在乎舞台是否在某些场景看不完全，或每平方米会用掉多少瓦数的电。我们只在乎如何将舞台上的讯息最好的传达出去。剧场设计师的这些优待常常会受到其他建筑设计师同行的倾羡，因为其他同行需要严格地遵从原则，有时还会遇到难以完成的任务和自相矛盾的原则。不过最终效果是一样的。那就是光暗相生，亮度与阴影相生，纹理与表面相生。黑暗比以往更重要。我记得是在四年前第一次了解到关于暗而非照明的总体规划方案，那是已过世的乔纳森·斯皮尔斯（Jonathan Speirs）提出的。当时我很受震撼，也一直记着这个说法。在建筑上对比概念有着不好的口碑，然而在戏剧舞台上对比却是终极目标。就好像画家需要一块洁白的画布去作画一样，灯光设计师需要以黑暗为背景来创造出他的视角效果。

最好的状况就是从完全的黑暗开始，从零开始调亮，然后慢慢看到我们挚爱的灯逐渐微亮。最初的几秒钟就是魔力的开始。

KOERT VERMEULEN

NO.61 P74

《 黑暗比以往更重要 》

EDUARDO GONÇALVES

NO.61 P76

《为适于城市空间的照明设计一个方法论》

在照明领域黑暗一直是个棘手的问题，虽然暗也是光不可分割的一部分。不过，现在也有越来越多的针对生物节奏系统的研究，研究表明黑暗对生物节律的运行以及身体健康有很大影响，虽然我们心理上会恐惧黑暗。黑暗被认为是光明的邪恶胞弟，如果看看自有人类以来黑暗背负的坏名声就会觉得这没什么稀奇。虽然今天我们比先祖们看的更明白了，但别忘了上千年前仅有的光源是太阳、满月以及后来的火。虽然黑暗在我们和大自然相处的过程中是非常重要一部分，从根本上来讲，对黑暗的恐惧是人的天性，这还包括对（或大或小的）潜伏在黑暗角落的未知生物的恐惧，这些恐怖的记忆都深深留在了我们的基因里。关键是，我们对于黑暗的接受能力受到许多方面的制约，其中包括心理方面的和经济方面，这并不仅仅是一个看到困难，并解决问题的简单过程。举个例子，在 1911 年被英国的照明工程师称作是"合适的光照水平"和今天阅读标准读物的光照水平分别是 30lx 和 300lx。正如克里斯托弗·卡特（Christopher Cuttle）所说的，"人们看不看得到事物的细节与光的速度和准确度没有关系，这和能不能实现人们的期待有关。"

我们坚信在照明领域的过度光亮等同于视觉上的白噪声，它杂乱无章，会造成视觉上的混乱。黑暗为处在光亮泛滥环境下的我们提供了一个避难所。通过理解黑暗并将其作为设计工具，我们可以创造一个能在其中审视自己的空间，而无需寻求外界的刺激。和夜的黑暗对我们的信念、恐惧和梦想的影响共存的是，黑暗带来的阴影和神秘感是视觉信息超载的一味良药。黑暗有助于我们发挥工作想象力和怀抱梦想。

有很多原因可以成为空间暗下来的理由：比如增加照明设计的感染力，比如减少能源消耗，还比如夜里过度光亮导致的褪黑激素被抑制。认为标准和规则限制了在照明设计中使用黑暗的说法是不正确的，也不符合人类的情感诉求。

然而，这并不是说我们不允许标准和规则的存在；如果没有它们，一切将混乱不堪。但是，如果设计师想要创作富有吸引力和感染力的作品，那么他一定要打破规则。现有的规则很有可能并不适合时代的需求，它们甚至有可能是错误的。但是我们一定要牢记一点，如果一点也不遵守规则，那么我们当初设立它们就一点意义也没有了。

CHRIS LOWE, PHILIP RAFAE

NO.48 P48

《照明设计——黑暗的艺术》

CHRIS LOWE, PHILIP RAFAEL

NO.61 P78

《2013 年职业照明师设计大会
（PLDC）上对黑暗艺术的讨论》

黑暗艺术宣言：

　　黑暗艺术是一场运动，它探究黑暗与光明在建筑照明设计中的关系。我们的目的是为了创建照明设计哲学，以促进在光明与黑暗之间结成一个平衡观点，加强创意自由的同时结合理性的标准化。

黑暗的定义：

　　黑暗是一个感知亮度下降的主观过程。这个期间包含树荫、影子和可见光的缺失。这个主观特性与人眼的适应性有关，它通过与光明的对比被强调。

黑暗艺术的原则：

• 光明与黑暗的设计——光明与黑暗生而平等；黑暗的属性和光明具有的属性是对称的。探究完整的"光明 - 黑暗"光谱是照明设计师的责任。

• 自然的关注光——作为照明设计师，我们本能地倾向于光明。尽管如此，黑暗、阴影和参照物具有的美学意义是鼓舞人心的设计空间不可或缺的部分。

• 文化——我们的文化被原始的进化概念所影响——光明是正义的而黑暗是邪恶的。超越这个误解以掌控照明设计中的艺术与科技是十分有必要的。

• 标准——在照明标准的框架内，对照明使用空间评估时的指标和方法限制了黑暗和对比的使用。这可能会无意中在空间中导致美学和能源效率低下的不足。

• 可持续性——一个包含有黑暗和对比的照明设计调色板提供了创建可持续空间的机会。

• 视觉适应——照明设计专业应当承认眼睛的适应性反应能力，确保丰富的视觉环境更适应人类内在本质。

• 设计层次——美学设计需要叙事和视觉层次。统一照明与这一原则会直接发生冲突。

• 专业发展——照明设计行业不是静止不变的。必须探索理解光明与黑暗的新兴方法。

昼夜适应性照明

CIRCADIAN ADAPTIVE LIGHTING

文 _ Deborah Burnett

持续性的科学发现将光与人类健康、疾病和舒适连接起来，这是十年来最令人兴奋的事情之一。时间生物学、光生物学和黑暗生物学等领域的深入研究已经搞清楚了环境光是如何直接影响人类的身体和大脑。光、黑暗以及光波长在一天内完美的定时变化周期的同步平衡成为为所有人类提供健康和舒适生活的关键组成部分。而在这个过程中，并非只有大自然提供的日光是起作用的。

正在继续的研究表明，通常周围环境下的电气照明也同样可以对昼夜系统产生直接影响：一个由通常人们所知道的睡眠/苏醒循环和昼夜节律所组成的内源性（固定的）系统。这个全体人类最基本的需求同时依赖于人体内部和周边环境的必要的刺激来保持系统处于理想的健康状态。自然界提供的光，以及环境电气照明，现在均被认为是在我们的生命持续期间内维持这个系统的驱动力。

在不远的将来，建筑师、照明设计师和制造商们将会支持认可这种认识，并作为一个为客户提供更多服务的机会：让客户们感觉更好的家居，让员工工作更有效率的办公楼，让孩子们学习更有效率的校园，以及在医院里，释放率的加快伴随着治疗时疼痛的减少是因为对光与健康关联性的 A/E/ID 专业性理解和不再仅仅提供口头上的服务。

以求最大化地增强、刺激或模拟昼夜系统的所有受控制光源的实际而广泛的应用均要求电光源、当代天然采光技术、遮光窗帘之间的无缝连接，每一项都由先进的照明控制引导使其模拟和/或增强光与黑暗的自然节律。换言之，一个完美平衡的光环境和生活在我们设计的空间内的所有生命体的固有昼夜节律以及睡眠/苏醒周期都是同步的。

逐渐形成学说的昼夜适应性照明的使用是应用照明策略对由先进的照明控制系统管理的自然光源和电光源进行整合的最好描述，出于满足以下三个目标的目的，它和一体化的遮光选项联系起来：

1. 为医学上针对疾病和健康相关的情况所指定的辅助治疗提供内置环境照明支持，诸如阿耳茨海默氏症、抑郁症、心脏病，并用于医学指导下的睡眠诊断中心。

2. 为居住者提供敏感的昼夜校准灯光支持，他们需要必要的特定动态光照水平来保持内环境稳定的睡眠癖好和昼夜节律。

3. 为在无窗环境、夜班工作的用户，或对工人以及公共安全严格要求保持高度专注的场所提供严格定时的昼夜校准照明以促进最佳的健康状况。

对于照明制造商来说，昼夜适应性照明的实践将会成为发展新产品和在全球市场上仔细研究尚未开发的市场的机会，它跨越了所有商务领域，包括健康护理、制造生产、照明商务、公共机构、迎宾招待、医疗观光、政府机关，当然还有居民住宅。这空前的潜在投资收益率的原因非常简单，人类需要光，不仅仅是视觉上看到的并用以完成日常工作的敏锐的光照水平，还包括伴随着在一天中呈现在正确时间里的特定光波长来提供所有人类最基本需求——健康的动态昼夜光照水平。思考未来的制造生产商将理解和认可这样的事实，并知道如何通过创新的光源和特别设计的灯具来传递光。

对于控制制造生产商来说，有关于昼夜校准和动态适应性环境照明的干预的举措会更加有意义，因为此协议是以对环境光线的精确定时和控制转变为前提，基于安装所在地的维度坐标而确定的一年 365 天的天文暮光时间表，这也在 24 小时内提供特定的环境温度条件。对于雇主、医疗服务提供者、学校管理人员以及酒店管理部门来说，这种精确控制环境的潜能从人力和金钱上来说都有前所未有的投资回报率：更加提高了员工的生产率和业

参考文献：

[1] Altimus,C.M., Hattar,S. 等人 . 杆状感光细胞在宽广的光强度范围内驱动昼夜节律的光校准 [J]. 自然神经科学 ,2010 年第 (13):9.

[2]Andrews JL, Esser A 等人 . 时钟基因和 BMAL1 基因调节 MyoD 基因（成肌分化抗原）是保持骨骼肌肉表型和功能所必需的 [J]. 美国科学院院刊 ,2010(11):107.

[3]Basheer R 等人 . 腺苷和睡眠 - 觉醒校准 [J]. 神经生物学进展 ,2004(73):379.

[4]Berson DM, Takao M 等人 . 由视网膜神经节细胞实现的光传导设定生物钟 [J]. 科学 ,2002(295):1070.

[5]Blask DE, Brainard GC 等人 . 人眼在夜间光线曝光时褪黑激素的抑制：对癌细胞生长和对人类患癌症风险的影响 [C]. 防疫（农药）化学会议研讨会论文集：04. 光与健康：不可见的效果 ,2004:42-45.

[6]Boivin DB, Czeisler CA 等人 . 通过光来重置人类生物钟的剂量 - 反应关系 [J]. 自然 ,1996 (379): 540-542.

[7]Buijs RM, Escobar C, Kalsbeek A. 由视交叉上核调节的昼夜代谢节律，神经学百科全书 [M].2009: 915-923.

[8]Cermakian N., Boivin DB 等人 . 阿耳茨海默氏症患者大脑区域的生物钟基因表达和控制主题 [J]. 生理节律期刊 ,2011(26):160.

[9]Czeisler CA, Kronauer RE 等人 . 强烈（类型 0）明亮照明引入对人类昼夜起搏器的动态重置 [J]. 科学 ,1989(4910):1328-1333.

[10] 窗户和办公室，一项办公室工作人员表现和室内环境的研究 [J]. 加利福尼亚州能源委员会技术学报 ,2003.

[11] Duffy JF, Wright KP. 人类昼夜系统由光校准运转 [J]. 生理节律期刊 ,2005(20):326.

绩，减少了在职期间的意外，减少了医疗过失，更加提高了学生在标准化考试中所得到的分数，以及更多的满意的品牌忠实客户。对于昼夜适应性照明环境的用户来说，最为重要的是实现改善睡眠、增强记忆力以及提升整体健康和舒适的潜力。

人类昼夜系统的概述

　　人类的昼夜系统是为了支配生理和心理过程，一种在大脑化学物质和新陈代谢功能之间的内源性（固定的）节律平衡过程。通过 协调遍及身体和大脑的诸多重复性行为的过程，昼夜系统支配了季节性、每周每天、每时每分都在发生的固有节率。计时系统机制或起搏器协调着这些变化的节奏与其他系统，诸如骨骼和再生系统，它位于眼睛正后面的一小块大脑区域里，由大约 20,000 个专门细胞所组成。为人共知的生物钟或者起搏器，视交叉上核（SCN）有着固有的计时精度和始终如一的协调以及影响大多数人体机能的能力，包括睡眠、伤口愈合和健康。起搏器已经被证明并且由明亮的环境光通过眼睛产生或与其相一致成为众所周知的事情。作为始于 90 年代后期的新型视网膜细胞，内在的感光视网膜神经节细胞（ipRGC）在世界范围内大量实验室内被发现。不同与提供直观地看到我们周边环境的方式，人们发现 ipRGC 细胞可最大限度地敏感于不可见的信号，它们由基于可用的环境光的时间、光强度、持续时间和光谱的光波长信息组成。ipRGC 是人类的生理周期系统里最早的光探测细胞，证实了对人类起搏器维持的关键作用。尽管包括食物摄入的时间以及环境温度条件在内的多种其他因素都有助于人类昼夜系统的校准或产生，人们认为，影响表达和抑制 SCN 时钟基因的主要信号并且驱动与此过程相关的大脑化学反应，就是环境光：在日光里起主导作用的是不断变化的明亮蓝色波长，在下午和傍晚时分以及定期发生的黑暗时期起主导作用的是长波长。这种节率的直接结果就是每天人类在夜间睡觉和在白天警醒的习性。

理解人类昼夜系统

　　在自然界中，昼夜系统通过定期发生在白天光照水平和晚上昏暗的光周期之间的每天和季节性变化得以优化并保持。自从早期人类历史以来，人类就一直体会着这个自然发生的关系，而仅仅从 20 世纪的最后 25 年以来现代科学才开始充分理解昼夜系统并探索其对人类健康、疾病和舒适的影响。随着 ipRGC 细胞的发现，人们现在知道它对甚至最少量的环境光都存在敏感性，科学发现已经确定了包括环境电气光源在内的所有光源都有影响人类昼夜系统的能力。

　　人类的昼夜系统由两个过程组成：恢复自我平衡的睡眠习性，通常被称为睡眠 / 觉醒循环，以及内源性（固定的）昼夜节律。作为昼夜系统的一部分，昼夜节律是一个在 24 小时内重复发生的相互联系的神经内分泌表达和抑制的循环，它们支配并且 / 或者影响了包括自主节律在内的所有人体和大脑内的活动。这些包含了体温、心血管功能、褪黑激素分泌、皮质醇分泌、代谢和睡眠等的节律。这些一度被认为超出外界影响之外的自动过程由昼夜系统严格控制，但是也可以被环境光刺激和行为刺激所影响。昼夜节律也影响了其他遍及全身和大脑的固有节奏，诸如少于每 24 小时发生的超昼夜节律，包括心率、温度调节、排尿、排便活动和鼻孔扩张。人们发现的遍及全身的每个主要器官都有自己的起搏器，同样也在主要起搏器即 SCN 的影响之下。昼夜节律是依赖性的状态，意味着有机体内环境的刺激，同样还有来源于人造或自然环境的，是调节或产生昼夜节律并保持其节律、幅度和持续时间的因素。科学发现已经表明，内源性昼夜节律通过环境照明条件和不一致的睡眠周期会受到重新定向或偏离其常规发生模式的影响。

　　当人们跨越时区和国际日期变更线时会经历这样的一个例子。感觉疲劳、意识混乱和生理疲惫，这些只是飞行时差效应中昼夜不同步的一些症状。在到达新的目的地之后的一些天内，一旦生物钟（SCN）根据新的光与黑暗的光周期、改变后的饮食时间表、当地环

[12] Swaab DF, Fliers E, Partiman TS. 人类大脑的视交叉上核与性别、年龄和老年性痴呆的关系 [J]. 大脑研究，1985(342):37–44.

[13] Swaab DF, Fliers E, Partiman TS. 人类大脑的视交叉上核与性别、年龄和老年性痴呆的关系 [J]. 大脑研究，1985(342):127–131.

[14] Eberley R, Feldman . 总人口中的肥胖和轮班工作 [J]. 专职医疗科学实践杂志，2010 (8).

[15] Edelstein, E., Ellis, R., Sollers, J., Chong, G., Brandt, R., & Thayer, J. 照明在心脏自动化控制上的效果 [R]. 萨凡纳：生理心理学研究学会，2006. Lucas RJ, Foster RG 等人 . 非杆状非锥状感光器调节哺乳动物的松果体 [J]. 科学，1999(284):505.

[16] Edelstein, E., Ellis, R., Sollers, J., Chong, G., Brandt, R., & Thayer, J. 照明在心脏自动化控制上的效果 [R]. 萨凡纳：生理心理学研究学会，2006. Lucas RJ, Foster RG 等人 . 非杆状非锥状感光器调节哺乳动物的松果体 [J]. 科学，1999(284):621.

[17] Fonken LK., Haim A. 等人 . 夜间光照通过改变食品吸收时间增加身体质量 [J]. 美国科学院学报，2010.

[18] Gooley J, Lockley S.W. 等人人类昼夜系统的光谱反应依赖于光辐照度和曝光持续时间 [J]. 科学转化医学，2010 (31):31 - 33.

[19] Hansen, J. 主要在夜间工作的妇女之间乳腺癌风险增加 [J]. 流行病学，剑桥：2001 (12): 74.

[20] Hill, S. 等人 . 衰老的老鼠褪黑激素水平和 MT1 受体表达下降与乳腺肿瘤增大生长和对褪黑激素的敏感度降低联系在一起 [J]. 乳房癌的修复治疗，2010.

[21] K Mishima, M. O. 由环境照度不足引

境温度条件和新的地磁场定位调节之后，这些都会自己校正过来。

睡眠的需要

昼夜系统的第二部分是稳态睡眠倾向（HSP）；这是一种对规则发生的觉醒和睡眠周期的与生俱来的恢复驱动力，它基于以自从最后一次充足睡眠期之后流逝的时间数量作为睡眠需要的功能。通常人们所知道的睡眠/觉醒周期，睡眠过程是一种遗传的 24 小时节奏，大脑化学活动触发全身系统和大脑反应，产生大量对人类生存严格必需的功能。睡眠时间取决于稳态睡眠倾向和个人的先天生理周期节奏之间的平衡，这决定了一个正确构建和恢复睡眠期的理想时间。这种内源性（固有的）平衡行为同样受到环境光情况的影响，特别着重于时间生物学上光与黑暗之间的活跃周期，而红色和蓝色占主导的光波长之间的转换最为活跃地在这期间动态发生着。在白天行为和黑夜的休息时分之间的循环期间，昼夜系统协调稳态睡眠倾向（HSP）驱动内源性昼夜节律来影响我们人类存在的所有区域；举几个例子，生理上和细胞的成长与修复、伤口愈合、病情恶化、体重管理和情绪。在睡眠过程中，脑电波活动转变振荡率在整个睡眠周期内是规则的 90 ～ 120 分钟的次昼夜模式，可以被夜晚的光照影响和扰乱。然而，睡眠过程依赖于我们生活方式的行为模式以及我们在白天里所接收到的环境光照水平。科学已经证明，驱动昼夜系统至少要求 1000lx 的照度。生物学黑暗这个术语已经由一名杰出的德国研究人员蒂尔·罗纳伯格（Till Roenneberg）博士创造，指的是低环境光照水平不足以驱动睡眠和觉醒循环与昼夜节律的结合。在睡眠期间，身体和大脑忙于修复和恢复过程，主要为了保持健康来确保下一天活力的回归。在贯穿我们的生命过程中，以小时计的睡眠要求将经历多个不同的年龄相关的变化范围，从新出生时的 22 小时到年轻成年人理想的 7 ～ 8 小时。被称为 PER 基因的一个特定变种现在被显示是负责决定我们与生俱来的首选睡眠时间模式；看起来喜欢"早睡早起"的人通常被称为百灵鸟，而那些上床很晚且一觉睡到中午的人被称为猫头鹰。过度延长（超过 9 小时）或缩短（少于 6 小时）的睡眠周期现在显示会引起大量工人出现的与健康和舒适相关的负面影响，诸如白天疲劳、记忆力和注意力衰退、判断力差和警觉性低。效率低下的睡眠周期同样显示与包括心脏疾病、肾脏疾病、糖尿病和诸如类风湿关节炎和纤维肌痛症为主的炎症类疾病之间的关联。昼夜节律和睡眠过程直接与两种特定的大脑神经激素化学物质相关联：褪黑激素和血清素。

褪黑激素，一种对黑暗起反应的荷尔蒙，长期以来人们了解其有助于睡眠/觉醒过程，而现在为人们所知的则是一种 DNA 的强力抗氧化保护剂，也是一种全系统的肿瘤抑制剂。这种行为方式对于考虑建筑环境内的黑暗来说很重要。新兴的研究进一步证明了这样的理解，即当由于夜间光线作用于松果体腺循环而造成血液循环中褪黑激素（MT1）不足时，一种被称为 p53 的关键的肿瘤抑制剂基因的表达就被停止了，而乳腺癌细胞则被推进到逐渐发展的状态。血清素，一种负责情绪、动作和平衡控制、疼痛感知和蠕动的亮光反应性神经传导素，与褪黑激素在时间生物学上相互平衡。这两种化学物质之间精心策划的表达和抑制的对立关系在昼夜节律和睡眠/觉醒循环中起到了重要的作用。诸如夜班工作这样的人类生活方式选择，以及白天工作环境缺少动态光线变化的影响，现在都科学地与褪黑激素和低水平循环的血清素联系起来。此外，减少褪黑激素分泌物也被证明直接与低水平环境光相关联。

昼夜不同步：工作场所的光作为生产力和全面健康的驱动器

白天日光和夜间黑暗的波长变化，其自然发生周期是人类一种重要的昼夜信号，直接影响大脑产生的下游化学物质和新陈代谢过程，包括我们的人性。多个机构利用世界范围内的资源证实了的报告声称我们超过 90% 的日常生活在室内度过，而远离了自然光源。许多科研人员都正在调查电气照明光对工人昼夜系统的影响。自从 20 世纪 80 年代晚期开始，

起的老年人褪黑激素分泌减少 [J]. 临床内分泌代谢期刊，2001(86)：129.

[22] K Mishima, M. O. 由环境照度不足引起的老年人褪黑激素分泌减少 [J]. 临床内分泌代谢期刊，2001(86)：134.

[23] Kimble, S. L. 出生体重偏低的婴儿的母亲们的日光曝露时间和健康：一份初步报告 [J]. 睡眠与睡眠混乱研究杂志，2008 (31).

[24] Knutsson A. 轮班工人的健康混乱 [J]. 职业医学杂志，2003 (53)：103.

[25] Knutsson A. 轮班工作和冠心病 [J]. 斯堪的纳维亚社会医学期刊增刊，1989(44)：1-36.

[26] Landrigan CP, Lockley SW, Bates DW, Czeisler CA. 减少实习生工作时间对重症病房医疗病房内严重医疗差错的影响 [J]. 新英格兰医学杂志，2004(351)：1838-1848.

[27] Lockley SW; Evans EE; Scheer FAJL 等人. 对于人类警觉、警惕和醒来的脑电波起直接效果作用的短波长光的灵敏度 [J]. 睡眠，2006(29)：161-168.

[28] Luckhaupt SE; Tak S; Calvert GM. 国民健康访问调查中睡眠时间短的行业和职业的患病率 [J]. 睡眠，2010(33)：149-159.

[29] 柳叶刀. 世界卫生组织国际癌症研究机构. 关于评估人类致癌风险的论文专题总结报告 [R]. 绘画、消防和轮班工，2007：804.

[30] MartinoTA 等人. 昼夜节律混乱对仓鼠造成严重的心血管病和肾脏疾病 [J]. 美国生理调节综合和比较生理学杂志，2008(294)：1675 - 1683.

[31] Martino TA 等人. 昼夜节律混乱对仓鼠造成严重的心血管病和肾脏疾病 [J]. 美国生理调节综合和比较生理学杂志，2008 (294)：675-681.

[32] McGinty D.T. 血清素和睡眠，功能和临床方面 [J]. 睡眠，2009(32)：699-700.

科学就已经积极地调查电气光对起搏器能力正面和负面的影响，这依赖于所传递的光刺激的时间、所给予光线的特定波长甚至是正在调查中的光源间色温（开尔文）差异。结果是惊人的，人们现在发现即使是一个微小的 2 秒突发性的光也能够对昼夜起搏器产生深远的生理和神经化学影响。一位研究员在让参与者接受普通荧光灯光源变化的色温（3500K 和 6500K）时发现，光同样有潜力去影响尿的褪黑激素水平和核心体温改变。在集体检查时，世界范围内同行审查的研究揭示了环境电气照明光以积极和消极的方式影响健康的潜力。不幸的是，大多数科学证据表明，傍晚时分给予的明亮光线看起来造成了一种不同步的起搏器，导致诸如对心血管系统和肾脏产生深远影响这样与健康相关的负面的后果。此外，哈佛大学近期的一项研究记录了，源自普通家用电气光源在低至 3lx 的光照水平下的光子电信号如何成为指挥大脑反应的同等物。进一步的研究同样也表明了电气照明环境和血压、疲劳水平、睡眠效率、体重增加和癌症等负面的健康影响之间的联系。

最近，科学发现目前已经确定了在夜班工人和传统的朝九晚五的白天轮班员工之中，环境照明情况和与警觉性、表现、精准以及因公事故相关联的员工行为结果之间的联系。员工降低了警觉性水平并且工作表现不佳，特别是在提供准确和及时的应急管理协议方面，这是另一个领域，科学调查已经发现由于昼夜同步性差而产生惊人费用。近来，已经出现的一些有案可循的案例，表明了在环境光水平、持续时间和光源位置对与工作相关的行为结果有直接影响这样的认识的基础上，员工的警觉性和行为表现是如何通过意图驱动的照明设计的介入来进行改善的。尽管该信息与夜班人群有关，研究也同样为日班员工和在电气照明环境下控制的重点群体论证了一个强有力的案例。

轮班工人组成了几乎全美 17.7% 的工作人口，人们现在正对其个人安全、整体健康和夜班工人中绝大多数 (76%) 的肥胖症患者表现出不断提高的关注度。科学发现成果现在已经显示了夜班工作和与失眠、睡眠效率差、心脏和胃部不适的恶化、肾脏和肝脏疾病以及肥胖和抑郁等相关的健康问题这两者之间直接的关系。自从 20 世纪 50 年代早期开始，科学就已经发现了令人信服的证据，将对人类健康显著的负面影响和由夜间照明和夜班工作所引起的生理节律的割裂联系了起来。事实上，许多研究都提供了夜班工作和妇女乳腺癌以及男性前列腺癌发病率增加这两者之间有据可查的联系。将夜班工作列为一种可能致癌的因素，这是世界卫生组织于 2007 年迈出的前所未有的一步。长期昼夜节律不同步对健康产生的后果很多，包括增加了心脏疾病、糖尿病、肥胖和抑郁症的患病率，以及与疲劳相关的交通事故、医疗过失和业绩及生产率降低导致的金钱上和情绪上的影响。

另一个调查领域将环境光和疲劳以及不同步的昼夜节律联系起来，这由人们在现场事故和死亡率的报道工作中发现。历史上看，事故后的评估数据已经表明了夜晚和墓场夜班工人的错误以及致命后果如同近期在肯塔基州发生的航空坠机事故之间的因果关系。这里，研究发现引证了员工疲劳和低注意力导致了在两个清晨时间段期间进行关键思考任务时判断评估很差的结果。人们发现，两个有问题的飞行员被剥夺了睡眠，在 48 小时的周期内仅仅睡了几个小时。研究也表明了工人的疲惫和人类在可能会影响公共安全的工业和技术操作中的计时错误之间清晰的关系。在 1988 年，具有里程碑意义的《公共政治报告》是第一个把出错和"与睡眠相关的过程"联系起来的，并且其得出的结论就是大范围惨剧现象的发生受到睡眠相关过程在时间上不完全充分的影响。自从那时起，科学就已经把工人出错、疲劳和伴随着人类昼夜节律被破坏这种情况发生的时间连接起来；这是一个与依赖于环境照明条件的睡眠过程有着千丝万缕的联系的系统。

此外，正在进行的研究还证明了有关工人中的睡眠剥夺的另一个方面：纳税人资金的损失，企业和个人的金钱（美元），以及由于生产力的损失而降低了的投资回报率。与生产力损失相关的主要引发因素已经被证明是工人的疲劳和睡眠不佳。事实上，最近的一项研究目前已经在该项损失上放置了大约平均每人每年总计达 1967 美元的金额标签。此外，员工睡眠不佳和疲劳水平现在已经显示出其在不断上涨的医疗费用上起的作用。然而，从

[33] McMenaminTM. 工作时间：轮班工作和灵活日程的最新趋势 [J]. 每月劳动力回顾，2007 (130)：3-15.

[34] Melamed S., Oksenberg A. 无白天轮班工人在白天过度嗜睡以及工伤风险 [J]. 睡眠杂志，2002 (25)：315-321.

[35] Mitler MM，Czeisler CA 等人 . 灾难、睡眠和公共政策：共识汇报睡眠 [J]. 睡眠，1988(11)：100-109.

[36] Mills P.R. 等人 . 高相对色温办公室照明对员工健康的效果 [J]. 生理节律杂志，2007(5)：2.

[37] Morita，T. Tokura H. 夜间不同色温的光的变化对人体核心温度和褪黑激素产生的效果 [J]. 人类应用科学，1996(15)：243-246.

[38] Murillo-RodriguezE 等人 . 幼小和老年老鼠基底前脑腺苷水平的日间节律 [J]. 神经科学，2004(123)：361.

[39] Paine SJ，Gander P.，et.al. 早上和夜间的流行病学：成年人（30-49 岁）的年龄、性别、种族和社会经济因素的影响 [J]. 生理节律期刊，2006(21)：68-76.

[40] Retttenbacher，P. 等人 . 转变的动态一动态照明控制在轮班工作环境中的生 [J].ZUMTOBEL 照明白皮书，2010.

[41] Rimmer，DW，Czeisler CA 等人 . 间歇明亮照明对人类昼夜起搏器的动态重置 [J]. 美国生理调节综合和比较生理学杂志，2000 (279)：1574-1579.

[42] Rosekind，MR，Gregory，K.B. 等人 . 睡眠差的代价：工作场所生产力的损失和相关的代价 [J]. 职业和环境医学杂志，2010 (52)：91-98.

[43] Rybaczyk，L.A. 等人 . 被忽视的关联：与雌激素有关的生理上和病理上的血清素的调解作用 [J]. 波士顿医疗中心妇女健康专栏，2005(5)：12.

[44] Sack RL，Blood ML，Lewy AJ. 夜班工人中的褪黑激素节律 [J]. 睡眠，1992(15)：434-441.

字面上来讲，这些调查结果有其光明的一面。自 20 世纪 90 年代中期以来，科学调查结果已经证明，除了提供获取自然光照之外，审慎应用昼夜光照水平已经在提高睡眠功效和促进更高产出的行为方面取得了显著的进步。由 Heshong Mahone 集团完成的一份证据充分的 2003 年政府生产力研究已经显示，通过在贯穿整个工作时间内提供动态自然光，工作人员的生产力有了 21% 的提高。对于雇主所关注的底线来说，在昼夜仿真照明的介入干预上的适度投资可能会被证明在任何工作领域都是有效成本，特别是在这样的工作场所，它们依赖于轮班工作人群连续 7 天 24 小时坐在无窗控制室内，在高压力工作环境下运行，比如核设施、紧急管理控制室或者是在 7 天 24 小时重症监护病房里的医疗保健护士站。

昼夜适应性照明的案例

历史上，包含特定工作任务所需的适当光照水平在内的电光源设计规范是以提高视觉灵敏度的需要为前提的。随着正在进行的科学发现，列入第二个光照水平指南的道路正变得清晰：设计昼夜光照水平来提高、支持或改变居住在我们设计的空间的任何用户的昼夜系统。昼夜照明水平已经在近期大量的研究中得到证明，并且已经由美国政府为其太空以及潜艇项目确定了其实际应用。最近，德国标准化协会（DIN）已经提出了 2012 年 12 月的目标是昼夜照明水平指南的领域内既定实践的第一份草案，适合在建筑环境内的实际应用。随着现在已经被证明可以影响人类昼夜系统的两种光源系统（电子 LED 技术和双波长荧光灯）的诞生，我们现在已经有了前所未有的潜力，可以将视觉灵敏度的照明方案和设计时间精密性的光波长变化来影响昼夜系统两者结合起来。在睡眠医学、时间生物学和光生物学领域确立的同行审查科学和医学研究，以及不断发展的研究发现，都为维持在一天 24 小时内以同步环境照明水平为意图驱动的动态变化打开了大门。不维持这种校正的后果是有据可查的，而且和对于昼夜传输和 / 或相位迁移跨越水平的无窗环境或室内照明水平低于必要的照度水平是相关的。确定昼夜光照水平的目的对于保护建筑居民远离对明亮光照和低光照水平不合适和不加选择的使用来说是至关重要的，而当它们应用于纯粹的审美目的或为了节能环保时可能会产生损害。确切的光照水平当然必须由科学界来确定。我们设计和照明社区必须准备好应用这个信息，而如下所列的昼夜适应性照明策略则是第一步。当这项技术得以正确实施时，其直接结果将会是员工认识能力和记忆任务方面得到可预期的提高，同时可能减少由于谨慎思考技能有受损和判断力变差而产生的控制室事故的风险。此外，员工自发提高警觉性、降低非工作期间疲劳水平、缩短睡眠潜伏期、增加睡眠功效等级，也是这种照明技术的一项预期结果。

昼夜适应性照明设计初步应用指南

如前所述，渐成学说的昼夜适应性照明设计的使用是应用照明战略，并最佳地描述了自然光和人工光结合先进照明控制系统以及为了相移、校准或提高人类昼夜系统而特别设计的一体化遮蔽选项，以此来诱导或影响行为上的和 / 或新陈代谢上的反应。由三个主要集中领域组成的昼夜适应性照明实践包括：

昼夜节律修复：这种类型的照明策略是为了照明和设计专业人士在医务监督的指导下的使用而设计的。临床应用包括：医疗处方的光照治疗，使用特定协议方案，适合于治疗健康和疾病情况、诸如季节性情绪失调（SAD）或黄疸的生理损伤，以及急性昼夜节律不同步症状。

这种照明技术可能会比较适合另一个实例领域，那将会是辅助护理和医院老年病房，在那里，下午晚些时候在白光里占主导地位的特定波长的环境光水平经过关键窗户，其强烈的光周期可能被证明有助于为与阿耳茨海默氏症和其他神经变性的疾病情况相关的治疗控制提供医疗上规定的辅助治疗。

昼夜节律维持：随着年龄的增加，SCN 在容积和细胞密度上都会减少，从而有助于阿

[45] Sekaran S，Hattar S，Foster RG 等人 . 黑视素依赖的感光器提供了哺乳动物视网膜上最早的光探测 [J]. 当代生物学 ，2005 (15)：1099.

[46] Schernhammer ES；Schulmeister，K. 褪黑激素和癌症风险：夜间的光照是否通过降低血清中褪黑激素水平来危害对癌症的生理防护？ [J]. 英国癌症杂志 ，2004 (90)：941.

[47] Schobersberger，W. 等人 . 在实验性的办公室工作场所里改变照明强度和色温对褪黑激素和主观情绪的影响 [J]. 应用人体工程学杂志 ，2008(39)：719-728.

[48] Stow LR，Gumz ML. 肾脏里的生物钟 [J]. 美国肾病学会期刊 ，2011(22)：598-604.

[49] Swaab DF，Fliers E，Partiman TS. 人类大脑的视交叉上核与性别、年龄和老年性痴呆的关系 [J]. 大脑研究 ，1985(9)：37.

[50] Straif K，R. et al. 轮班工作、绘画和消防的致癌性 [J]. 柳叶刀肿瘤学 ，2007(12)：1065 - 1066.

[51] Wyatt，JK. Czeisler CA 等人 . 在人类一天 20 小时生活内的温度和褪黑素的昼夜节律、睡眠和神经性行为功能 [J]. 美国心理学期刊 ，1999(277)：1152 - 1163.

[52] Zeitzer JM，Ruby NF，Fisicaro RA，Heller HC. 人类昼夜系统对毫秒级闪烁的光的反应 [M]. 公共科学图书馆·综合.

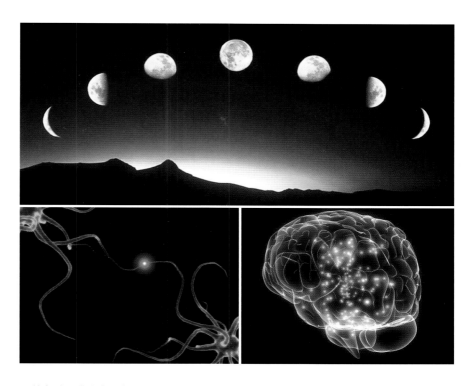

<table>
1
2 3
</table>

1 不同时间段的月亮形态
2 两个神经元的连接
3 大脑在工作，神经元被激活

耳茨海默氏症患者和老年痴呆症患者共同面临的睡眠问题。这种类型的昼夜适应性照明实践的主要焦点是提供额外的昼夜校准光照水平从而帮助睡眠。特别推荐的是先进的日光照明技术与自动动态照明和遮光系统的结合使用。

注：在指定时间里严格指定定时的照明"峰值"或特定的强烈的光波长峰值周期来影响疲劳和警觉性水平，并不是此应用方法的目的所在。这种照明应用的主要使用方法是人工模拟和／或强化建筑环境内光照与黑暗自然发生的循环，来保持并且／或者恢复正常的昼夜节律，促进一个健康的睡眠／觉醒循环。在这种设计应用中，必要的考虑包括特别注意提高全天光照水平、在红和蓝为主的光波长之间时间生物学上的动态变化、季节性调整黑暗开始时间、遮光窗帘的定时升起和降下，以及接下去在昏暗周期里自然发现的微妙色漂移。自动化的房间里黑暗的遮光窗帘结合使用先进照明控制的现代照明系统，这是这种照明重点的一个技术上的组成部分。

应用领域包括：医疗病房、医院重症监护室（ICU）和神经外科加强监护病房（NICU）区域、居民寓所长期护理和公共区域、监狱、酒店套房、商务温泉和健康放松中心、无窗生活环境，和需要特别强调放松状态的居住环境。

昼夜节律仿真：临床或非临床上 A/E 和 ID 专业应用动态照明系统于人工仿真自然发生的光周期，加上为了提高行为产出从而对加强的蓝光波长占主导的白光进行严格定时峰值或光周期，是这种照明策略的主要焦点。使用策略性设置的令人警觉的富含蓝色光波的峰值，结合使用合适的遮光控制在遍及日夜里所实现动态照明的交替循环，特别适合于员工警觉性在一年 365 天，24/7 全时段内都很重要的行业。这种严格执行的光焦点不仅很适合于工厂轮班环境，也适合严格要求员工注意细节、减少差错和应急表现反应的环境，诸如控制室、护士站和配药的药房。

注：临床或医疗监督可能在照明设计规范中起到作用，旨在减少疲劳、控制血压以及其他和夜班工作环境内医学相关的健康功能。应用领域包括：工业和商业控制室、护士站、办公室环境、轮班工作区域、所有和环境相关的工作、学校、医院急诊室和外科套房、7 天24 小时制药部门以及所有无窗工作和学校环境。住宅厨房、卧室和浴室这些设计意图都放在睡眠质量和体重管理的场所，是考虑使用这种类型的昼夜适应性照明的额外区域。

译：宣琦

健康学习环境中的天然光设计

DAYLIGHT DESIGN FOR HEALTHY LEARNING ENVIRONMENTS

文 _ **Barbara Matusiak**

两千年前，罗马帝国的公民非常看重自由地沐浴阳光这项权利，国家甚至为此专门制定法律！现代主义建筑的开拓者勒·柯布西耶（Le Corbusier）和瓦尔特·格罗皮乌斯（Walter Gropius）曾指出：健康对于光环境的依赖程度要远远超过视觉，因为人们的生理周期多和太阳有关。就目前我们对于昼夜系统的了解，他们的观点是正确的。此外，理查·德霍迪（Richard Hobday）在他的新作《太阳愈合》中回顾和总结了最近一段时间的相关研究成果，我们可以从中找到不少显而易见的例子：一些抑郁症患者，如果经常在医院里晒太阳，就会恢复得更好；心脏病患者如果一直居住在充满阳光的房间，那么病情会好转得更快；那些住院的病人，如果住在向阳的病房，对于止痛药的需求也减少了，而且不容易受到感染。

天然光是人类健康的基础？

正如我们所知，虽然不同生物在生理周期内的表现都各不相同，但几乎所有的生物都以 24 小时为基本单位。对于广义的生物体器官的各项活动，包括大脑，都呈现出以白昼（或者昼夜）为周期。例如在夜间，由于褪黑激素的释放，使我们感到睡意渐浓，释放压力，并且使得各项生理活动变得缓慢，避免打扰睡眠过程。当褪黑激素分泌减少，皮质醇——通常也被称为应激激素开始活跃。于是我们从睡梦中醒来，开始变得生龙活虎。

我们的生物钟系统会影响我们的睡眠／清醒、体温、褪黑激素和血清素的产生、皮质醇的浓度、饮食习惯、情绪、疲劳度、言行举止、肾上腺素的浓度、尿液的产生以及钾、钠、钙、镁、磷在尿液中的浓度，促醛固酮激素和生长激素的产生。

天然光如何来影响这些呢？

这一切都从视网膜开始。它属于眼睛的系统，不仅仅是"传统"意义上在视觉上的感受光的器官，也是一种可对光作出反应的神经节细胞，我们称之为光敏神经节细胞。这些细胞中含有黑视素细胞。光敏神经节细胞接受到的信号通过一定的途径传输到视交叉上核细胞 (SCN)。这些视交叉上核细胞接收到视网膜上通过曝光得到的信息后，将这些信息翻译，然后传输至松果体，一种位于丘脑位置的形似松果的微小结构。作为回应，当光线非常弱

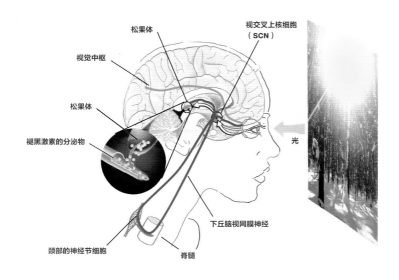

的时候，松果体会分泌出皮质醇。

也就是说，这种周期性的变化是基于简单的天然光有无而存在的。实验表明，即使没有天然光的存在，这种昼夜周期的变化仍然会存在。但是，天然光的缺乏导致了整个周期会变缓（每 24 小时约减缓 1.1 小时）。而天然光，实际上是加速了人体的昼夜节律，以配合 24 小时作为一个周期的循环。我们将此现场称之为"相移"，对我们而言，这每天大约 1.1 小时的加速变化，是非常需要的。

我们的头脑和身体是否需要我们所能得到的光的数量和强度？

对于我们大多数人而言，答案是否定的，因为我们有很多时间是在缺乏天然光的室内空间度过的（大约每年超过 80% 的时间）。天然光的光照水平对于人体昼夜节律的影响要远大于在建筑物中电光源所产生的光照水平对人体的影响。一些研究人员声称，视网膜上的照度水平至少要达到 1,000lx，才足以激发和影响昼夜系统。

除了光照强度，光谱分布也是一个重要因素。黑视素，在感光的视网膜神经节细胞中发现一种感光色素，对于蓝色光谱最为敏感；一些研究者指出，这些最有效激发黑视素的谱线位于 420 ~ 440nm 范围，而不是普遍认为的 470 ~ 485 nm 范围。天然光中含有非常强大的蓝色光谱，因此，天然光对于人类健康的重要性显而易见。

一般来说，一天当中，松果体在清晨更为敏感。它在处于敏感度峰值（大约清晨 4 点左右）的时候，只要很低强度的光，就可以完成积极的生理相移，但是随着时间的推移，松果体的敏感度逐渐降低，此时则需要更高强度的光或者照射时间更长，才能达到同样的效果。根据目前公认的 Kronauer 模型，存在一个极限点（大约下午 2 点左右），在过了这个极限点之后，天然光照射越多，昼夜节律的变化又变得愈发缓慢了。

天然光照射不足会产生什么后果？

如果到达视网膜的光强度过低，松果体的褪黑激素的生产周期将逐步放缓至 25.1 小时。这样会使褪黑激素对于一天的时间感知产生错误，进而导致嗜睡和困倦。

年轻人可能会遇到"睡眠时间相位延迟症"。如果患有这种疾病，人总是感到疲惫不堪，从而无法进行有效的工作。另一方面，对于老人，可能会遇到"失眠错相症"——这是一种不太好的倾向，过早醒来，入睡随机。

长时间的天然光照射不足，会增加人们的敏感情绪，还会影响到人们的免疫系统。对于个人而言，我们知道会因为天然光照射不足而导致季节性的抑郁情绪。在位于纬度较高的国家里，大约 5% 的人口（包括成人和儿童）会出现冬季悲观症。

高强度天然光照射会带来哪些益处？

要回答这个问题，我们首先来看这个案例。在上世纪 90 年代，由创新设计（Innovative Design）团队为位于北卡罗来纳州的约翰斯顿康蒂学校设计了天然光照明系统。阳光被送到这个学校的各个主要的活动空间：所有的教室、健身房、礼堂和食堂。即使是较小的窗户，可能不是整个采光系统的重要组成部分，但也被纳入这个照明系统中。朝南的屋顶设计了监控系统，在这些室内空间使用期间，提供天然光照明。所有的屋顶监控系统都安装了防眩光系统用来防止过于刺眼的太阳光，此外，学校还安装了光感设备，用来控制人工照明系统。

通过观察和记录，我们发现：孩子们的缺席时间减少了（每年大约减少三至四天），蛀牙也减少了，图书馆变得更为安静，孩子们的情绪变得更为乐观。另外，孩子们长得更高了。

为了评估学生们的表现，约翰斯顿康蒂地区在三年制的学校里进行阅读和数学测试。Heschong Mahone 小组是多学科交叉的顾问团队，他们发现孩子们的阅读能力和数学成绩与天然光的照明水平有着显著的关联。

对外部世界的观察能带来什么益处？

威廉·林 (William Lam) 在他的著作《认知与建筑照明》中强调了视觉信息对于人们基本生理需求的重要性。"我们会自觉或不自觉地将精力更多地关注在那些关系到身体、智力和幸福感的重要的生理因素上"。

在生理需求上，影响最大的视觉信息是：

• 在某个地方的方向感需求；

• 对时间的感知；

• 对天气情况的需求。

以上所列出的视觉信息对生理需求是非常重要的，如果无法获取这些全部的相关信息，那么很难去胜任某项工作。以上所有需要基本上在白天都能得到相应的信息，这样与外部世界的视觉联系才能有效进行。

视觉质量有多重要？

"对大自然的观察能够有效地恢复对事物的专注度。"——乌尔里希·罗杰 (Ulrich Roger)

人们通常更喜欢在风景美丽的地方活动，比如漂亮的花园，或者有水流淌的公园，而不是视线逼仄的室内角落。卡琴·帕姆派瑞（Catrine Pampairi）在剑桥大学达尔文图书馆所做的研究也证明了这个观点。

我们应该如何设计健康的学习环境？

在一年中的大部分时间里，积极相移最有可能发生在当学生起床或在去学校的路上。但是，一些学校通常不能提供充足的天然光照明，以致于正常的生理相移难以实现。在高纬度地区，随着冬季的来临，学生在上学前的这段时间里，更难获得天然光照明，特别在隆冬时节，往往当学生到达学校的时候，整个天空还是一片漆黑。因此，学校的天然光照明系统就显得非常重要，特别是阴天的时候，在这些地区，这样的天气通常会占据一年 50% 的工作时间。

阳光应当被看作一种很重要的室内装饰，但要注意，工作场所强烈的眩光应当被避免。但是当太阳处于地平面上位置比较低的时候，这项工作就变得非常具有挑战性。在这种情况下，室内几乎无法获得阳光，因此，提供一个可以看到阳光明媚的风光或者建筑的视看点显得尤为重要。如果可能的话，视线所及之处应该有绿化和水系。下面这些天然光设计建议是由位于高纬度地区的学校的建造者提出的，例如类似斯堪的纳维亚地区的气候：

1. 阴天也能达到较高的天然光照明水平：

• 在教学区，DFmean > 5%，DFmin > 2%；

• 在永久办公或工作区域，DFmean > 3%，DFmin > 1%；

• 在临时办公或工作区域，DFmean > 2%。

2. 室内充满阳光；如果无法达到此项要求，创建一个可以看到阳光明媚的风景或者建筑的视看点。

3. 避免太阳眩光，特别是在永久工作区域。

4. 一个绿化 / 景观视看点（如果可能的话，能包括水系）。

下面的学校建筑，都是根据上述这些准则而设计。

阿斯卡（Asker）地区的 Borgen 学校的重建，建筑师：Hus Architects

波尔根校舍始建于 60 年代。原先学校有一个平坦的水平屋顶，整个平面布局显得有些逼仄，从最中心的位置到外墙只有 13.5m。屋顶沿着外立面呈挑檐型，这样可以在学生休息的时候提供庇护。教室门直接与室外相连，室外沿着立面建有一个天蓬，在学生休息时对

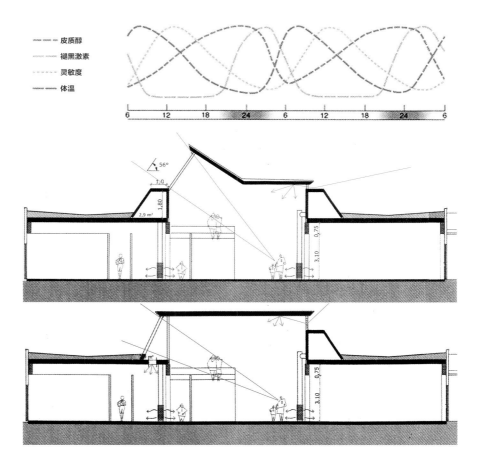

其提供保护。2002 年，学校在可持续发展的原则下进行重建。建设者做出许多努力，尽可能将更多的天然光和自然空气引入室内，有效改善室内环境，节约能源。一个来自 NTNU/SINTEF 的科学家小组设计了天然光和将自然空气引入建筑物中央核心的新概念，而笔者负责天然采光实施部分。

提高天然光入室的方法：

• 取消屋顶挑檐；

• 增加窗口尺寸；

• 增加室内中心区域通风管道上的屋顶高度，引进新的玻璃增加室内中心区域的照度水平；

• 在中央区域和建筑物外侧空间之间安装玻璃隔墙介，以增加天然光从中心区域向四周区域的透射效率；

• 安装人工照明自动控制系统。

四个关于屋顶设计的备选方案经过了反复的优化和评估。方案 A 中，中心区域的屋顶安装在通风管道上方，一直延伸到建筑的北侧边缘，这样可以获得更大的空间感，朝北的屋顶安置了条形玻璃窗，朝南的屋顶也设计了一条狭长的采光玻璃窗。通过计算，向北倾斜的玻璃可以优化天然光的透过率，同时可以将耀眼的太阳眩光减小到最低程度。在盛夏时节，太阳的高度角为 56°，对采光口的关注是为了保证在各种不同的角度天然光都可以引入室内。经过精心设计的天然光采光系统使得阳光经过两次反射到达室内中心区域，第一层位于通风管道上方的屋顶，第二层位于采光顶棚。学校的所有建筑的窗户都配备了白色的室内百叶窗，能够方便的调节进入室内的天然光的数量，同时东西朝向的天窗都配备了遮阳装置。

译：何佳明

本文节选自刊登于 41 期《照明设计》杂志的《健康学习环境中的天然光设计》一文，部分章节有调整

城市空间里与电气照明相关的时间因素

THE TIME FACTOR IN RELATION TO THE ELECTRIC LIGHTING IN URBAN SPACES

文 _ **Dennis Kohler，Raphael Sieber**

在工业化国家的城镇和城市里，电气照明在经过了几十年可被描述是潜意识下的应用之后——大体上是最直接的功能使用——灯光正在日益变成城市空间里设计和实现空间设计的明确焦点。为了城市照明方案的长期协调及其政治授权，综合规划材料的使用日益增加。该做法被地方当局部分视为一个必要而可以理解的步骤，因为人们需要广泛可用的指导性工具来操作实施任何计划性的城市规划。考虑到这种使用电气照明的政治性"设定"照明方案由地方当局来组织或授权——经常被称为照明总体规划——往往是在物产丰富的地区发生。

他们声称，经过考虑后的照明应用可以提升城市空间质量，从而满足城市可持续发展的原则。本质上这里的意思是指，天黑后总体上得以改善方向定位和供人们使用的更舒适的空间，安全感的增加和人们犹豫而不敢前往的恐怖场所的"消散"，以及由电气照明所定义的集中的城市风格和城镇形象改变的表达。这清楚地包含了要求地方当局对他们各自城市环境发展做出迫切承诺的行动范围。而令人震惊的是，甚至在电气照明在我们的城镇和城市里使用了超过 100 年之后，没有挑战性的前景预期以及接踵而来的强烈要求当局作出反应的愿望仍然没多大改变，而即使在我们对电气照明在公共领域中的效果的了解并不完整的情况下，人们已经尽量努力来实现公共区域的电气照明。

在不希望对空间进行更深入的社会学研究的情况下，我们看到了实践中和已实现的照明策略在今天进退两难的境地。设计方案的结果过多地包含了使用灯光以技术上可行且合法的装饰性方式对表面、立面和结构加以强调，同时又声称要有目的性地影响"空间"、"氛围"或者甚至是"标识"和"定位"（从一个城市环境的想象或记忆在情感上固定于人们的脑海中这个意义上来讲）——即使照明方案倾向于仅仅聚焦在特定的对象或由灯光定义的城市景观的整体结构上，它仍然是一个随意的结果。也许我们能够同意，在我们的经验里，电气照明在决定某些行为模式方面确实起到作用，而我们也可以用愉快或不愉快的情感或视觉条件来描述人们的反应。但我们必须认识到这样的事实，那就是到目前为止，在影响各个空间的存在构成这一特定目标上，我们没有电气照明应用的原则或方法论。这是因为，灯光与我们在城市空间里的表现、行为或感觉方式之间的相互关系还没有得到充分研究。

只要我们允许自己忽视或规避城市研究和实际政治方面的潜伏区域，一个重大的问题可能在于这样的事实，即在许多设计师和决策者眼里，一个城镇的形象太过于依赖所建设的环境；而当我们希望从社会意义上试图影响城市空间的印象时——为了更接近实现诸如增强方向、培养和发展小镇形象、创造合适的环境氛围等等这样的效果——大多数时间里，这就由只是和白天时的小镇系统相匹配的技术性方法而组成。在过去几年里我们已经看到，电气照明的使用通常是根据把城市空间作为物质性实体这样的一维概念来加以实施的，因此，如果是有目的性地实施，社会、文化和生态框架体系仅仅是受到了影响，或者至少被曲解了。当我们同时假设他们一举一动是"可持续的"，对于许多地方当局来说，耸人听闻而豪华的照明往往只是一个为了实现他们为自己所设定的任务的方法，也就是为了提升城镇中那毫无野心的景观而试图应用审美化的照明设计，为了唤起人们的兴趣而产生孤立的特色，或通过提高所应用的照明数量来增加行人和机动车的安全，并（错误地）认为，这将解决所有的问题。尽管从要求和动机的角度来说照明策略当然是不同的，它们却都有一个共同点：它们都是在没有预先设想标准并且没有任何历史性或其他背景参考的情况下——只是在各自的城镇的任何地方和任何时间，使用强烈、明亮或彩色的灯光来描绘人们经常或很少光顾的城市空间却并不考虑空间的状况。

　　我们正越来越多地观察到照明设计方案正在忽略从给定城市的环境质量的多个方面进行处理——这实际上导致了重要的潜在问题——上述效果因此而变得更加不易理解。因此迄今为止，社会空间关系以及时间花费的观点问题也很少在照明设计方案中进行处理——如果处理了，那也仅仅是因为它们被很巧妙地编入了设计说明或者是因为屈从于测试某种特定技术的可行性的诱惑。值得注意的是，照明设计方案不但意味着特定建筑或结构上照明的增加，还意味着全面照亮城镇形象看起来很少是由标准所驱动的，也就是说，这与在电气照明系统运行时，城市的居民和使用者的不同群体如何使用多种不同的城市空间这一问题相一致。

　　时间花费观点需要特别严肃地在涉及城市照明的规划过程中加以处理。这个问题说明了所提供的照明质量，这可远不只是安装迄今为止在经济性上被证明了并不相称的运动和存在感应器、无法改变而类似未被告知的调光方案，或者是存在障碍和使用结果不可靠的通过手机进行开关和控制的方式。灯光远不止是对景观的一种紧急援助，而电气照明已经成功地在全世界的现代社会里确立地位。与灯光一起工作的城市规划师和在城市环境里工作的照明设计师们都有责任为共同利益而设计空间。在为城市环境设计照明时，如果利益相关者成为那些掌握必要资源的人，不仅为公共领域设计照明，还为了支持他们自己的知名度和可用性而创造设计，这里就肯定会有风险。公开合法化的照明，对于抵消辐射自我表现的自主性实践，以及结束不为所有游玩者和用户制造合适照明环境这种情况来说，几乎没有作用——同样在当地政府层面，特别是当应对有疑问的问题时，只是采取了可以快速而相当简易地进行安装的产品的形式。把城镇设计的时间概念方面留给由技术或商务进行驱动的机会——从而支持"空间和时间规划"，尽管以未知或不协调的方式——这是不可接受的。通过时间跨度的延伸，导致了新的时间模式的紧急问题，这就要求我们做出关于社会的"基于时间的概念"详细检查。它是关于保护一天的某些时间，确保有休息的时间来支持影响时间路线的自然时间循环和文化方面，也就是说文化特征。如同在点亮城市的形象中所示的城市文明的功能性图表确实可以用作文化特征的一个可视化象征——可以被设计的照明影响的某些东西。因此，电气照明在公共领域中的应用也确实不仅仅在功能性公共服务和艺术性装饰之间创造了一个极性，还涉及到设计照明的责任，这也作为一个空间相关的因素整合进入了城镇并特别和城镇的时间架构逻辑相一致。

　　但是，我们所说的"城镇时间架构逻辑"，尤其是在被冠以"后福特主义"的社会里，已扩大到其对设定行为和时间节奏的理解这样的范围，也就是自然的"zeitgeber"（"计时器"）看起来似乎已经变得毫无意义了？为了不在这篇文章里转换话题，我们将不会进一步深入当前研究的详细发现成果，虽然我们会一直提到在空间时间模式里出现过的改变，而这是由于我们生活类型的加速元素（诸如交通和信息流，生产工艺）、弹性（例如，为改变市民需求而修订开放时间）和扩展（以因为服务、全球网络和日益激烈的竞争而持续进入夜晚的生产过程的形式）这些关键元素。这些变化是互相依赖的，而在今天则导致了一个"集体节奏的侵蚀"。"正如地球表面被发现、征服、调查、分配和出售，时间正逐步地被活动所征服和填满。特别是在夜间和周末——以前都是被认同为休息时间——走到前面来了"（同上）。这样看起来"天黑后的殖民开拓征服世界"正作为现代城市社会的需求而不断促进。在工业化国家，这由实际上包含一切的照明灯光的应用所显示，看起来能够保护它在时钟周围所提供的各种不同服务。到了这一天，考虑到道路交通的增加，道路照明被理解成为了公共利益的社会政治举动来保证每天 24 小时的安全，从而也证明其自己在生产过程（服务于行业）中无止境的进步是有作用的。作为不断推进的过程的一部分，功能性照明一直以来并且仍然是这样的发展的方法和标志，而当它涉及到当今的基础建设设备时，这仍然是一个不成文的规定。照明灯光已经变成了我们城市环境无所不在的一个特征。它到处存在于城镇以及城市的某些部分，贯穿整个夜晚，把这些场所表现成社会活动的永久性场所——不可否认，在多数情况下被例证的是现有都市街景的物质的"消极形式"，当夜幕降临时采用被照亮的"积极形式"。

然而，在很大程度上仍然需要澄清的是我们正在讨论的城市空间是否只是一个简单的容器，在里面一个社会在喘息之后还可以坚定地扩张，或者另一方面，(被照明的)城市环境是否被理解成为一个超越物质和意识现实(特征、氛围等等)两者的建造集合体的结构布局，为其活动时间的延伸做出贡献——因此必定会在整个过程中被认为是其自身的驱动力。这意味着灯光绝对是最重要的，反过来又对其设计和规划的方式产生深远的影响。电气照明灯光允许人们在黑夜里以自然夜间(缺少阳光的)情况下不能的方式来使用公共领域。电气照明灯光并不完全是一种新现象，这是事实，指责灯光是活动时间的扩展的结果也是不正确的。然而，从历史的角度来看，安装的电气照明的增加和我们的夜间活动之间确有正面的关联——"考虑到人工照明的不同形式，人类总是试图把活动时间延伸到夜里"。期望能够更长时间地使用空间和电气照明及其在增加活动的设计效果上的机会都是一个渐进过程的一部分。光引导活动——无论它是否吸引我们花时间做某些或者其他的事，为道路交通提供更安全的环境，或者试图干扰人们或者动物在各自的黑暗里休息，或者甚至把他们从后者中驱赶出去。灯光可以是影响时间延伸过程的一个相关因素。在最新的这一点上，照明设计师的职责必须非常清楚。照明设计不仅是制造美学气氛或提供必要的照明来支持道路的使用者们这样的问题，还是为了特定使用而创造合理设计以及与时间和空间相关的场景的工作，这些场景根据白天或夜晚的时间以及人类活跃或休息的需要会充满或没有活动。为空间设计照明灯光同时也意味着设计黑暗和阴影——两者都根据不同用户群体响应时间的需要而实现最佳。

在上述空间和时间模式的改变中，时间的加速、灵活度和延伸需要以不同的方法单独加以考虑。夜间活动模式大体上自然会根据所考虑的城镇或城市而不尽相同。在很多城镇里，一切都在傍晚开始时关闭结束了，街道也基本上没有人，然而在其他城市里，当人们在夜间结束工作而真正地外出来到镇上，空间就活跃了起来。城镇的大小、位置、社会结构和经济潜力经常在这里起到作用——但并不总是这样。大城市与更小的城镇或农村乡镇记录了不同的夜间活动模式，而人口稠密的地区与大学城镇，或者高龄人口占更高比例的地区，或者正在成长或萎缩的城镇相比，都不尽相同。这些不同并不适用于做为一个整体的城镇或城市；同一个城镇的部分地区其使用大体上也会不相同。城镇中心和郊区的住宅区相比就有不同的时间节律；夜里，两座公园的使用情况和使用人数可能完全不同；基于像厂房和诸如火车站这样的流通空间所产生的换班工作时间表，商业区和工业区就是根据这样一种非常严格的时间逻辑关系进行运营的，其直接的周边环境会倾向于变成全天候活动的"避难所"。如果你认为这些活动和时间模式很复杂，那么当你考虑到每周和季节性的波动时，这些情况就会变得更加复杂。有名的"高峰时间"在工作日里可能非常明显，但是在星期天则是完全无意义的。周六晚上的"活动"远比工作日晚上更多。做为校园路线的道路在假日期间则比较空闲。一方面，在电气照明开启时和在白天发生的活动模式有很大的不同，但是另一方面，它们也是互相可以辨别的——这依赖于城市环境的独特品质，在每周的哪天和在每年的哪些时间里使用模式是可辨别的。这就是"城镇的时间结构逻辑"变得明显的地方；它在贯穿整个城市综合体的过程中并不统一，精确而 有目的的应用灯光可以而且应该会对其产生影响。对这些模式的识别、考虑、解释和分析可以成为一个有用的基础，实现如何根据空间的使用情况对充足而合适的灯光进行设计和控制。

为了允许我们对这个主题进行简要但又以实践为导向的观察和理解，关于过去一些年里在城市照明设计工作中所产生的观点，我们会继续加以呈现。焦点会集中在对德国鲁尔峡谷一个社区(一个人口约 78,000 的城镇)的时间结构的解释上——不仅仅是为了在必要的地方应用照明灯光——而且对居民们进行的可识别的活动形式进行分析—不仅仅是为了在被期待的地方推荐照明应用。

例如，为了能够解释城镇的时空结构，多特蒙德应用科学和艺术大学的"光的空间"研究项目进行过并正在进行一项自动化的交通测量项目。该项目牵涉到收集和评估了 6 个多月的时间里记录的大约 130 个不同的控制点的约 460,000 份交通数据。比如，插图显示了根据每周的天数和每天的时间总结的交通总量——在小规模街区和道路上的详细测量可以让我们考虑不同的城市子空间，从而得出结论，但在这里由于空间不足而被省略。然而，在回顾所有城镇交通运动的总和时，我们可以得到一些有趣的评论。插图显示交通量所有平常日的傍晚都有一定的下降——全部天数里在夜间 2 点到 4 点之间所记录的交通量都是最小的。尽管不需要解释，特别引人注目的是，事实上周五到周六（FR—SA）和周六到周日（SA—SO）的夜间里，交通量的减少就没有那么显著了。最晚晚上 10 点和早上 4 点之间，在这些夜间里计算所得交通的数量很清楚地高于在工作日夜晚测量所得的数值——从周日到周一（SO—MO），或从一个工作日到另一个（WE—WE）。在平常日早上，交通总数在最迟 5 点就开始大幅上升——周末自然相反，因此周日早上交通量比周六早上更加缓慢的逐渐增加。这些结果也许乍一看琐碎而不重要，但是当分解成城镇的单独分区时（工业地产、住宅区、主干道）就更有价值了，它显示了关于交通量增加和减少的超级精准——到每分钟——的结论。

在这一点上，我们想强调的是，时间结构的调整不仅仅应用于道路照明方案，也应用于整个城市照明综合体（包括照明广告、设计照明方案和功能性照明）。

为了观察不同的活动形式，我们的研究小组也邀请了居住在城镇上的人们来参加一个互联网调查。为了为城镇的不同部分定义活动概况，超过 800 位参与者被询问他们特别喜欢以及避免前往哪些公共场所。逗留的时间、前往一个特定位置的原因、他们所感觉到的以及"在现场"时他们感觉如何，有关这些信息提供了额外的与场地相关的数据，它们在地理信息系统中以确切的坐标进行记录，就临时结构和空间的观点而言是可以估量的。我们根据采访结果，得出了人们访问各种不同场所的原因以及不同访问活动（"工作"、"购物"、"休闲"）的频率。这些得自于居住于远离城镇中心的被访问者们的结果作为单独的例子而被呈现。发生在傍晚前后的活动行为的差异，揭示了在傍晚之后，前往城镇中心的行程比前往人们所居住的家的周边邻近地区的关联性更低。

一旦一些特定的场所显著地被多次列举，我们就能够假定这些场所具有某种代表性的性质，也就可以编辑所收集到的数据来创造一份"使用简介"。插图显示了在四个平常日的白天里不断变化的"购物"、"工作"和"休闲"的强度。平常日很清晰地用"工作"活动进行了定义，而在傍晚则被"休闲"活动所取代。在周末，"工作"作为一个流动性的因素而变得不那么重要了，而"购物"在周六早上的活动清单中变得更加重要，"休闲"活动则占据了周六晚上和周日。

由于进行活动的场所完全是由测试人群所定义的，在电气照明打开时特别相关联的活动和场所可以就其特定的照明要求（例如，人们前去工作或上学所经路线）来进行检查。我们确信，这种调查会非常有价值而有助于这样的过程，首先是收集有关从属于城镇的时间性和空间性建筑结构的关键数据，其次是分类数据，第三引进致力于为用户服务的照明设计，超出了工程科学的方法。

显然，照明计划方案的各个要求不能一个一个地来自于单组数据。收集测量数据并进行我们的调查绝对可以视为一个巨大难题中小型但重要的碎块，并且可以支持对城镇的空间性和时间相关的照明要求的分析。连同一个附随的系统化程序（开放时间的调查，现场检查等等），我们是有可能获取有关城市环境特定部分（以及它们能代替的城镇其他部分）的可靠而有用的信息的。这样的证据和参考点允许更加自觉的照明灯光处理。因此，电气照明计划方案可以为了满足特定需要而进行设计，我们也能更容易地根据与活动类型和用户行为相一致的照明评估可想象的结果。那就是说：作为这个发展过程中下一步的一部分，市民们参与到决策来是必不可少的。他们的体验和预期，还有他们适应城市环境中的改变的方式——即所有无法测量或明确询问的事情都必须加以提出。当我们试图减少我们的城镇和城市中的照明灯光的数量时（例如通过调光或夜间开关等等），我们实际上被道路照明所包围这一事实和我们适应它或对它做出反应的方式（以及我们对它抱有希望）则要被考虑且放入测试中。一项引入大约170名测试者的更进一步的调查显示了人们整体上认可"谨慎使用照明灯光以及由此需要的能源"，最后49%的人赞同减少所用照明灯光的数量，但是被询问的人当中的39%完全反对实施这样的计划方案。因此，在做出一个理由充分的决定的过程中，简单地主张拥护多数观点而不调查否定的回答背后的原因，这种做法是不可取的。非常有趣的是，12%的人无法决定一种或另一种方式，这基本上就意味着——即使在考虑来自那些反对建议的人们的定性反应时——在公共照明上鲜有反应大众意见的记录性证据，以及被访问者们不能就差异性分化的照明对他们自己来说意味着什么，做出有经验的分析。因此，被照亮的公共空间的直接用户们与空间的公共关系和介入程度，对城市空间照明设计的发展过程是决定性的。上述可确定的数值仅仅只是前进的一个小指示——时间结构不能立即被转化为开关回路。

结论和未来的发展前景

如果小心实施照明应用——并且不是简单地将其"强加加"于现有的材料元素上——建筑结构和标示从结果上可以增强清晰度。这样的清晰度为公共空间的使用提供了全新的机会，随后其布局可能会产生新的身份标志。考虑到将城镇自身作为此概念的一部分，每个单独的建筑对象或空间显示了一个"社会学事实"的一个材料碎片，就像齐莫尔概念化了"城市"。在这样的空间性理解范围内，城市的"格式塔"形态——其美观规格——超越了其视觉外观。即使照明设计优先解决视觉方面，"城镇形象满意度"依然是一个基于自由行为的社会相关过程——综合考虑现有生态、社会、文化和经济情况的结果。如果城市照明限制其自身而不跟随自己内在的逻辑，也就是说照明灯光并不回应现场情况而只是将添加照明作为形式主义的行为，那么它仍然会丢失定义城市空间的夜间"格式塔"形态的机会：一个"夜间格式塔形态"，有目的地设计灯光与黑暗互相作用来满足不同的需要。需要考虑的有后面一些要点：

1. 所有年龄层和身体能力水平的人们可以使用的路线和道路，以及不同用户群体可以消磨时光的公共区域。

2. 以所有者为导向，根据城市空间在夜晚被分配的地位、参考和使用情况来分析城市空间。

3. 临时性和空间性分化的"清晰度"和不同公共空间的解释标准及其在城镇或城市中作为整体的群落，从而形成了高度多样化的社会和空间实体存在。

4. 意识到并控制性减少和避免在未建设地区的灯光及光逸散。

5. 光的生态性应用（考虑到动植物系统）以及避免逸散光进入私人家庭或射入天空。

6. 注意经济性因素，包括照明计划方案在预算范围内实施以及长期处理运行和维护的费用。

7. 为了满足在城市环境中的多种活动类型而设计的照明应用。

城镇的时间结构和有目的性地应用灯光与黑暗的不同方式（作为设计计划方案的一步）实际上正开始或多或少地在与城市照明需要解决的以上相关的要点中起到作用。时间——从日、周或年的节律的意思上来说——必须变成照明设计不可或缺的组成部分，因为光超越在城市规划中所用到的任何其他工具，为直接影响建造的城市环境及其（在夜间时光的）使用方式提供了机会。本文不会回答这样的问题，即这将如何以及带着怎样的意图系统化地发生。这依然是未来的任务，非技术性的照明研究。我们可以断言的是"空间"（及其"特征"、"氛围"、"定位"等等内在的实际）配置必须包含一个基于人类行为和干预的过程。这样的人类活动有其自己的动力，并不保持相同——尤其是在傍晚和夜间过程中以

1 根据被采访者的活动类型和观点而标记的场所

2 根据一周里每天和每天24小时的时间绘制的交通量

3 根据每周一些天和每天的时间记录的活动

+参考文献

[1]Burckhardt, L. Die Nacht ist menschgemacht. In: Stanjek, K. (Hrsg.): Zwielicht – Die Ökologie der künstlichen Helligkeit[J].München, 1989: 143-150.

[2]Eberling, M.; Henckel, D. Alles zu jeder Zeit? Städte auf dem Weg zur kontinuierlichen Aktivität. [M]Berlin,2002.

[3]Henckel, D.; Garbow, B.; Kunert-Schroth, H.; Nopper, E.; Rauch, N. Zeitstrukturen und Stadtentwicklung[M]. Stuttgart,1989.

[4]Köhler, D. Künstliches Licht im öffentlichen Raum als Aufgabe der Stadtplanung – Der Weg zu einer integrierten Lichtleitplanung. In: Köhler, D.; Walz, M.; Hochstadt, S. (Hrsg.) [M].Essen:2010.

[5]Melbin, M. Night as frontier- colonizing the world after dark. New York, National Electric Light Association 1912: Ornamental Street-Lighting[M].New York: A Municipal Investment and its Return,1987.

[6] Pohl, T.Entgrenzte Stadt-Räumliche Fragmentierung und zeitliche Flexibilisierung in der Spätmoderne[M]. Bielefeld, 2009.

[7]Simmel, G. Soziologie. Untersuchungen über die Formen der Vergesellschaftung[M]. Berlin,1908.

工作区域
1
2
3
4-5
6-10

购物区域
1-3
4-8
9-16
17-26
27-50

避免前往区域
1
2-4
5-8
9-13
14-16

休闲区域
1
2-3
4-7
8-11
12-14

Bezüge nach Stadtteil
Exemplarische Darstellung
der Ziel- und Ausgangsorte
von Bürgerinnen und Bürgern
eines Stadtteils am Beispiel
"Einkauf" – 7:30-19:30

"Einkauf" – 19:30-7:30

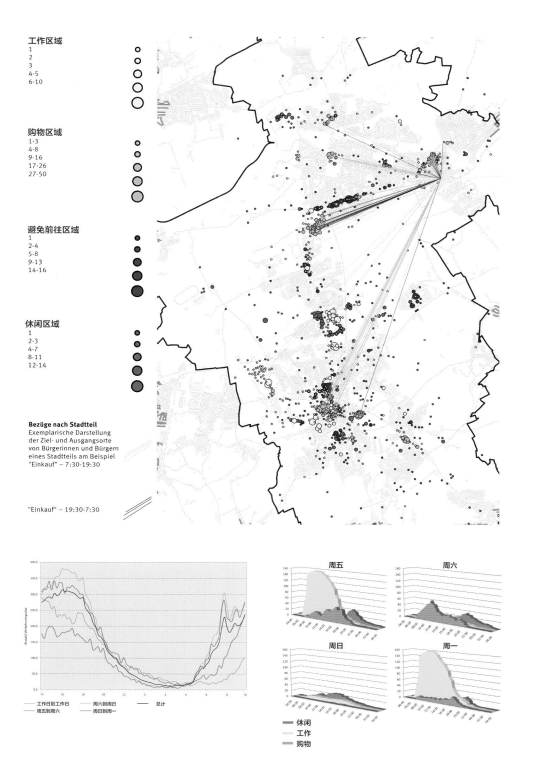

周五　周六

周日　周一

休闲
工作
购物

工作日到工作日　周六到周日　总计
周五到周六　周日到周一

及公共范围的不同部分，它表明了会剧烈改变的差异化模式。如果照明设计和规划注意影响"空间"及其属性，这些模式必须形成发展城市照明计划方案的任何一种方法的基础。针对城镇时间性和活动模式，本文提供了大量关于持续性观察和方法的指标。倘若我们有对社会的文化特性做出积极贡献的愿望——而不是把它留给机会或手机，为了大家的利益，我们可以采用之前所提供的建议来作为一项负责任的计划中的一部分。

译：宣琦

照明规划的作用

THE ROLE OF LIGHTING MASTERPLANS

文 _ **Dennis Kohler, Raphael Sieber**

谈到公共领域的统一照明，我们会认为，我们已经了解并知道为何需要它。然而我们的确了解吗？有些人将这类行动命名为"灯光总体规划"或"照明总纲"、"公共照明方案"、"总体照明概念"、"照明规划"、"城市照明方案"或者"照明原则指导"等等。那么正确的术语应该是什么？或许这些术语都有些夸大其词了，至少因为以上所列出的术语都没有对此类规划做出实质内容的总结。下面让我们更进一步的来看这个问题。

一个照明规划（为了让讨论更简单，我们就称其为照明规划）应该包含哪些内容？答案是：应该包含关于在公共场所应用灯光的基本原则和为城市创造夜间形象的思想。另外，不要忘了控制广告灯箱和广告屏的数量，因为这也是……应该怎么说才确切些？氛围，寻路，安全，幸福，减少成本和二氧化碳排放量，经济增长，提供人们对其周围环境认同方式？是这些其中的一部分。无论是作为提升城市形象的市场性策略，还是改善城市环境的基础建设工程，照明的总体规划似乎都很流行。但具体说来究竟哪里流行？哪些人会有兴趣实施一项照明规划？是那些负责商业开发、城市发展、土木工程和筹划办公楼和公共建筑设施的人士吗？将此类项目归于谁的范围内，同样难的是为规划过程制定一个统一的程序，确定参与者的工作范围，确立一套可管理的指导方针或能作为参考的最佳案例。

目前照明规划已经不仅仅是一个典型的试点项目。应该由谁为照明创建或编制规划？建筑师、城市规划师、照明设计师、电气工程师还是舞台设计师？

似乎照明规划理念已经取得了一定的地位，并可以胜任为一项值得期待、不可或缺并貌似合理的规划和沟通工具——虽然，甚至可以说，由于其周遭仍然存在着许多不一致之处。是时候该仔细看清照明规划的现状，并认真检讨这个极为重要的（尽管很少得到反思的）工具。为此，我们需要从定性和定量两方面来进行这次讨论。出于对可实施性方面的考虑，我们的观察将仅限于德国的城镇。除了基于多年以来关于照明规划的理论研究，这篇文章也以 2011 年秋天的一次调查作为依据，这次调查也属于"光的空间"研究项目的一部分。在调查中，德国有 4,500 位城市居民被邀请分享其关于公共场所灯光的感受和期待（调查返回率 16.2%）。在吕登沙伊德（2009），多特蒙德 (2010) 以及卡斯特罗普－劳克塞尔 (2011) 等德国西北部城镇实施的照明方案实例帮助我们完成了研究观察。

照明规划开始于何时？我们现今处于什么位置？

自 20 世纪 80 年代末起，越来越多的城镇开始发展照明概念，并且有很多城市都直接或间接地参考了其他一些城市在此方面的成果，如法国里昂以及英国爱丁堡等。为了利用规划和战略规划来照亮各处文化历史遗迹，并重新唤醒已几乎被遗忘的振兴旅游业、树立城市形象的行动（这些行动曾经因为石油和能源危机受到重创），他们利用人工光来提升城市建筑物的形象，并且很快就为自己赢得了"时尚前卫"的美誉。然而为了维护这一名号，就意味着忽略了城市照明设计方面真正的前卫人士。看起来里昂和爱丁堡所进行的实践的真正价值在于，它们在整个欧洲引发了各个地方政府对于城市照明的关注。在这种背景下，可以说政府开始制定正式的照明方针便是合理的了，"这些方针使得建立长久……稳固的照明规划以及相关所需的投资"。

文章篇幅有限，为了在有限的篇幅中阐述照明规划的总体现状，我将照明规划归纳为以下几种类型：

1. 总体规划

需要考虑城市的整体结构（在大多数情况下考虑的往往是城市中心区域），指出核心区域并为想要的最终结果提供可视化解决方案。整个城市的空间结构是由暴露的构筑物，如桥梁和高楼大厦、或者特定的核心区域或角落所界定的。德国 34% 的市政当局将他们的照明策略视为此种类型的规划过程，因此就依照了苏黎世 lumière 照明规划的例子。在规划的过程中，灯光形式的城市干预是根据政治和都市化标准或者一种明确的行动需要来确定的。第二步就是根据总体规划编制手册。手册中包含了针对特定城市元素和情况所建议的详细灯光应用方式。另外还专门开发制定了用于获取许可证的方案和程序，以更好的协调各种（包括私人的）照明工程并提供了质量控制的基础。

2. 针对关键主题的规划

这一过程根据场所和对象制定照明方案，并且按照其最根本的相似点来将其归类。设想的中期及最后的结果是通过模拟来演示的。杜塞尔多夫就是此类照明规划的极佳案例，它就采用了定义特定主题的概念，规划文本内会指定某个突出的场合用光加以强调。第二步，则是引入一个法规章程来将质量控制转移到第三方。

3. 个体的照明设计概念

关注那些在文化意义上对城镇有重要影响的建筑物、构筑物和广场的照明。特殊的建筑物和结构物被迷人的照亮，为的是吸引人们对于这些个体（多数是不朽作品）的注意，并通过灯光提升它们的重要性。这种方式有时候会导致某些建筑物虽被照亮，但仍座落在一片未经协调而缺乏照明的夜景之中。德国的城市中约有 7% 采取了这种方式。科隆城中心便是很好的例子。此案例中，那套照明规划是在开发一款灯具后编写的，以期在入夜后勾勒科隆城内的天际线。

4. 以过程为导向的开发

这种开发囊括了已经完成的照明设计项目，并照亮更多以资金为根据来开发的建筑物和场所，但此类开发并没有依据某个基本规划。卡斯特罗普·劳克塞尔就采用这种形式。当公共领域第一个永久性照明设计项目实现后，城市开发者指定的一系列特别的政治性项目引发了更多的临时照明装置，其中有一些随后在当地商人和产权业主的推动下成为了永久性的工程。这种做法的核心思想是拓展此类型的开发项目，使其涵盖城市的其他区域。

5. 单个项目的照明协调或者照明管理

包括调和业主与照明规划师之间的对话以及获取咨询服务。建筑物的夜景形象并未成文规定，也不是某个结构化概念的一部分。因此，它不是某个一贯执行的规划的结果，而是自主发展壮大的一连串个人行为。这种形式仅仅只关注照明设计本身。调查显示只有很少的城镇采用这种方式（仅有 2%）。鲁尔的埃森市便是采用这种规划类型的其中一个例子：2001 年埃森市邀请了照明协调顾问，负责协调和抉择哪些项目应得到实施或者维护，以促进文化活动。政府通过征集赞助商，组织个人活动来提高公众对公共区域照明艺术或照明设计的认知。许多项目一个接一个地被纳入规划中。

对各种照明规划类型的分析告诉我们，在这精心系统性项目规划组织的背后，项目质量仍然是参差不齐，设计手法和实现方式也各有不同。但令人奇怪的是，大多数实现方式都有两个共同点：一方面，照明相关的规划很少被视为一个正式的工具，因此在地方当局日常作规划和决策的过程中扮演着无关紧要的角色。另一方面，照明规划的内容很大程度上取决于规划者，具体还是通过每个项目的照明设计师想要实现的照明效果来得到诠释。许多案例中的照明处理手法相似，如"通过使用相同类型的灯具和发光颜料来强调重要空间的秩序，也就是说区分通道，定义不同的功能区，加强特殊配光"这就是迈克尔·特里勃（Michael Trieb）将凯文·林奇（Kevin Lynch）于 1961 年对"城市形象"这一名词做出的定义应用于城市照明规划时所提出的论点——由此产生了照明规划设计这一构想，并因规划者多年来的长期应用而得以巩固。而这些规划者受教育的时期，"空间"这一术语仅局限于人工建造的环境。

要取得立竿见影的效果并不意味着一定要保证这种观点有条不紊的得到维护或发展，然而"问题总是会浮现：哪种道路需要高强度的照明，哪种又应该保持低照度？什么类型的街头景观和广场需要用光来强调，什么类型的应该不做照明？"。其实，人们对于能赚钱的设计工作的需求已经超过了为此类问题找到一个全面认知的答案的需求。而事实上，按照规划者认为合适的方式来应用光去增强城市结构的视觉效果已经足够，而不需要用照明来迎合每个市民多样化的需求。当城市规划能够从一个已降低为具体形式的都市化术语中解脱出来，将导致的结果是公众高度认可现今的照明设计构想，比如通过赋予某个地点某种意义或氛围而使之成为地标，在大型铁路枢纽、河岸、教堂高塔或者桥梁应用照明方案来使人注意——而这些地方原本都没有人。

这个领域能维持持续的兴奋吗？

有人会说照明总体规划的目的是要尽量提升原本缺乏魅力或者令人畏惧的公共场所的吸引力，其方案由政治性的财政机构进行投资。如今我们发展到一个阶段，大量的电气工程师、舞台设计师和产品设计师转变为照明艺术家，他们制作出大量昂贵的设计文本。这些文本的内容大多都局限于被美化渲染的标记或一张黑色城市夜景底图上的一排排光点，而通过发光广告和城市功能性照明实现的结果则由于质量把控中没有相对的术语而得到包庇。因此，我们不必奇怪为何地方政府的初衷——将照明规划纳入城市规范的一部分——已经开始动摇。一方面，设计和规划想法被那些纯理论性而没有实质意义的指导所负累，这已清楚表明，城市照明需要综合性的规划控制，而不仅仅是保证用电脑创造的城镇天际线得以实现。另一方面，已经出现一些设计被强迫实施的案例，企图干扰或控制，而非遵循街道的色温等级体系。曾经在德国，土木工程面临巨大的压力，而由于德国政府的补贴政策，债务缠身的地方政府所面临的这一压力通过政府资助得到了迅速的解决。地方当局变成屡获殊荣的示范镇，其出名的原因在于他们将长久被忽视的工作转变为始终在基础建设规划中运行的工作，对照明领域中的大型企业赋予竞争力，使他们在从汞灯到 LED 的发展道路上得到质的飞跃，并且在协商中提出所谓的竞赛奖励。

得到政府资助并在一定程度上有所创新的道路照明突然之间受到关注。然而由于采用暖黄色钠灯作为辨认道路的手段，道路照明也淹没了所有怀有美好初衷的规划。在公共领域，真正对照明质量有重大影响的是当城市照明的好坏根据经济数据进行评定的时候。无论是私人审计机构还是是官方测试机构，其所做的基准测试现今都要求测试对象不受经济削减影响。如果我们仅仅在那些连接两个照明做得很差的城镇之间的道路上做比较，那我们还讨论什么照明质量呢？我们是应该定义一些平均值数据，而这些数据最终成为重建计划中的基准值？或是应该给照明的质量作定义，而照明的质量是根据它是否符合规范标准来衡量判断的？然而，即使地方当局进行比较性研究，调查道路的长度和能耗，或者居民的数量及灯具的排布，都不能为城市照明的定性理解提供任何信息，若这些不明确又毫无意义的数据落入地方官员的手中便仿佛掉进了肥沃的土地，激起了某些人的胃口，而这些人的兴趣只是源于一串支持假象的数字而已，永远得不到满足。事情的关键是如何实现高效能的照明系统，但这不能简单的通过换灯泡或者动不动就进行灯具调光来达到。与照明技术相关的公认规则同样也要得到强调，当然，这些规则也不能被视为高品质照明的全部。尤其是当人们理所应当地认为在任何道路，这些规则都不会得到坚持采用的情况下。

如果能在一套法制化的政府标准体系中纳入对高品质照明的要求，以上这些值得称许的努力将得到更好的强调。在这种情况下，人们对于光明和黑暗之间平衡的需求能基于一套完善的信息体系，这套信息体系关注着人们什么时间使用这个场所，如何使用，

参考文献：

[1]Deleuil, J.M. Lyon: Weiterentwicklung des Plan Lumiére«. In: Schmidt, A.J.; Töllner, M. (Hg.): StadtLicht – Lichtkonzepte für die Stadtgestaltung[M]. Stuttgart,2006.

[2]Frick, D. Theorie des Städtebaus: zur baulich-räumlichen Organisation von Stadt[M]. Tübingen ,2006.

[3]Gamma, Dr. Lichtarchitektur. In: Mächler, M. (Hg.): Deutsche Bauzeitung[M]. Berlin,1934.

[4]ISG Castrop Altstadt o.J.: ISG Castrop Newsletter – Die Erneuerung von Innen[N].

[5]Köhler, D.; Sieber, R. The time factor in relation to the electric lighting in urban spaces – Views and observations[J]. Professional Lighting Design, 2011(79)

[6]Köhler, D. Künstliches Licht im öffentlichen Raum als Aufgabe der Stadtplanung: Der Weg zu einer integrierten Lichtleitplanung. In: Köhler, D.; Walz, M. (Hg.): LichtRegion – Positionen und Perspektiven im Ruhrgebiet[M]. Essen,2010.

[7]Kurilko, G.N.[M] The visual analysis and design of city lighting. Boston,1962.

[8]Markelin, A. Die Stadt ins rechte Licht rücken. In: Flagge, I. (Hg.): Architektur-Licht-Architektur[M]. Stuttgart,1991:

[9]Narboni, R. Neue städtebauliche Lichtstrategien. In: Schmidt, A.J.; Töllner, M. (Hg.): StadtLicht – Lichtkonzepte für die Stadtgestaltung[M]. Stuttgart,2006.

[10]Pwc Ergebnisse der WIBERA Umfrage Straßenbeleuchtung – eine kommunale Aufgabe im Wandel[N]. Düsseldorf ,2010.

[11]Reichow, H.B.Die Autogerechte Stadt - Ein Weg aus dem Verkehrs-

以及人们对公共领域的期望。关于这一点的基本公式其实相当简单：什么需要被照亮，什么不需要被照亮，时间和地点，目标人群和需要满足的需求是什么？基于目前我们已有的对于在空间中使用光或不使用光的效果的认识，以及这些认识与最新独立研究结果的结合，再加上在技术进步过程中所得到的关于人类和动物选择空间场所的信息知识，应用光的艺术——包括其所有的科技内涵——需要有一个高质量且完美平衡的目标，这样如"增长"或"进步"这样的词语就不会被曲解成随意增加灯具或者提高照明的亮度了。

事实上，成本预算和能源节约问题已经成为德国城镇目前考虑制定总体规划的最重要的原因，远远超出了其他一些本文已阐述的动机（尤其是社会、人口，和城市规划等方面）。但是这就意味着对道路照明的需求超过了对设计理念的追求吗？不。我们要以自我批判的态度来质问自己，我们到底希望如何在我们的城镇运行这一总体规划，如何利用它作为可持续性城市照明控制的工具，来形成统一协调的风尚。

我们需要做什么？

为了将公共照明体系或方案与城市环境相结合，相关城市肌理对照度的需求应当得到重视。这包括城市的实体空间结构和强调场所重要性的非实体结构，以及空间结构在何时被使用、如何使用，以及民众的期望。一种策略背后的理念，大概被称为"相关照明规划方案"，同时强调了能源效率和设计，它务实的罗列出三条实施方针：照明架构，照明组成和发光广告。这些术语指的是一个基础的定性照明方案（即照明架构）的控制，以及应用光线实现重点强调和空间定义（即照明组成）。从长远观点来看，发光广告需要经过咨询和沟通工作后嵌入到照明体系当中。城市之间的协作将有助于提升城市的夜景照明形象。这一夜景照明形象不应被看为一个美学作品，而更应当称为一个以活动为导向的过程——是生态、经济、文化和社会规则平衡的结果。

这项工作不是那么简单！

现如今有不计其数的人参与到创造城镇夜景形象的工程中，但每个人都受困于自己个人的努力和方案中。所要实现的高级别的照明形象应该以社会需求为基础，根据当地的政治水平来确定并合法化。所有的照明实现手段必须满足可持续发展的要求。这必然需要直辖市的自我承诺，且以文件的形式纳入基本规划当中。但这并不表示这是唯一的工具。如上所述，与道路照明相关的水平照明需要满足节能和生态的要求，并尽可能根据私人业主的需求结合均匀的垂直照明，用光来实现空间的塑造。人工建造环境的立体轮廓的创造需要依靠公众和私营业主之间的成功合作。首先，基础规划的质量是相对次要的。起关键作用的是一个称职又极守承诺的仲裁者。如果没有合适的人能胜任这个角色，就算这是世界上最好的基础规划，它无法运作或产生效果，不能积极引导或激励私人和公众的主动性，或防止他们独立行事，破坏整个计划。仲裁者需要以不懈的耐心去执行他的工作。任何实施改变的企图，无论改变多微小，都可能会遭遇拒绝合作——尤其是在过去没有任何相关规定的情况下。当判断一个照明设计的质量时，决策往往是根据电光源所实现的美学效果做出的。只要还没有专业认证来判定什么人有资格从事照明设计，任何人都能自称为照明设计师，并说服政客给最可疑的照明项目开放通行道。通过一个仲裁者，这种错误还有机会纠正，即便不久的将来照明设计师将得到专业认证。最终的仲裁者应当能够练达地建立起不同学科之间的桥梁，即使目前在艺术设计背景人士和工程背景人士之前存在着相当严重的相互怀疑，而且当需要结合两者来实现城市照明方案的时候必然会产生双方的对抗。

今天规划，明天实现？

大规模规划项目的实现需要很长一段时间，并且伴随着技术的进步和社会的变迁。

Chaos.Ravensburg Landeshauptstadt Düsseldorf (Hg.)[M].Lichtmasterplan Düsseldorf –Beiträge zur Stadtplanung und Stadtentwicklung in Düsseldorf. 2003.

[12]Stadt Esslingen am Neckar (Hg.): Lichtplanung für die Innenstadt Esslingen am Neckar[M]. 2002.

[13]Stadt Zürich, Amt für Städtebau (Hg.): Plan Lumière Zürich, Gesamtkonzept[M]. Zürich,2004.

[14]Stadt Zürich, Amt für Städtebau (Hg.): Plan Lumière, Das Beleuchtungskonzept[M]. Zürich,2007.

公共空间的开发和基础设施的使用寿命必然经历很长的经济周期。实现一个规划项目中的提议必须有一个明确的原则引导以避免在实现之前就被淘汰。当今可用的科技正在快速的进行更新换代。在未来几年里我们将能采用创新的技术,在更广泛的空间里应用光。城市的可持续性照明需要提升以应对一系列全新的挑战。光的应用方式不应取决于某种技术将降低成本,也不取决于目前的潮流风尚,而是根据现今以实现高质量照明为目的所制定的目标、原则和标准。并不是说后者就是一成不变、缺乏灵活性。由于当今社会中对于生态和经济责任之间相关性的认识与日剧增,我们的生活方式也在社会和文化层面发生着变化,人们对于光的正面和负面效应都比从前更为敏感。我们所有人都在不断的学习着接受光的重要性,学习着如何使用它,比如德国采取一些法定措施来阻止演出的光污染。

我们的发展方向是什么? 一个暂定的结论

当地方当局决定在他的城镇按照一套照明规划策略实施城市照明方案的时候,他们必须完全了解这意味着他们要承诺的远远不止是一套以"照明总体规划"为标题的文案。整个过程的规划部分仅仅是长期城市开发项目的一个开始。在最好的情况下,会以一套总体规划为形式为交流提供一个可行的基础,并组成一个专门负责照明事务的议员团(或者其他类似的头衔),如同约 80 年前已有的称谓一样。

我们有必要使照明规划适用于公共场所的空间构成和使用者的临时需求。要实现这一点,可以在城市规划的前期就邀请市民参于规划项目,或进行区域调研。同样重要的是跨学科跨专业的交流合作和各行业机构的共同参与。如果城市管理机构和地方当局的决策者决定要推进这项发展,我们就有可能成功的建立起一套规划进程,分析所有内在条件,保证我们的城镇能以合适的方式在夜间照亮。所谓合适的方式,意味着实现了所期待的氛围,指明道路,提供安全感,并满足所有其他有价值的愿景——不管规划文本的抬头是什么。

译:黄建夏

1　城市 / 乡镇在处理公共场所的照明时是否有一套清晰的策略?
2　对德国联邦州的照明规划调查
3　为执行总体规划采取了什么工具 / 手段?
4　制定总体规划时强调哪些方面?

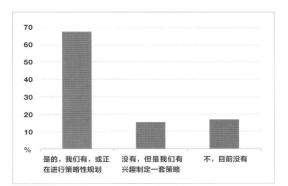

德国联邦州
○ 无策略
◉ 有兴趣制定策略
✕ 个体技术性行动
✕ 个体艺术性行动
✕ 个体技术性及设计性行动
◆ 总体技术性规划
◇ 总体艺术性规划
◆ 总体技术性及艺术性规划

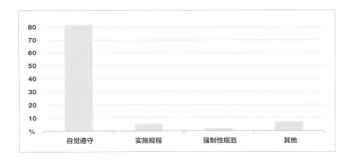

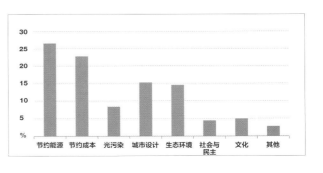

媒体建筑基础 I

MEDIA ARCHITECTURE FOUNDATIONS I

文 _ Dr. M. Hank Haeusler，Dr. Gernot Tscherteu

何为媒体建筑？

目前，有三个互相联系紧密的常见术语——城市荧幕、媒体立面以及媒体建筑。在深入探讨它们之前，我们应首先根据三者所属将它们同照明建筑概念进行区分讨论。照明建筑即建筑照明被分为自然光照明与人工光照明。由于我们讨论的目的在于媒体建筑与媒体立面，我们将不讨论日光因素，重点关注通过不同色彩及亮度能够照亮建筑、强调建筑某个部分甚至营造气氛的人工光。照明、强调以及营造气氛这三个特征，媒体建筑都能够做到。而在如下几个方面，媒体建筑区别于照明建筑，这便是分出媒体建筑这一类别的原因。一种光源（如灯泡）在一个表面上的投射，这一类被称作照明建筑，而动态的图形、文字、图像的投射被称为媒体建筑。这样区分的目的在于，如此一来媒体建筑便能够涵盖如下所有呈现出的类型——动态图形、动态文字、动态图像以及空间转换。在此，动态具有非凡的意义——与只能停留于表现符号含义的静态图像相比，动态图像可以表达的更多。总而言之，媒体建筑可以定义为能动态文字、图形及图像的呈现，这一点将其与照明建筑有效地区分开来。在我们看来，他们对公共空间的不同影响及其被感知方式的不同，直接源自于荧幕元素与其背后建筑之间的关系。

城市荧幕

城市荧幕可被看做粘附于建筑外立面的大型荧幕，且两者的融合已经不是问题。荧幕与荧幕后的建筑外立面在法律意义和传递信息方面是独立的两层。两层各自为自己传递信息，且在大多数案例中，由于城市荧幕的明亮及其立面显示的动态图像，使城市荧幕更具优势。不同地点间移动城市荧幕并非难事，在有些项目中例如高速公路沿线的巨幅广告牌，便无需建筑体，城市荧幕成为一个独立的建筑构件，其唯一的目的便是信息传递。为此目标，哪里有交通流哪里便有城市荧幕，城市荧幕在尺寸、高度、分辨率及朝向各方面迎合其目标受众群体。

媒体建筑与媒体立面的区别

为探讨媒体建筑与媒体立面之间的区别，必须清楚地解释三个术语、以及它们之间的组合和相互作用。这三个术语分别是媒体、立面以及建筑。媒体这一术语取自媒体通讯概念前半部分，主要指传播事件、观点、娱乐及其他信息源的组织手段，如报刊、杂志、影视、广播、电视、网站、广告牌、书籍、CD、DVD、录影带、电游以及其他形式的出版物。总之，本文本着区分媒体立面与媒体建筑之初衷，媒体一词被定义为动态文本、图形或图像形式的视觉通讯形式。第二个术语立面通常指建筑物的一侧外部表面。该表面通过集成包含动态图像、图形、文字的媒体，可转换成通讯体。由于建筑一词通常广义地包括整个建筑空间，因此结合了动态图像、图形、文字并作用于城市空间上的媒体立面也可以被描述为媒体建筑。因此，媒体立面可被定义为将通讯嵌入立面，其主要形式为数字媒体。而媒体建筑是这些立面为周围环境带来的文化、社会以及经济意义。下面我们将给读者勾勒这方面的更多细节。

媒体立面

在过去的十年中，由建筑师、媒体设计师以及技术专家做出的巨大努力，即使没有将它们集成为一个新混合体——媒体立面，也将屏幕层与建筑层的距离不断拉近。媒体立面是由不同技术组件支持的墙，而集成光源或者有网络基础链接的活跃元素皆为电能与数据共享之用。如果这一组合取得成功，不仅是建筑上的荧幕而是整栋建筑都可以与其周围环境进行通讯。尽管从技术角度来看，图像生成依旧发生在立面的某些部分，但这与人们对建筑的认知无关。从一个旁观者角度看，一整幅画面是由一个个像素点拼合成的。因此，在大部分项目中，设计的目标就不仅限于设计建筑的一部分而是让整栋建筑与公众对话。这便引领我们到媒体建筑这一词汇上来。但在细数媒体建筑的更多细节之前，让我们先来对媒体立面进行归类。

正如之前提到的，媒体立面是由不同的技术组件构成。因此，基于技术对其进行分类合乎逻辑，且允许根据其首要功能进行分类。在机械或电力组件基础上，对媒体立面简化区分。这两个分类原则可用于媒体立面的分类。

机械动力媒体立面

灵活转化建筑的一部分为媒体立面，在较为灵活的项目中，甚至会变化相当大的建筑体部件。圣地亚哥·卡拉特拉瓦（Santiago Calatrava）在他的某些项目中采用了这一技术。然而，由于灵活建筑已经是注重关注自身的另一领域，媒体立面只能在展示中扮演第二主角，而只有很少一部分机械动力立面能够实现。

电力媒体立面

第二种，电力媒体立面，其应用最广泛，可以在众多当代建筑项目中找到。因此这将是说明的重点。经由电子媒介的图像通讯可以继续分子类，以反映可用的技术范围。有三种基本的电子媒体可用于传输文本、图形或者图像：

- 投影技术（如 CCD、DLP 投影机）
- 照明技术（如荧光灯、卤素灯）
- 显示技术（如 LED,TFT,LCD 等离子体）

这三种子类别是如何在媒体立面背景下使用电力媒体技术和机械动力技术的呢？

投影类

投影幕墙技术将立面作为一个投影屏幕，投影机安装在另外一栋建筑上。背投外墙技术使用安装在半透明投影表面之后的投影机投射影像。

照明类

窗光栅动画技术利用建筑已有窗格栅。当使用灯具创作动画时，每一窗格会作为独立像素。适用于低像素讯息，或者怀旧版早期电脑游戏画面。立面照明技术利用可调的氖气灯管或灯泡演绎低像素黑白格动态图像。

显示类

基于像素的显示技术，采用 LED 技术或其它屏幕技术如 TFT/LCD 等离子荧幕。这一技术的使用令建筑外立面成为一块巨大屏幕。许多公司可以生产适用的多种系统。使用 LED 3D 矩阵的体素外墙技术实现了媒体内容的 3D 展示。这一技术中的一些组合可以被再分为较小组合来表现个性化变体。例如，所有不同系统类型的显示技术都基于 LED 技术，但使用了不同系统。然而 LED 光源被用来作为显示立面的方式随多样的系统而不同。举个例子，一个 LED 帷幕由嵌入进结构的 LED 光源组成，而另一个 Olite 系统是将 LED 光源集成为块，两者可以完成同样的通讯内容，尽管他们使用的同一技术，而它们被用作建筑材料的方式不同。

媒体建筑

如上所述，在大多数项目中设计的目标，不仅是将建筑的一部分，而是将整栋建筑与公众交流。出于该方面考虑，我们认为媒体建筑一词含义更为准确。媒体立面一词更适合描述应用于建筑表面的技术手段。综上所述，描述公共空间中作为整体的建筑或其他空间结构与观众的交流时，媒体建筑一词更为合适。

媒体建筑一词的模糊性是选择该词的原因。理解该词可以有两种方式：

1. 作为一个具有媒体功能的建筑，因其可与周围环境交流；

2. 某种意义上说是媒体装置的建筑。由软件、计算机、其他硬件以及空间结构（建筑）组成。好比软建筑一词的使用方式。

由于媒体建筑一词是一种混合形式，同时集合了数码与物理空间，而两个含义都简明反映出一个事实——决定哪一方更为重要不太可能也不再有意义。媒体只是支撑建筑的物理外观，或者建筑——它的形状和立面仅仅是出于通讯目的吗？

在总结我们对此问题的立场时，我们认为媒体建筑具有如下一种或多种特征：

• 它是建筑（物理空间结构）与媒体（在建筑表面或建筑内部产生的图像）的组合体。

• 媒体内容成为了项目的核心部分。

• 其显示主要依靠大量光源集合（在一些项目中可以有动态构件）。

• 电子文本。

• 许多项目中，文本并非抽象却具"可读"与"可看"性，能够创造建筑与观看者之间的交流，我们会在稍后的阶段探讨文本许多可能的不同形式。

• 许多项目中，装置可以提供不同形式的互动，居民或路人可以影响媒体内容，甚至上传用户生成的媒体作品，如图像和文字。

• 媒体建筑与城市风光和都市气息联系紧密。

在以上特征中，第一个貌似关联性最大。建筑与显示结合的产物应当是不限于两者相加的新事物。在剧院展示、巴洛克庆典或是宗教建筑中，这一混合形式已然有先驱，但 LED 和其它先进显示技术的存在，肯定标志着一个决定性的进步，因为建筑表面变得永久可变而且成为了一种交流工具，而且这种交流的意义已经超出了作为建筑认知一部分的符号性交流。需要强调很重要的一点是，媒体建筑远超出符号展示。它不仅仅代表了一定的价值或是建筑拥有者的能力，它更是展示一种"演说行为"。人们凝视大量被输送的信息时，在演说行为里，它很像是人与人的沟通。事实上，这不是建筑在"说话"，而是设计师使建筑开口，并定义交流的媒体内容。

媒体内容

在这一点上，我们过去只看到了技术层面，现在是时候去考虑对于媒体立面同样重要的另一层面了——媒体内容以及与屏幕和内容的交互。为了解释它的重要性，我们想要用一个众所周知的情境做类比。当一个人购买了一个最新最高端的电视机却用它找不到电视台或者连接不了 DVD 播放器的时候，那么这个人只不过是买了一个不能用来娱乐和接收信息的大黑盒子。再或者如果没有遥控器去轻松换台的话，显然很快这个人会站起来，走过去换台，坐下，看节目，节目不如意再站起来，再换台这样一系列动作搞得精疲力尽。

那为什么要用客厅里的电视做类比呢？

通常情况下，理论上讲媒体立面不过是安装在建筑面上的一个巨型电视机。没有内容的话观众就什么都看不到，没有遥控器则观众只能看其他人的选择而自己却无法参与进去。为了回答第一部分，媒体内容可以被总结为以下的一些形式：

提前录制好的媒体内容——数据被收集，储存，可在之后任意时间回放的多媒体内容。

现场直播——即录即播，没有从环境到屏幕回环余地的多媒体内容。

参与性媒体内容——这种形式也见于其它的环境中，比如用户通过博客用户创建添加视频。媒体立面也会采用这样的形式，用户可以上传媒体内容或者通过界面参与到其它形式中。

交互性媒体内容——这里也是一种即录即播的媒体内容，却为环境（或者说用户）和

1 媒体立面案例之 Yas Hotel
2 媒体立面案例之 Piccadilly Circus
3 媒体立面案例之 Blinken lights

+
参考文献：
[1] Christoph Kronhagel.
    Mediatektur, 2010.
[2] El-Khoury, R.; Pyne A.21 世纪建筑
    走向：从上海世博会开始的新方向 [M].
    英国伦敦：Thames & Hudson , 2010.
[3] M. Hank Haeusler. 媒体立面：历史，
    技术，内容 , 2009；建筑的色素细胞：
    3D 多媒体建筑墙设计 , 2010；空间动
    态多媒体系统：通过 3D 点阵技术把形
    态和图像进行混合来实时传达信息 [M].
    2010.
[4] Scott McQuire, Meredith Martin
    and Sabine Niederer. 城市屏幕
    读者 [J/OL]. 2012.http://www.
    networkcultures.org/_uploads/US_
    layout_01022010.pdf.

展示之间提供了循环的可能性。交互性媒体内容也可以被定义为以先前内容和它们之间关系作为变量的现场直播。

当今，尤其是参与性媒体内容和交互性媒体内容作为"社会和空间区别于彼此的工具和间接联系的渠道"吸引着设计师们。这就是"遥控器"被讨论的原因，也是一些媒体立面开始出现问题的地方。

总而言之，设计任何一种媒体立面，其视觉效果主要来自于媒体内容。无论什么样的媒体立面，它们都需要媒体的内容。好的媒体立面设计既要有好的技术也要有好的内容。好的内容可以形成一个跟公众交流的网络并同时达到商业，城市，文化兴趣的平衡。

我们不能简单地把媒体建筑认为是"只是一种新的交流方式"，我们应当把它视作弥漫着不同人类生活（在这栋建筑里生活和工作，建筑的设计委托、计划、建造，以及在这个城市中开车或走过时对它的欣赏）的交互网络的具体呈现方式。有必要把整个建筑周围的"交互范围"视作一个整体来理解，它不是一个暗淡无光的交流渠道，它自己本身就是交流的表现方式。虽然它只是通过视觉呈现出来，但是作为设计团队，除了要考虑视觉部分还要考虑系统的其他部分，以理解媒体呈现出的"含义"。在任何一个文化背景下，含义都不是人工产品与生俱来的属性，而是来自于产品的交互。

我们因此不仅仅看到了人工产品（建筑和装置本身），也看到了这些人工产品生产制作所处的文化环境。

译：徐梦迪

本文节选自刊登于 52 期《照明设计》杂志中的《媒体建筑基础 I》一文，部分章节有调整。

媒体建筑基础 II

MEDIA ARCHITECTURE FOUNDATIONS II

文 _ **Dr. M. Hank Haeusler，Dr. Gernot Tscherteu**

正如人们可以在本文下面看到的，对于设计师、业主、其他股东来说，创造媒体建筑，并使它以特定的方式进行"交谈"是带有各种各样的动机的。然而，我们不能将媒体建筑减至"只是一个新的沟通渠道"这样简单。更合适的是把它看作是互动网络的物质表达（或人工制品），并遍及人类不同层次的生活：生活和工作在这个建筑中，运转，规划和建设它，并步行或行驶在此城市中和看着它。将建筑周围的"互动领域"看作一个整体是很必要的，以了解媒体建筑以如何具体的形式出现，为什么它们是如此不同。

动画建筑

在这个场景中，该领域占主导地位的建筑师和建筑仍然是最权威的参考系统。有意使用动态媒体元素——不是削弱建筑，而是用现代的方式来塑造它。尤其是 Realities United 和 UNStudio 的作品，无意使建筑成为新媒体技术的载体，建筑自身就是媒介。

因为建筑一直有一个普通功能这个事实，我们必须更精确地解释建筑和它的普通效果之间的关系：尽管在过去，具有代表性的建筑往往有代表金钱，权力，或精神魅力的作用，但现在主要是表达"沟通"本身。如果被确切地定义为通讯工具，建筑和它的用户具有公共重要性。这不仅主要与通过媒体立面传达的内容有关，同样也不全是将建筑变成一个动态的视觉媒介，它主要是考虑在媒体社会的再生产中建筑的参与力度。在媒体社会里，建筑应占有核心的位置。

通过建筑立面传达的内容，通常情况下对立面的结构是非常依赖的，大多数时候只有非常低的分辨率和非常有限色彩空间为我们所使用，这将导致可选择的内容非常有限。即使是最专业的策划和最大的艺术魅力，对设计师来说，媒体立面各方面的审美仍然是一个非常受限的范围。建筑是这场秀的主导者[1]。

在大多数情况下，像素数不足以表现非常详细的图片，但它足以给建筑一个特定的外观和感觉并把建筑放上城市风景的舞台。立面，以及建筑，都将为动态变化的，这就是为什么我们会找到恰当的"动画建筑"术语。

由此产生的建筑艺术仍然很难把握。因此，许多建筑师将集成到立面的像素看成是对建筑的威胁，而不是把它视作建筑的扩展。某种程度上，这些立面在稍后的点上被组合起来，建筑师对此并不非常满意。尽管如此，当一天结束时，这些项目中的一些可以被认为是成功的，只要内容顾及到建筑或立面的形状。

在 Realities United 和 UNStudio 的作品中，像素占了中心位置。建筑的独特身份似乎直接从像素获取，在 Crystal Mesh，UEC Iluma 商城，首尔 Galleria 时装店，Star Place 百货公司这些项目中就可以看出。被这个表面所包围的建筑表面和空间似乎是建立在像素的基础上。在上述情况下，即使立面不亮，在建筑意义上像素也得以运行。这个属性强调了像素的建筑相关性，不可低估。

因此，像素的排布，其技术实现以及它与表皮和建筑的关系，是这个领域的主要挑战。将内容与建筑紧密联系起来是一个迫切需求，但不幸的是承包商并不完全了解这方面的需求。

商业和金钱建筑

从标题可以推断，钱在这一领域中扮演着首要的角色，这个领域由三个完全不同的应用领域组成：

    a. 银行和保险公司

    b. 购物中心

    c. 赌场

    当然，这三个领域通过媒体立面，占据了城市风景的显著位置。然而，每个区域做的方式是不同的。对银行业来说，表达是最重要的，商场主要集中在展示魅力，赌场则是关于视觉挑逗从而将人的目光吸引到吃角子老虎机上。但是，我们的感觉是，所有这三个领域都是"钱在兴奋"，动态的光代表了现金流动。这样做是故意的，至少在亚洲范围内，这里风水起着重要的作用——在欧洲和美国，即使是最昂贵的媒体立面也不会影响银行危机。雷曼兄弟公司的媒体立面没能挽救这家公司，德克夏银行尽管在布鲁塞尔的总部很酷，但依然没能阻止它陷入很多麻烦。为作出谦卑之姿，德克夏最终将媒体立面停止运行 [2]。我们认为，银行从最初繁盛的媒体立面撤退到安静的，更少鲜艳的设计。亮度和在城市景观中的主导地位将保留，但内容缓慢、安静。同时轻描淡写地传达出严肃认真。但将银行与赌场混淆在一起的危险已经存在，即使没有媒体立面，危险也已经足够大。

    在商场和赌场中，我们看到对运动、色彩、魅力相当大的需求。在这里，我们看到了越来越复杂的灯光效果，尤其是在内部，它一方面超越了理论上的投影范畴，另一方面有一种幻觉般的效果：配备了 LED 的天花板模拟出满是树叶的树冠，云朵，等等巴洛克风格的教堂不可避免的浮现在脑海中。

    金钱建筑，类似于巴洛克风格的教堂，往往会产生伪图像或伪空间结构 [3]。巴洛克式教堂的墙壁和天花板上精美的壁画，应该创造一个狂喜的状态。通过艺术和建筑上的使用，意味着不仅是这个地方的独特之处，而且像精神情绪之类的东西，也应被灌输进脑海中，以让人更好地欣赏此地、认识到它的重要性。每个人都应该感到更接近上帝：天堂打开大门，你依偎在一个丰满天使的脚旁，升起来……

    现在，我想知道零售商店的天花板和 LED 墙壁要告诉我们什么？原则上，用意是一样的：让顾客认识到这个地方的重要性，光与媒体装置的功能是把顾客调整到合适的心情，然后他们开始消费。

    与巴洛克式教堂类似，购物中心和赌场消除客户的日常体验，有意识的创建一个特定的认知模式——最终目标是把顾客变成"购物"或"赌博模式"。

    一系列在建筑设计上处于较高水平的商场证明了金钱建筑和动画建筑并不一定是相互矛盾的。购物商场的媒体立面上充斥了商业内容和广告，根据经验来看，这种危险非常大——尽管，如上所述，由于其分辨率低，它们往往不适合做这个用途。

社交媒体建筑

    在"社会化媒体建筑"领域，用户起着重要的作用。通过人机交互界面，使得他们能与建筑以及城市的居民进行沟通。

    设计师的主要任务是创建一个媒介，在此之上，建筑物的显示设备被辅之以一系列的输入方法。这领域里也许最知名的项目，"Blinkenlights"，提供了一系列的工具，它允许用户创建一个简单的图像，动画和"情书"，或者注册并发送"迷你消息"到屏幕上。管理者批准后，内容将通过文本消息激活。

    在这方面媒体艺术家，如混沌计算机俱乐部（Chaos Computer Club，Blinkenlights 项目）或 Lab[au]（德克夏银行大厦）是主要玩家。据我所知，在此之前，此领域的第一个装置是 Magic Monkey 的项目 Mamix 大楼，最近我发现，早在 1998 年，林茨市一个由 Stadtwerkstatt 完成的项目："点击景 98"（click SCAPE 98），就已经发明了这种风格的美学 [4]。

注释：

1. 通常来说，相对于零售商店来说，在文化建筑上更容易做到这些。（UNStudio 的项目 Galleria 和 Star Place 都是零售商店。）

2. 由于经济和金融危机，德克夏大厦的照明大幅度地削减。(http://www.dexia-towers.com/index_e.php)

3. Baudrillard 1983

4. 如果你知道任何在"点击景 98"之前的项目，请联系我

5. Borries 2007 中有对这个交叉论题的精彩介绍

参考文献：

[1] Ava Fatah Gen.Media Screens – Urban Environments as a Medium of Communication[J/OL]（May 2007)http://www.slideshare.net/revi.kornmann/media-screens/ zuletzt geprüft: 5. Oktober 2008.

[2] Andy Jörder.Improve Your City's Appearance – Medienfassaden in urbanen Brennpunkten Diplomarbeit[J/OL] . 2008 http://www.nd80.de/portfolio/pdf/IYCA_Screen.pdf

[3] Alexander Wahl.Wandelbare(mediale) Gebäudefassaden[J/OL] (20.01.2002,2008) http://www.alexanderwahl.de/dateien/medienfassaden/medienfassaden.html zuletzt geprüft: 5. Oktober 2008

[4] Azenour.Learning from Las Vegas, Revised Edition: The Forgotten Symbolism of Architectural Form[M] .Mit Press,1977.

[5] Christa Sommerer (Ed.), Lakhmi C. Jain (Ed.), Laurent Mignonneau (Ed.), The Art and Science of Interface and Interaction Design: v. 1 (Studies in Computational Intelligence)

[6] Christoph Kronhagel.Mediatektur[M] Springer,2010.

[7] Friedrich von Borries (Ed.), Steffen P. Walz (Ed.), Matthias Böttger (Ed.).Space Time Play: Synergies Between

在所有这些领域中，我推测社会媒体建筑，最有可能对城市内社会互动产生积极的冲击，就如一个社区或一个"我们的感觉"这种积极感。这可能会阻止城市的社会距离和边缘化的潜在倾向。Marnix 和 Blinkenlights 等项目，有潜力创造出归属感的个人时刻，这发生在个人层面上，而不是"群众"的层面上。2008 年柏林举行的媒体立面会议，我们问座谈小组是否媒体建筑的新动力可能形成于社会媒体的热潮，是否混合结构会出现并以新的社会媒体形式渗透到我们的城市空间。

但我仍然看到这些媒体形式的可能性，但是，从我自己的经验来说，我知道创新性项目之所以有困难，至少有两个原因。首先，企业集团的决定多集中在高预算的项目，而进入到这些领域中央并不容易。第二，根据社会媒体的现今发展，出现的问题是，哪些内容可以用这种方式传输，以及交流的价值是否处于被交流的可选择方式膨胀所毁灭的危险之中。

尽管有这些限制，在这个领域我还是看到了巨大的潜力。不久，我们一定会看到相应的创新活动，其中也包括互动媒体建筑。但这些是否能成为丰富城市空间的概念，就如 Blinkenlights，还有待观察。也许广为引用的"企业社会责任"是说服企业集团使用著名计划的正确方法，以高预算将自己的品牌与中心社会价值观，例如"宽容"或"可持续性"，联系起来。"社会媒体建筑"领域的项目，肯定会成为一个很好的媒介。

在任何情况下，此领域的项目都达到了一定程度的复杂性，很难被超越。因为，如我们所看到的，这不仅是生产一定的人工制品（如媒体立面），它创造一个均衡的沟通界面，其中包含各种工具（网络，手机……）以及相对应的行为模式。

要做到这一点，不仅要克服一系列技术难题，但基本问题是人类的行为和社会形态只能预测和计划到一个较小的程度。无论谁处理社会媒体建筑项目，应该知道，他们不仅要设计立面及内容，但最终，他们将创建一个用于互动的社会媒体。用户的行为和用户间的互动比具体的项目更重要。一般来说，为新的互动形式开发一个创意框架，与将前期内容减至有限的一组行为模式相比，更显著的卓有成效[5]。

空间媒体艺术

媒体艺术的形成和成长处于一个和建筑完全不同的环境下，在此环境下，它更有可能进行试验和前卫的探索。艺术家是很少被迫设计新的建筑物表皮和展示的原型，但是，媒体艺术依然能对建筑产生重要冲击。这些冲击没有太多是关于新的技术解决方案，更多是关于美学的实验，例如空间三维显示或发光点与动能元素的结合对空间的影响。

非常有趣的是，此领域的许多主角已经开始研究建筑，其他人通过录像艺术或计算机科学来进入这一领域。之所以选择 Lab[au]，White Void 和 Aether Architecture 的项目，是因为他们的技术创新从无止境，而且总是会带来美学创新。使用技术和美学的趣味性和实验性产生了令人振奋的效果，并为其他领域的媒体建筑，提供了一个重要的灵感来源。

未来的发展趋势和原型 3D 媒体建筑

电影和视频的分支领域，3D 目前正在经历一次繁荣，且不是第一次。但只要这里没有"无 3D 眼镜"的解决方案，这项技术就会被归类到一个现有的用户群中，但这个用户群肯定有增长潜力。

建筑的主要优势是，它在本质上是三维的。媒体立面通过创建移动的图像为建筑添加另一个层面。立面可以采取不同的颜色和图像。本节介绍的项目更进了一步。这些光点不仅像大多数立面上的那样被二维的放置，而且它们被安排在三维空间里。这一点是明确的：到目前为止，还没有显示屏似乎能够生产可以承受立体感的三维图像，但这样的比较并不是很有成效。

Computer Games[M] . Birkhäuser
Architektur:Architecture and Urbanism,
2007.

[8] Jean Baudrillard. Laßt euch nicht
verführen[M] . Berlin: Merve 1983.

[9] Joachim Sauter.Das vierte Format:
Die Fassade als medialeHaut der
Architektur[M] .2004 http://netzspannung.
org/cat/servlet/CatServlet/$files/273668/
sauter.pdf, zuletzt geprüft: 5. Oktober 2008

[10] Lucy Bullivant.Responsive Environments:
Architecture[J] Art and Design,2006.

[11] Lucy Bullivant.4dsocial: Interactive
Design Environments[J] Wiley, 2007.

[12] Matthias Hank Häusler.Media Facades:
History, Technology, Content[M] .Av
Edition,2009.

[13] Matthias Hank Häusler.Chromatophoric
Architecture: Designing for 3 D Media
Façades[M] .Jovis,2010.

[14] Matthias Hank Häusler.Spatial Dynamic
Media System: Amalgam of form
and image through use of a 3D light-
point matrix to deliver a content-driven
zone in real-time[M] .VDM Verlag Dr.
Müller,2010.

[15] Medienarchitektur.Arch+ 149 150, Ag4,
ag4-mediafacades[M] .Daab: 2006.

[16] Robert Venturi, Steven Azenour, Learning
from Las Vegas, Revised Edition: The
Forgotten Symbolism of Architectural
Form[M] .Mit Press,1977.

[17] Susanne Jaschko / Joachim Sauter,
Mediale. Oberflächen – Mediatektur als
integraler Bestandteil von Architektur
und Identität stiftende Maßnahme im
urbanen Raum, ublished in Arch+, Nr 180,
Convertible City[M] .Italy,2008

[18] Scott McQuire.The Media City: Media,
Architecture and Urban Space[M] Sage
Publications Ltd.,2010.

[19] Thorsten Klooster.Smart Surfaces - and
their Application in Architecture and
Design[M] .Birkhäuser Architektur ,2009.

3	4
1	
2	

1 动画建筑。http://commons.wikimedia.
org/wiki/File:Kunsthaus–Graz–Nacht–
Medienfassade.jpg
2 空间媒体建筑。摄影 Nicole Gardner
3 商业和金钱建筑。摄影 Wolfgang Leeb
4 未来趋势。摄影 M. Hank Haeusler

三维显示是迷人的，因为他们展示了一些基本的空间特性——尤其是无尽的成形性和对任何形状的开放性。在这种方式中，三维显示经常有一个冥想效果，人们往往迷失在他们俏皮的颜色中，却不会关注任何具体的视觉内容。抽象的内容，一般比物体和人物更适合 3D 显示。具体的图像或人物要忍受典型的低分辨率和显示的某部分被周围的像素隐藏起来的事实，即使这些像素不是图像的一部分，也不被照亮的。较高的分辨率不是解决方案，而是恰恰相反。只要像素可见，并具有自己的体积扩展，问题就仍然存在。总之，三维显示，如"Nova"是迷人的动画空间结构，它特别地影响了我们的感官和知觉。

这个类别的另一系列项目包括运动的立面。立面上的运动元素不是什么新鲜事，但使用它们来表达至少是抽象的媒体内容这种需求却是新的。这些项目的艺术观点和印象是惊人的，但不幸的是，关于使用寿命和维护的技术挑战仍然是相当大的，所以，最终发光解决方案往往是重新激发建筑物表皮的首选。

结论

上述场景明确指出，根据媒体建筑项目针对的不同目标，类别细分已经存在。它清楚地表明，许多项目主要为经济目的，而另一些特别关注城市空间内的交流。媒体艺术家可能主要对创造新形式的互动感兴趣，而许多建筑师着迷于媒体立面的美感冲击。这些立场本身没有对错之分——它是出于一定的期望和优先性，每个人都需要决定自己的个人期望和优先性。

出于这个原因，我们在媒体建筑研究所（Media Architecture Institute），主要致力于对这些令人惊叹的项目的讨论，同时我们尽量采用几乎适用于每个设计过程的方法。我们不能只集中在技术和建筑本身，我们需要将注意力集中到各种利益相关人之间的互动：

建筑师和媒体设计师；

照明行业专家和立面规划师；

媒体和电信专家；

科学家，城市规划者，城市管理者；

城市居民。

作为媒体建筑研究所，设计合适的媒体事件形式和其他工具，使利益相关人能够交换意见，开发新项目，可能最重要的是，为评估项目以及它们的社会影响建立新的价值观和标准，这些是我们的使命。尽管所有的对立和分歧，我们既不想要也无法克服，但在这种讨论中，我们至少可以期待个人获得发展和灵感，并对彼此的动机和成就相互认同。

译：张倩

本文节选自刊登于 53 期《照明设计》杂志的《媒体建筑基础 II》一文，部分章节有调整

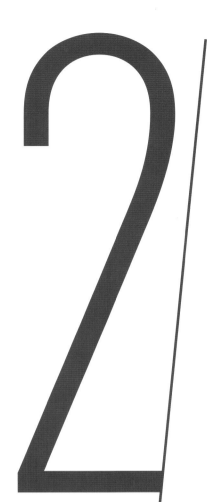

2 / LIGHTING DESIGN PROJECTS

优秀照明设计案例100+

斯图加特新公共图书馆

THE STUTTGART NEW PUBLIC LIBRARY, STUTTGART/GERMANY

地理位置 _ **德国斯图加特**

+
管　　　理：Drees + Sommer
建筑设计：Eun Young Yi
照明规划及电气工程：Conplaning
　　　　　　GmbH
结构工程：Boll und Partner
设　　　备：Totems Communication

新公共图书馆这座建筑的外表皮由浅灰色的露天混凝土和带有亚光内饰的玻璃砖组成，侧墙由 9×9m² 的玻璃砖镶嵌在浅灰色的露天混凝土里。每个外立面都有一个入口。

图书馆有 9 层，外加一个 2 层的地下室，包括约 50 万册图书以及其它媒介物。在地下室的正上方，一个 4 层高的吹拔立方体空间从底层中心处拔地而起，这构成了整栋图书馆的核心部分。这 5 层大厅采用天然光照明，提供了一种环境漫射照明效果并营造了一种平静的氛围。

另外，来访者不会立即意识到图书馆应用了智能照明技术：从顶部到底部的书架上，书脊被均匀地照亮，且完全无眩光，人们可以舒适地查阅图书。为了实现这一视觉任务所需的统一性，照明设计师选择了具有优秀显色性能的 70W 金属卤化物洗墙灯。由于日光的漫射照明只有通过玻璃屋顶进入室内，因此洗墙组件在垂直表面上提供了最佳照明水平。这种照明形式不仅无眩光，它还集成了一个微妙的闪闪发光的元素，提升了空间的整体品质。效果则更具有说服力，因为所应用的简约灯具设备是正方形形状，齐平安装在天花板上，因此难以察觉。使用者只会意识到光而不是灯具。垂直照明产生了柔和弥漫的氛围，因为凹凸不平的表面，并未产生对比极其大的阴影。在图书馆里，这些为辨识细节和阅读信息提供了最佳的视觉环境。

设计师希望此图书馆能够成为让人们脱身于繁忙的日常生活的地方。为了满足这项功能，空间的氛围必须沉静而平和。高效节能的金属卤化筒灯照亮 17m 高的房间，创造出一种平静、发人深思的气氛。光线弥漫开来，在空间中营造出一种大教堂般的感觉。DALI 系统控制的 RGBW LED 灯具洗亮了中央的天窗，犹如一个正方形的"眼睛"，以一种柔和的、令人沉思的蓝色配合着立面照明。

图书馆馆长尹格瑞·巴斯曼（Ingrid Bussmann）将这座"书的立方体"（Book Cube）描述为"不仅仅是一个供人们学习和工作的地方，也是一个让人心情愉悦、放松的地方"，室内光环境印证了这一点。

1　室内不同方向的视野展示了带有走廊的漏斗状阶梯大厅，天然光只有通过屋顶的玻璃区域进入内部空间
2　图书馆建筑朴素的外表烘托出明亮的室内氛围
3　图书馆 4 层整体照明效果展示
4　中央的天窗被一种柔和的引人深思的蓝色光洗亮，创造了一种宁静而发人深省的气氛
5　书架被均匀地照亮，便于使用者寻找书籍，阅读区域被上方进入的天然光局部地照亮
6　布光图
7　夜晚图书馆立方体"盒子"形状

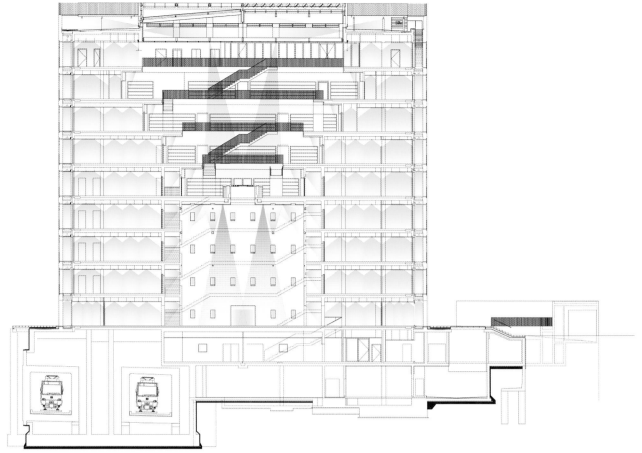

天津大剧院
TIANJIN GRAND THEATER, TIANJIN/CHINA

地理位置 _ **中国天津**

\+
业   主：天津文化中心项目建设办
        公室
设   计：曼哈德·冯·格康，斯特
        凡·胥茨，以及尼古拉
        斯·博兰克
项目负责人：大卫·申科，徐山
结构设计：schlaich bergermann
        und partner
照明设计：Conceptlicht
技术设计：Kunkel Consulting
中方合作设计单位：华东建筑设计研
        究院有限公司
摄   影：Christian Gahl

天津大剧院占据了新建天津文化公园内的显著位置。呈碟形的屋面结构回应了其身后的自然历史博物馆。自然历史博物馆可看成是扎根于大地的建筑，而大剧院的造型则更多的与天空产生了联系。而天（天津大剧院）和地（自然历史博物馆）则是中国哲学和文化中的一对重要元素。

大剧院屋盖的半圆形体量朝向宽阔的水面打开，宛如张开的贝壳。剧院大厅、音乐厅和多功能厅如同贝壳中璀璨的珍珠，临水而立。

三座相互独立的演出大厅坐落于一个石质基座上。宽阔的台阶连接了水面和高处的平台，构成一个上演城市生活情境的舞台，人们可在此休憩，同时欣赏湖景，一览文化公园全貌。驶入区位于基地的南侧和北侧，公共交通上下客区位于东部建筑背向湖面的一侧。由此一来避免了在沿湖一侧设置机动车道。

内部功能空间均统一置于建筑基座内，从而实现了高效率的内部交通流线。屋面结构以富有时代感的设计语汇表达了传统中式重檐庑殿顶的意象，并借鉴了中国古典建筑的三段式手法，通过横向的层次肌理，将屋面、立面、石基合为一体。

建筑幕墙照明刻画了大剧院的整体形象。LED 轮廓灯的特点在于其整体安装于幕墙结构之中。可见的光线柔和而充满神秘感，其是通过铝合金钢框反射而来，LED 并非直接光源。呈阶梯状的屋面金属网格内安装有 LED 灯带，增强了建筑的远景照明效果。金属百叶网格的质地赋予建筑不同角度上变化多姿的光体形象。

基座区域的外部照明以及前厅内部照明均是通过金属卤素豆胆灯进行照明。其照明的角度设定均考虑了到了不干扰幕墙以及走廊的扶栏，并营造了柔和远景效果。

歌剧院坐落于基座之上，整个基座由一条照明渠环绕。上部照明通过屋檐上的灯带实现。在 4m 的安装高度之上，灯光照射角度经过了特别调定，避免了产生眩光。本案获得 2013 年德国照明设计奖。

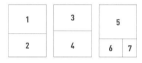

1,2 天津大剧院夜景
3 歌剧厅
4 歌剧厅前厅
5 音乐厅
6 音乐厅拥有 1200 个座席
7 歌剧厅拥有 1600 个席位

议会公园会展中心

THE KONGRESS AM PARK CONVENTION CENTRE, AUGSBURG/GERMANY

地理位置 _ **德国奥格斯堡**

业　主：AGS GmbH, Gesellschaft
　　　für Stadtentwicklung und
　　　Immobilienbetreuung
　　　GmbH
建筑设计：Schuller+Tham
　　　Architekten BDA
照明设计：d-lightvision, Erwin
　　　Döring, Dagmar
　　　Consolati, Toralf Patz,
　　　Linda Heller
电气工程：IB Rebholz

议会公园会展中心是德国南部奥格斯堡市的一个多功能活动场所。会展中心已经正常工作了 40 年，而当涉及到建筑内的室内气候、电气工程和安全性时，它已经不再满足要求的技术标准了。人们决定将建筑整体翻修，包括刷新所有的混凝土元素和表面。翻修项目工程也要求一个新的现代化的照明方案，由 d-lightvision 公司设计并在其监督下进行施工安装。

照明的设计概念基于外露的混凝土的材料品质和建筑结构包括的几何外形。巨大的中央结构覆盖了演奏大厅，建筑外皮借以采取了大面积玻璃的形式，包围了整个综合体并包含了休息厅。垂直的混凝土表面依赖于它们会在日光或电气灯光下被人们看到而表现不同的品质。在日光下，它就是打上杰出的特定施工技术标记的模壳。光将粗糙表面的品质激发出来，揭示了混凝土紧密压实的方式，表现了混凝土的灰色。结合起来，它产生了生动的光与影相互作用的效果。

室内的概念为创造壮观的夜间建筑提供基础，让旁观者可以欣赏内部与外部巧妙联系起来的方式。不同空间内的气氛从由情感驱使到稳重和实际的改变，依赖于空间被如何使用。单独的建筑元素（如墙壁和外立面）的内部和外部表面所使用的材料在夜间通过使用不同彩色光加以区分。不同颜色组合（暖色和冷色）创造了兴趣和悬念，抓住了旁观者的注意力，并激发了情感的回应。休息厅的灯光雕塑总是场景和效果的一部分。会展中心的照明概念被设计为配合当代城市的推广活动。照明方案中 75% 通过使用固体照明设备加以实现，引入了不同 LED 系统的应用，为整个建筑带来了有力的能源平衡。

莫扎特大厅说明了 RGB 照明方案有优势来决定空间氛围。在这个空间里，木材是主要的材料。这主要是声学的原因，尽管我们必须说古典音乐和暖色木材在一起确实协调。两者对出席的人们都有显著的放松效果。一种照明方案使用排他性的白光而另一种使用蓝光和白光的结合，相较之下，两种方案会揭示一些有趣的区别。除了对蓝色天空的心理参照，照明设计也创造了对比元素，因此压倒了绝对均匀的印象。听起来可能有些平庸，但它是有助于提升空间整体性的一个决定性因素。

考虑到它组成了一个巨大的柱体的事实，大型的演奏大厅是照明相对比较困难的空间。在这个空间内的对比由观众席的墙壁和舞台提供。观众区域从视觉上来说，原则上仍然保持了原样。

照明设计师 Erwin Döring 同样在休息厅区域创造了对比。在建筑的这一部分，不同颜色的光不仅仅应用于定义空间深度。空间表面也被打造成微妙的引人注目的元素。其结果不是创造了一种灯光艺术，而是在空间里产生了一种元素能让访问者感到舒适，并创建了一种吸引人的背景。

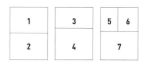

1　从主入口视角来看，展示大型休息厅和屋檐上面可见的演奏大厅上层分区（白光方案）
2　从主入口视角来看，展示了大型休息厅和屋檐上面可见的演奏大厅上层分区
3　莫扎特大厅是个灵活的空间，可以用作各种目的
4　大型休息厅
5　小休息厅
6　演奏会议大厅，活动照明：RGB+ 白光 LED
7　演奏会议大厅，演奏会照明

大眼睛艺术中心

LINEAR LIGHT FOR THE CREATIVE ARTS, PENNSYLVANI/USA

地理位置 _ **美国宾夕法尼亚**

\+
业　　主：美国宾夕法尼亚州大眼睛
　　　　　艺术中心
建 筑 师：Olsen Design Group
　　　　　Architects
概念设计及艺术主导：林恩·戈德利
项目管理：林恩·戈德利
团　　队：库茨敦大学艺术系及计算
　　　　　机编程系学生；国际电气
　　　　　工人协会当地 743 号团队
产品应用：
LED 柔性灯串：icolor Flex SL,
　　　　　Philips Color Kinetics
灯光控制：灯光编程系统，Philips
　　　　　Color Kinetics

大眼睛艺术中心是一个社区文化艺术资源中心，也是美国此类交互艺术中心之中最全面最综合的一个。随着大眼睛艺术中心的持续运营，人们决定要为这幢楼重新加以修饰以提升建筑物的存在感，这次修饰需要采用灯光的形式来完成。

照明设计师林恩·戈德利（Lyn Godley）提出在大眼睛艺术中心建筑上附加一种发光材料的方案。还有一点需要注意的是，这幢建筑是历史性地标建筑，意味着建筑物表面不能被改变或者附加任何东西。所有提升建筑形象的措施都必须从建筑内部完成，所有的灯光设备组件都要安装在窗户内侧。

为了表现乱写乱画的主题，戈德利想到利用可编程的 LED 来设计一系列的线性图案，就好像有人真的在建筑表面作画、写字一样。其成果是：线性灯出现在这幢 5 层建筑的每个窗户上。

线性光是使用 LED 柔性灯串实现的，每个灯串上有 50 颗 RGB 点光源，各个光源之间的间距为 4 英寸。每个 LED 点光源的观测角度为 120°，防护等级 IP66，可通过 DMX 系统或者以太网控制。设计要求在大眼睛艺术中心外墙的每扇窗户内都安装这样的 LED 柔性灯串。整个项目使用了超过 7,100 个 RGB LED 点光源，以创造出三组划过每扇窗户（共 174 扇窗户）的线条组合。

这些 RGB LED 柔性灯串通过编程而呈现出 7 种不同的场景。其中一个场景中，光追踪着这三条轨迹，另一个场景中所有的灯将随机闪烁。还有的场景中，本项目是通过学生和当地电工协会的共同努力而实现的。这些学生都来自库茨敦大学（美国宾夕法尼亚州库茨镇），他们有些来自于计算机系，帮助运行软件实现场景的编程，有些来自于艺术系，他们对布灯图案在建筑每扇窗户上的具体灯具位置进行了设计。国际电气工人协会在当地的 743 号团队进行了灯具的安装，使整个系统通电并得以运行。

戈德利描述当时的场景："我在那里站了一个小时，看着建筑立面灯光随着编好的场景而变化。作为一名艺术家和设计师，我总是痴迷于灯光以及灯光所带来的魔力。灯光对我而言是个很特别的东西，因为它有转化的力量，正如当你打开房间里的一盏灯的那一刹那，整个空间就因被照亮而产生了变化。对于大眼睛艺术中心来说也是这样。它已经变成截然不同的另一幢建筑，灯光成为其形象的一部分。每晚，在其主立面上演的"思考历程"艺术灯光秀都会鼓励它的观众去寻找线条与动态的含义，鼓励他们去思考他们看到是什么以及为什么。Pablo Picassoonce 曾说："艺术的目的是为我们的灵魂洗去日常生活所带来的尘埃。"如果你站在艺术中心外能领悟到这句话，就能想象当你踏入室内去探索发现时会发生什么。

1
2
3

1 大眼睛艺术中心的立面艺术灯光以其令人陶醉的图案变化和灯光效果使建筑得以重生，并将这个建筑从一个人们会回避的地方转变成一个值得闲逛参观的有趣场所

2 灯光图案穿行经过这幢 5 层建筑的每个窗户

3 每组 LED 线条分离开的细节

墨田水族馆

THE SUMIDA AQUARIUM, TOKYO/JAPAN

地理位置 _ **日本东京**

+ 业　　主：ORIX Real Estate
　　　　　Corporation
建　　筑：Taisei Corporation
照明设计：Illumination of City
　　　　　Environment(ICE)——
　　　　　Masanobu Takeishi
图片版权归墨田水族馆所有

　　墨田水族馆位于天空树西裙楼的 5 层和 6 层，它是一座城市水族馆，也是日本新旅游景点之一。聚焦于水族馆"寓教于乐"的功能，水族馆旨在为生物创造一个理想的环境，为参观者创造一种真实的体验。基于"生命的摇篮——一个养育的水环境"这种理念，水族馆分为 8 个展示区。不用离开城市，参观者们就可以感受动物的生命以及养育他们的水环境。

　　水族馆内最大的亮点是两层楼高的开放式贮水池，可以容纳大约 350T 水，它也是此类日本最大的贮水池。参观者可以在 6 层俯瞰整个区域，在 5 层近距离地观察动物们的生活方式。这个巨大的贮水池也充当了照明的功能，其全部使用 LED 以维持动物的生活（这也是第一次在水族馆做类似的尝试）。通过充分利用自动灯光控制系统，可以创造各种场景，以提供一个让参观者们即使身在建筑内也能感受到时间流逝的光环境。

　　整个开放的两层空间被倾斜的天花板覆盖着，从设计阶段开始，设计师们就决定使用 9 个悬挂式的板条。天花板最高点距离水面 10m，在此使用了一个扁盒式 LED 装置，在确保足够电力的同时该装置在视觉上难以察觉。通过使用 LED，每单位能耗降低到 60W，与以前维持动物生活的照明相比，节能效果显著。

　　白炽灯色 2700K 高强度 LED 和 18 个白色 6000K 排列成一个组件，色温可以通过 DMX 系统改变。设计师牢记微妙的色彩平衡，这些组件可以表达出太阳在不同高度时的光环境，从晴朗的天空里清新的阳光，到日落的光线。色彩控制系统不仅仅可以改变颜色，还可以偶尔产生似流动的云般的阴影或者强烈的光线，以呼应自然界中光的变化。

　　安装在板条上的其中 8 个组件与一个蓝色装置结合在晚上营造出月光的情景。在早晨、白天、傍晚和晚上的每一分钟，设置场景都在变化，参观者可以享受到不同的空间体验。因为被照亮的主体是动物，例如企鹅和海豹，这个空间应该让它们感觉舒适，因此设计师与饲养员反复讨论了照明带来的问题对它们生活方式的影响。我们还用一个巨型水罐做了一次水下实验，并对每个场景的时间分配做了详细说明。

　　与天花板上的装置相同的 RGB 全色装置被应用在水池侧边底部。在间隔中放置 10 个组件，环绕在整个水池的周围。通过使用 DMX 灯光控制系统，这些组件也可以照亮水区域。蓝色和紫色随着板条光颜色的变化而缓慢变化，生动地呈现水中嬉戏的企鹅。

　　在确保人感觉舒适的同时，新创造的环境尽可能地接近自然环境，让生活在水池里的动物生机勃勃，不会给它们带来丝毫压力，从而建立一个新的水族馆照明理念。

1 水池壁照明细节图
2 入口大厅
3 白天时的情景照明
4 天花板照明细节图

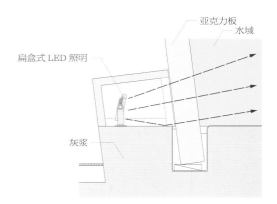

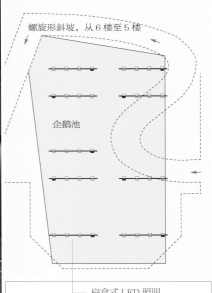

螺旋形斜坡，从6楼至5楼

企鹅池

扁盒式 LED 照明

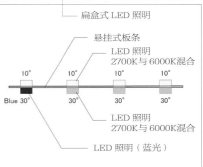

悬挂式板条

LED 照明
2700K与6000K混合

10°　　10°　　10°　　10°

Blue 30°　　30°　　30°　　30°

LED 照明
2700K与6000K混合

LED 照明（蓝光）

"蓝色星球"水族馆

THE BLUE PLANET AQUARIUM, COPENHAGEN/DENMARK

地理位置 _ **丹麦哥本哈根**

业　　主：The National Aquarium
　　　　　trust / Real Dania
建筑设计：3XN
照明设计：Jesper Kongshaug
立面施工：Kai Andersen A/S
产品应用：
Coemar (LED 聚光灯和照明系统)
Rosco (水效果)
Fagerhult (办公区域)
Roblon (光纤)
Simes (室外照明和护柱)

国家水族馆坐落于哥本哈根港的阿玛格尔岛。水族馆建筑内部延续了外部结构的漩涡形式。参观者犹如在一个巨浪上穿行，从主馆经过 53 个水箱，抵达雨林馆，接着穿越一条 16m 长的隧道。水对于"蓝色星球"水族馆内部的体验是很重要的，它不仅围绕着鱼群，在门厅和展览区域也充满了水元素。门厅中的水效果通过人工照明营造出来，电灯比起真实的水允许更多围绕主题的场景的出现。

水族馆运用的厚度高达 48cm 的玻璃并不是抗反射的，因此恼人的反光问题必须被解决。这意味着"蓝色星球"水族馆内的每一盏灯都要仔细挑选和安装以至于不会产生玻璃对其的反光。绝大多数照明通过配备光学系统的光源来实现从而确保没有光线溢出。

水的效果通过运用一台特殊的照明仪器营造出来，该仪器包括两个旋转的玻璃圆盘和一个机械式调光器。这台仪器可以被 DMX 通讯协议所控制。通过对不同颜色的玻璃圆盘以及他们的旋转速率进行组合，很有可能产生无数不重复的效果。

为了确保项目实施阶段的灵活性，每个区域在设计时都拥有一个持续工作的灯光布景软件用于调试挂灯和音响设备。这样一来使得灯具在有需要的情况下可以被重新放置。

对于海底生物生活的区域所采用的灯光需要满足特定的生物学需求。以体验为导向的灯光必须符合这个要求。比如，温暖的光线促进藻类的生长——"蓝色星球"水族馆通常运用色温为 10,000K 的 LED 照明。为了保护鱼类和动物，水族馆内的环境照明从来不会突然地开启或关闭，而是在 45 秒以上的时间内逐渐减弱。

最大的水族箱"海洋坦克"内含有 1,400 万 L 的海水。为这个水族箱设计所期望的照明是一个很大的挑战。通过应用四条强力的平行光线才在水下营造出日光的感觉。在确保不会促进藻类生长的同时为参观者展现出各种鱼类的形态。

室外灯具在选择上注重避免任何眩光。来自海湾咸咸的空气最终会在亚克力屏幕上形成一层漫射膜，这就是为什么所有的护柱会装有斜板条的原因。定制高度的护柱提供停车场空间的照明。一束束光线的效果仿佛是一个说明设计师身份的招牌。

迷人的铝质幕墙通过三个 8m 高和一个 12m 高的灯柱来提供照明，每个灯柱配备了 8 盏聚光灯，其中 6 盏的光源为窄光束白色金卤灯，其他两盏为蓝色 LED。整个照明体现了建筑形式、材料结构和内容主题。然而，立面照明普遍垂直于水平轴线上的立面，在这个案例中面临的问题就是引导光线沿着立面从而重点照亮立面曲线的同时避免眩光。整个立面覆盖着面积超过 27,000 m² 的预先漆好的铝板，在白天时，立面映射出自然光线。

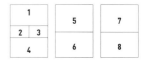

1 被照亮的建筑在水面上映射出来并转化成一个艺术品，一艘大型的金属潜艇在探测海洋并收集海洋生物的知识后刚刚浮出水面

2 建筑的外表皮原本是要被均匀地照亮

3 灯光体现出建筑元素中的形式、结构和材质

4 对参观者而言是一种身临其境的体验：光在展示区域的设计概念中是一个不可分割的部分

5 人工照明在设计上看起来显得自然。所用光源：色温为 10,000K 的 LED

6 蓝色星球水族馆兼具知识性和娱乐性

7,8 咖啡厅内的照明在设计上确保了参观者不会在大面积的玻璃上看到任何倒影，从而拥有不受任何限制的视野向外遥望瑞典

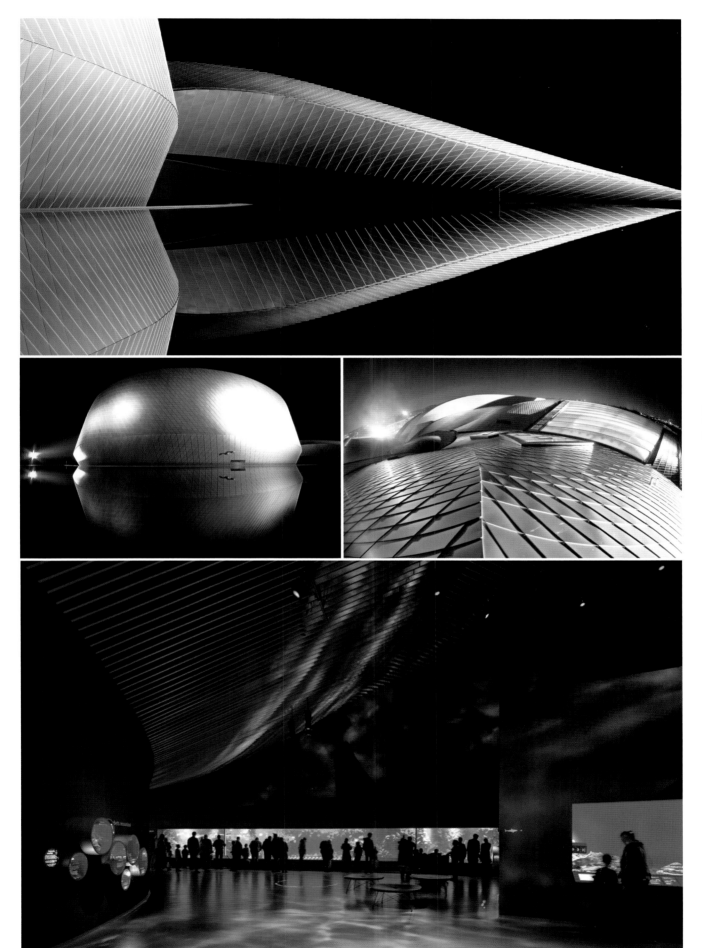

赫勒乌普高中的新多功能空间和体育设施

NEW MULTIFUNCTIONAL SPACE AND SPORTS FACILITY FOR HELLERUP HIGH SCHOOL, COPENHAGEN/DENMARK

地理位置 _ **丹麦哥本哈根**

创意总监：Bjarke Ingels /BIG
　　　　　Bjarke Ingels Group
建 筑 师：Frederik Lyng
团　　队：Narissa Ladawal Schrö
　　　　　der, Henrick Poulsen,
　　　　　Dennis Rasmussen,
　　　　　Jeppe Ecklohn, Rune
　　　　　Hansen, Riccardo
　　　　　Mariano, Christian
　　　　　Alvare Gomez, Xu Li,
　　　　　Jakob Lange, Thomas
　　　　　Juul-Jensen

合 伙 人：Finn Nøkjær
管　　理：Ole Schrøder (concept),
　　　　　Ole Elkjær-Larsen
　　　　　(construction)
照明设计：BIG Bjarke Ingels
　　　　　Group
合 作 者：
CG Jensen（承包商）：Klaus Mels
　　　　　Nielsen, Dion Mun-
　　　　　ksgaard
EKJ（咨询工程师）：Flemming
　　　　　Tagmose
Grontmij（客户顾问）：Anders
　　　　　Ring Petersen

曾经是赫勒乌普高中一名学生的建筑师本加科·英厄尔斯（Bjarke Ingels），为他的母校设计了一栋建筑。为了表达对数学老师的尊敬，本加科·英厄尔斯和他的团队使用弹道弧线的数学公式形成了屋顶的几何结构，这反过来也在学校建筑的中间创造了一个名符其实的小丘。弧形屋顶利用了自然光和人工光创造的耐人寻味的效果，为人们提供了一个社交场所。

这座 1100m² 的新馆 5m 空间半潜在校园腹地中，较低一层与餐厅直接连接在一起。体育馆的内墙刻意保持简单朴素。现浇混凝土平板没有刷漆，硬木地板由固体灰渣制成。真正吸引眼球的是屋顶。很显然，手球运动需要至少 7m 高的天花板，但向地下挖的深度又不能超过 5m，唯一的解决方案就是向上升高天花板。建筑师们利用这种必要性，设计并照亮运动馆的天花板，创造了一种与体育馆内的活动相适应的动态特征。

配有超强度深胶合木梁的、巧妙弯曲的屋顶，也是向英厄尔斯以前的数学老师献上的一份礼物。弧线是从手球掷出后的运动轨迹的数学公式计算出来的。朴素的荧光板条由 BIG 定制设计。这些荧光板条被安装在木梁中间，配有 3mm 厚、耐冲击的聚碳酸酯散光器，突出了弹道弧线，在天花板托梁上创造了一种规则的光斑图案。

从外部看，这座弓形木屋顶建筑看起来像是一个从校园里的土壤下面生长起来的、巨大的山丘。缓缓上升的土堆上面覆盖着未经处理的橡木，这里被设计为社交场所，有足够的空间可以容纳小组活动或大型的聚会。

校园中的土丘成为年轻人课间的一个令人振奋的社交场所。这个公共空间仍然魅力四射：座位下面嵌入安装了 LED。这是入夜后校园内唯一的光源。除了这些白色、搪瓷涂层钢板座椅，在土堆的另一边，还有一个倾斜的、方便滑冰者的、圆形钢质长椅。一般来说，当天的课程结束后，学生们很高兴能离开学习之地，但今天主导赫勒乌普高中的气氛加强了年轻人和学校之间的联系，吸引他们在休闲时间在此见面、交流。

座椅和圆形钢质长椅下方的 LED 散发出的光在橡木板条上绘出了光斑——如同反转的阴影——将这些功能性的设备变成了雕塑元素。在人们的眼中，原本是暖白色的 LED 光，它的颜色看起来是根据天空的颜色、日光退去和夜晚来临而发生变化。这在土丘上产生了不同的照明氛围：平静，浪漫，戏剧性。

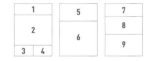

1　剖面图

2　平面图

3　白天学生集聚在此

4　日光条件下的对比效果：长椅在日光下投射出的阴影在夜间被一个发光的环取代

5　发光环形状照明

6　下部嵌装有 LED 的座位和桌子创造了一种群体效应，所有部分一起创造了一种醒目的三维体

7　日光被限制在场馆边缘的天窗周围的环形区域内，这不会对体育馆内的照明产生严重的影响，但带来了一种有趣的对比

8　弧形屋顶和天花板托梁上柔和的光斑组合在一起，形成了一个动态的形象

9　大约 100 个荧光板条提供了运动场所需的统一照明

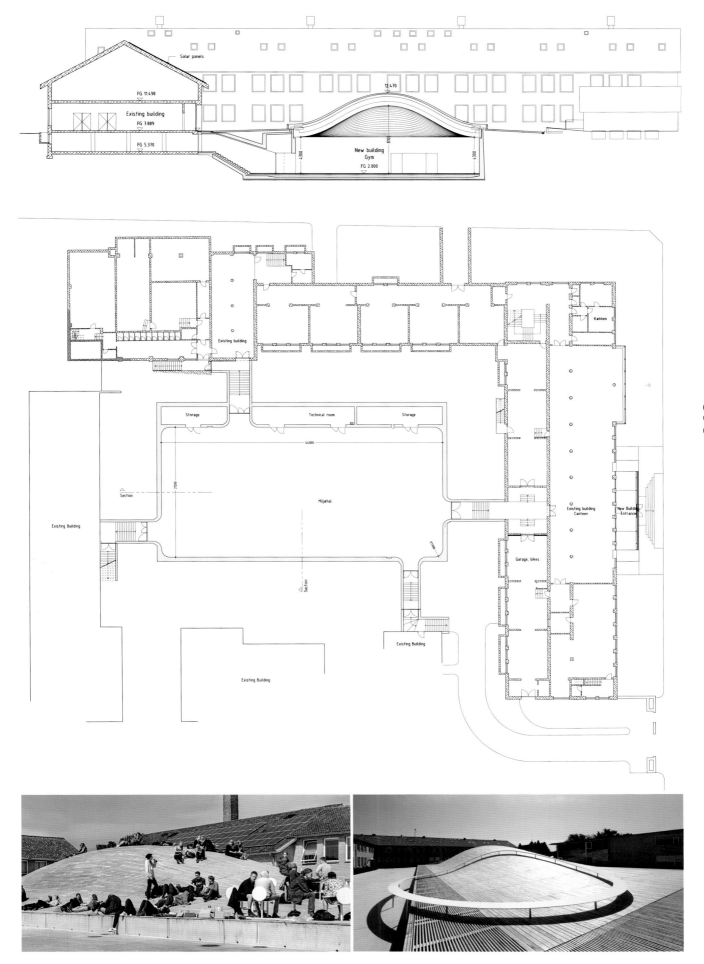

Solar panels

FG 11.498

Existing building

FG 7.889

FG 5.370

12.470

New building
Gym
FG 2.800

Existing building

Storage

Technical room

Storage

Section

44000

Miljøhal

Section

Existing Building

Existing Building

Existing Building

Køkken

Existing building
Canteen

Garage, bikes

New Building
Entrance

Mansueto 图书馆

THE MANSUETO LIBRARY, CHICAGO/USA

地理位置 _ **美国芝加哥**

建筑设计：墨菲 / 扬建筑师事务所
照明设计：L-Plan Lichtplanung
产品应用：
定制设计的台灯：荧光灯（长桌）和
LED 灯（短桌）
环境照明：Targetti, Foho
间接照明组件：定制灯具，L-Plan

位于芝加哥大学校园中心的 Joe and Rika Mansueto 图书馆，其独特的工程结合大胆的设计创造出一次令人难忘的空间体验。图书馆在设计中最大限度地利用天然光，确保宝贵的印刷资料被完好保存，并且使能源消耗降到最低。图书馆由建筑师赫尔穆特·扬（Helmut Jahn）设计。

图书馆烧结玻璃允许了充足的、可以控制的天然光的进入，使其在白天充满了整个图书馆阅览室；到了夜晚，直接 / 间接照明很好地均衡结合，使读者联想到自然光的品质。

整个阅读空间的直接照明组件通过一种类型的聚光灯得以实现，这种聚光灯最初适用于轨道安装。在这种情况下，L-Plan 设计了一种定制灯具。整个设备在设计上要求小巧简单，因为它要与建筑完全地融为一体。设计的目的是应用尽可能少的灯具，并且良好的眩光控制是必要的。安装在较高位置的灯具配备着 150W 的金卤光源，安装在较低位置的是 70W 金卤灯。

照明设计师确保了光与影之间的平衡，眩光最小化以及达到所需氛围的适量光线。在获得充足天然光的空间中，对天然光的控制和对太阳辐射的防卫都进行了认真考虑。

图书馆内精心设计的照明对营造一个积极的氛围有相当大的帮助，并且鼓励了人们经常参观并更久地停留。它同样满足了重要的功能需求，提供方位，划分整体空间以及为工作人员和使用者创造最佳的环境。

1 采光控制是通过玻璃内 57% 的熔块来实现从而减少眩光和热增量，并且同时能够反射人工上照组件的光线

2 剖面图：从最初的 2 个概念来看，这一个更受青睐是因为它利用天然光来阅读和较低的能耗

3 夜晚 Mansueto 图书馆外部整体形象

4 从外部看 Mansueto 图书馆内部光环境

5 在玻璃穹顶下的阅览室可储存 350 万册图书

6 阅览室只有 3 种不同类型的灯具。仅仅下照灯能被看见。上照灯隐藏在通风井的上方，而任务灯直接与工作场所相结合

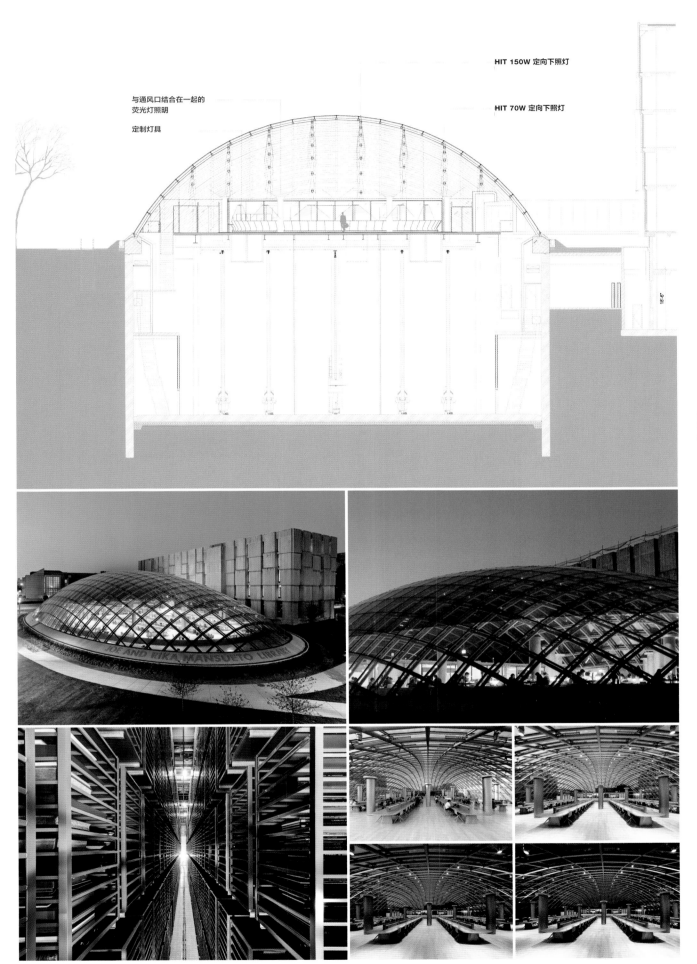

HIT 150W 定向下照灯

HIT 70W 定向下照灯

与通风口结合在一起的
荧光灯照明

定制灯具

18'-6"

海军造船厂

BROOKLYN NAVY YARD, NEW YORK/USA

地理位置 _ **美国纽约**

业　主：布鲁克林海军造船厂开发
　　　　公司
建筑设计：Beyer Blinder Belle
景观建筑设计：D.I.R.T. Studio

　　位于纽约布鲁克林的海军造船厂的入口庭院和展示中心用亲切的灯光和人尺度大小的装置欢迎到访的客人。历史悠久的指挥室的许多窗户都被展品挡住，这座繁华街道边的建筑在定制灯箱的映衬下散发着温馨的气息。连接新老建筑的中庭犹如一个发光的灯笼。与建筑融为一体的隐蔽装置照亮了贯穿三层楼高的中庭的巨幅照片以及雕塑元素。整座建筑及其照明都达到了 LEED 白金认证。

　　当一个展览空间拥有对光线敏感的展品时，它需要可控的 LED 光环境。在布鲁克林海军造船厂这个案例中，窗户全部被挡住。但是外部是什么样的呢？设计师最大的挑战是要在保持建筑原貌的基础上给这座看起来似乎已经荒废的建筑带来生机。设计师在每个窗户上方装一个小灯泡，这样建筑就不像无人居住的样子了。

　　当设计师开始这个项目时，现有的 LED 技术正在不断进化。设计师从 11W 的灯泡开始，在工作室和现场进行测试。令设计师吃惊的是这么小的瓦数竟然如此明亮。所以设计师改用 6W 的 LED，但仍感到有点太亮了。当测试到 3W 时，大家才感到满意，于是设计师订购了一批 LED。当它们送到施工现场被安装上以后，设计师再次觉得 LED 过亮了。

　　设计师意识到，并得到了生产商的确认。3W 的 LED 之所以如此明亮是因为其提升了发光效率。LED 厂商也赞叹设计师做到了节能减排，同样瓦数下，设计师选择的灯更明亮。

　　但是更多的光"并非"设计师想要的。可是厂家也不想收回这些灯。从企业的角度来看，设计师没有浪费能源。设计师非常节能，事实上，没有一家工厂可以提供光线足够暗的灯泡。最终，设计师只能使用调光系统。

　　这个例子阐述了一个公众正在面临的相对较新的概念：瓦数并不能说明灯泡的亮度和发光效率。即使制造商告诉设计师 15W 的荧光灯相当于 60W 的白炽灯，当你亲手将灯泡安上的时候会发现事实并非如此。在这个 LED 再次爆发的年代，人们才刚刚开始领会到其中的真谛。LED 的节能性及其发光方式和它的瓦数完全没有联系，以至于设计师不得不以一个完全不同的角度进行思考。人们可能要重新认识光。

　　在理论上就想理解整个概念仍然十分困难，因为人们对于瓦数的理解已经根深蒂固。唯一有效的办法就是分别购买一只不同类型的灯泡，然后回到家试一试。如此一来，你才能真正地明白并牢记住，同时开始新的认知。白炽灯给你留下的多年记忆挥之不去时，也许是时候开始接受各种形状的灯泡给这个世界带来的新的光明。

1　内部庭院
2　玻璃窗内的展示品
3　入口夜间
4　入口旁建筑

The Star 演艺中心 & Star Vista

THE STAR PERFORMING ARTS CENTRE & STAR VISTA, SINGAPORE

地理位置 _ **新加坡**

业　主：Rock Productions
　　　Pte Ltd，3 Temasek
　　　Boulevard, Suntec
　　　City Mall
建筑设计：Aedas
景观设计：ICN Design
　　　International
照明设计：Lighting Planners
　　　Associates.
完工日期：2012 年 11 月 1 日
摄　影：Lighting Planners
　　　Associates, Toshio
　　　Kaneko

这栋大楼设有一个最先进的 5000 席礼堂，这里会定期举行演奏会。上层一个独特的碗状立面透过玻璃幕墙发出神秘的蓝光，使其成为夜晚的标志性特征。颜色以大约 20 秒为一个周期在深蓝和翠蓝之间缓慢变化，标示了该活动场地的活跃氛围。楼下一个充满活力的零售和餐饮区会一直忙碌到深夜。整个建筑内自然通风的流通空间都采用低强度照明，在热带新加坡重新创造了种户外放松的氛围。

夜晚，这栋多功能建筑的标志性几何结构被选择性地部分照亮，用一种柔和的、诱人的光芒突出其锐利的线条。照明效果的中心是碗状结构发出的蓝光，即 5000 座礼堂的外部表皮部分。在后方，间接线性照明设备强化了建筑独特的轮廓。5000K 线性照明设备发出的光从建筑内部 3000K 的暖色光中脱颖而出。

RGB 泛光灯洗亮了礼堂的外部表皮，6km 长的直径为 14mm 的侧发光光纤用一种欢迎的冷白色突出了碗状外表皮的层次。为了便于维修，光纤被建议安装在 5 层高的门厅上方。

5000 座礼堂的照明由地板和座位高度上的暖色光和天花板上蓝色的冷色光组成。所有天花板上的照明设备都易于维护，因为它们是通过一个由手持遥控器远程操作的自动化升降机安装。

最低限度的照明在购物商场创造了一种令人舒适的对比。建筑内部自然通风的中央和流通空间光线较暗，这一直给人一种身在户外的感觉。此建筑因其可持续设计被新加坡建设局（Building and Construction Authority）授予"绿色建筑金奖"的称号，而照明的作用在其中功不可没。照明聚焦于垂直平面上，突出建筑的结构形式，创造了一种无眩光的柔和亮度。

连接零售和餐饮区域的外部走廊用配备直线传播镜头的无眩光筒灯照亮。这种引人注目的线性照明应用在地板上，可以不需要任何指示标志而引导人们穿过整栋建筑。

观众席的下面被明亮地照亮，从而为下方的地板提供了柔和的反射光。人们在这种柔和的间接照明下会感觉非常舒服。拱腹上的上照灯发出的光芒从很远的地方就可以看到。

广场上喷泉的好玩的互动式照明以固定的时间序列变色。广场会经常用作举办活动的场地，圆形广场上柔和的间接照明为这个区域提供了一个合适的背景。

由于预算紧张，因此使用了高效节能的荧光灯和金卤灯以降低维修费用。在一些建筑细节处选择性地使用了 LED，以便于维修。设计时，详细考虑了 LED 的色温和稳定性。

	3	
	4	5
1	2	6	7

1　5000 座礼堂的照明
2　连接零售和餐饮区域的外部走廊用配备直线传播镜头的无眩光筒灯照亮
3　间接线性照明设备强化了建筑独特的轮廓，照明效果的中心是碗状结构发出的蓝光
4　最低限度的照明在购物商场创造了一种令人舒适的对比
5　广场上喷泉的互动式照明
6　6km 长的直径为 14mm 的侧发光光纤被安装在 5 层高的门厅上方
7　礼堂的下方被明亮地照亮，从而为下方的地板提供了柔和的反射光

歌华青年文化中心

SONG OF CHINA YOUTH CULTURE CENTER,QINHUANGDAO/CHINA

地理位置 _ **中国秦皇岛**

+
地　　点：秦皇岛 北戴河
面　　积：营地总建筑面积 2700m²
建筑设计、室内设计：开放建筑(OPEN)
主持设计师：李虎
照明设计：北京八番竹照明设计有限
　　　　　公司　　 P355
主持设计师：柏万军，周莉莉

这是一个公益性的青少年营地体验中心，营地总建筑面积 2700m²，包括多功能剧场、DIY 空间、书吧、影音厅、大师工作室、展厅等空间。建筑置身于自然之中，空间通透开放。灵活可变的空间轻松地适应不同的活动需求。建筑给青少年提供了一个充满阳光和自然，可以发现和创造不同奥秘与故事的场所。这个建筑也承载着举办各种演出和文化活动的社会功能。

本案照明设计贴合了建筑空间设计的精髓，充分表达了此建筑空间建筑的朴素没有装饰的空间、开放灵动的体验，令建筑本身成为营地的一本教科书。照明设计中节能措施：通过精确计算，根据设计需求控制灯具数量和功率。在有场景需求的区域采用调光控制系统。

本案获得了 2012 年 12 月荣获第三届中国建筑传媒奖之最佳建筑奖（主办单位：南都全媒体集群、《南方都市报》）和 2012 年 10 月荣获 2012WA 中国建筑奖优胜奖（主办单位：《世界建筑》杂志社）。

3
4 5
1 2 6

1　中心主入口，两侧高大混凝土墙面有均值布光，用于大幅作品展示，也利于整体光环境的秩序导入

2　书吧和展示空间：竹木、钢铁、混凝土，空间、秩序、朴素。光的分布也顺其自然的保持了一致化的秩序感

3　咖啡吧，也是书吧，相对均值的布局，相对均衡的布灯。为了最大限度防止眩光，把灯具深藏进天花内部。窗外草坪的对面走廊的白墙，使用间接照明的方式布置均匀的下洗光，给草地一个纯净的背景

4,5　自由交流空间，可以阅读可以对话。相对明亮的布光让整个空间更加开敞更加愉悦欣喜

6　室外看室内，蓝色的天光洗亮建筑的外表，室内布光准确细致的勾画出建筑的立面、平面空间格局

北京林业大学学研中心

ACADEMIC RESEARCH CENTER OF BEIJING FORESTRY UNIVERSITY, BEIJING/CHINA

地理位置 _ **中国北京**

业   主：北京林业大学
建筑设计：崔彤，中科院建筑设计研
          究院
照明设计：中科院建筑设计研究院
          光环境设计研究所
主要设计人员：许楠，刘冬冬，李永贺
完工日期：2013.12
摄   影：阚瑞，张绍炜

北京林业大学学研中心位于北京林业大学校园的东南角，是集合教学、科研、办公于一体的教育用房。"U"形建筑以嵌入式的外部空间亲和于校园，构成一个静谧的"人文书院"。布局中南翼为院系综合办公，北翼为教学实验楼，东翼是阶梯教室及研讨教室，顶部布置了高端学子研讨及展览功能。地下一层作为一个特殊的功能单元，包括图书馆报告厅，展览等内容。总建筑面积 90490 m²，建筑高度 60 米。

培养人才如同培育树木，照明意在突出"建筑中心的树"在光的照耀下茁壮成长，也比喻人才在学业修为上的不懈进取、日日更新。一年之气色，"春青、夏红、秋黄、冬白"是也。——《冰鉴》。建筑的精华之处"树形结构"设置了配备智能控制系统的 LED 灯具，通过光色变换，隐喻四季色彩，表现树木的生长和人才的成长。

除中央树形结构外，还重点刻画了南立面门形结构，通过明暗对比展现其层叠错落的建筑特点。建筑的立面整体采用了泛光照明，并结合窄光束投光，洗亮建筑立面石材，突出了建筑的竖向肌理；光色采用暖白与中性白混光（3000K+4000K）；通过光色与亮度的对比来划分建筑的虚实关系。

除了平日、节日、四季的时控变色模式，中央的 LED 智能控制系统还留有通过软件实现可扩展性，可通过大数据信息交互实现多种变化模式，如可根据互联网天气系统，在阴天和雾霾天气下为暖黄光，在北京晴天时呈现彩光，达到光与信息之间的互动。

分为平日、节日两级控制。平日能耗为 54.8 KW，节日能耗为 108KW，在平日模式下，照明功率密度仅为 1.6W/ m²，通过智能遥控、强电控制系统和 LED 控制系统的组合应用，以降低运行能耗和费用。

1 南立面沿街视角
2 春之绿
3 秋之黄
4 冬之蓝
5 门型结构照明
6 西面中庭
7 东南视角
8 西入口

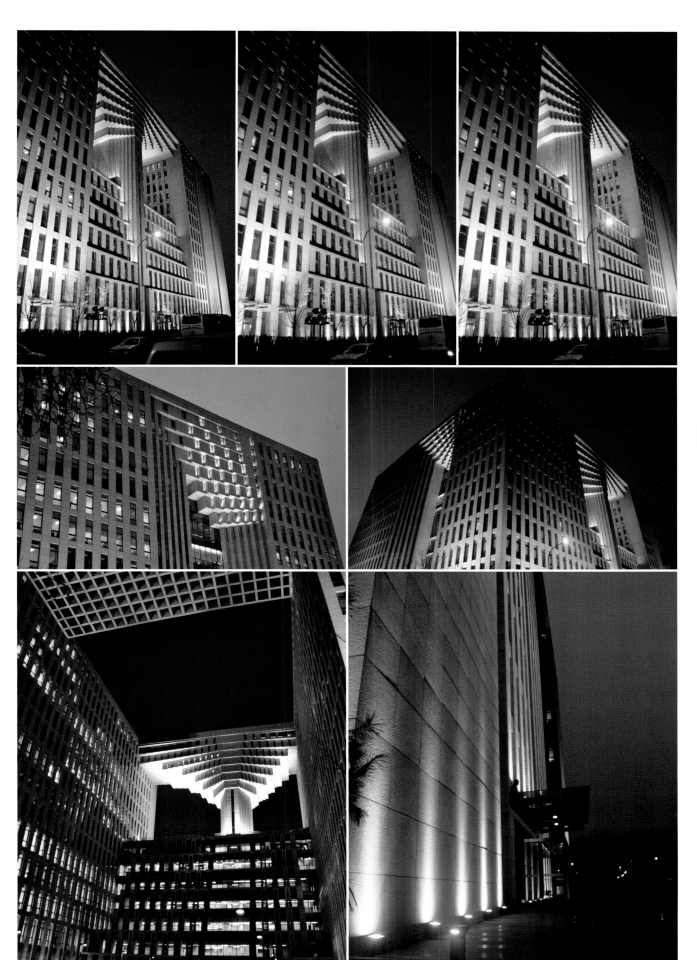

温泉浴场

THERMAL SPA, BAD EMS/GERMANY

地理位置 _ **德国巴特埃姆斯**

业　主：Kannewischer
　　　　Management AG
建筑设计：4a 建筑设计事务所
照明设计：Ulrike Brandi Licht
完工日期：2012 年 12 月

作为周围景观的一部分，德国巴特埃姆斯温泉浴场坐落于拉恩河畔。流动的水流以及周围优美的自然环境把其打造成一个散发出独特魅力的地方。它的建筑与照明都注重两个主题：水和河流。光的"岛屿"、圆形的有机形态和水流中类似鹅卵石的成组灯具反映出基本的设计理念。内部空间充满一种流动和纯粹的气氛，同时室内的光线引人注目。功能分区一目了然并能够被感知到。在主要的建筑节点上，灯光引导着顾客抵达明亮的区域。

入口区的光线吸引着顾客并引导着他们抵达接待处，接待处周围光线明亮。吊灯安装在酒吧空间内提供照明。从过渡区一直到游泳池，设计师采用下照灯提供照明。游泳池的照明基于"河流"的主题，在水池底部，如同鹅卵石般的灯具在流动的水中随机排布。游泳池自身被水下的聚光灯照亮，呈现出柔和的发光表面。整个照明提升了空间的宁静感并加强了其私密性。这些区域内活泼明亮的光线在视觉上抬升了天花的高度，因此给人一种空间更为开阔的感受。

所谓的"蓝色空间"位于泳池区域的中心。它算得上是整个建筑的亮点之一，并且其照明提升了空间效果。蓝色空间周边墙面上的动态投影图案为室内赋予了活力和生气。在交叉路口，窄光角的下照灯提供的照明为游泳池区域的环境照明起到了很好地补充。与由大型吊灯提供照明的餐厅区域不同，玻璃幕墙旁晒太阳的人们获得微弱的阅读光线，而这些微弱的光线营造出家庭般的亲切氛围。许多发光的鹅卵石造型的灯具悬浮于柜台之上并为酒吧提供照明。

全局照明由下照灯提供。低照度的光线更容易使晒日光浴的人聚集到一起。壁炉和发光的靠垫吸引顾客至此，同时它们并不会影响空间中宁静和放松的氛围。温泉水疗区接待处的灯光明亮和匀称。吊灯的光线强调出柜台，而融入家具中的灯具成为一大亮点。水疗区小屋内的光线昏暗且无眩光。水池上的筒灯提供了必要的较高照度水平。吊顶上的大且圆的灯具再次呼应了河流的主题——这些灯具看起来就像又大又圆的石头。

健身区的照明相比其他区域更加明亮。该区域较高的照度水平激发了锻炼的意识并确保了运动的安全性。室外的照明处理比较慎重，因为景观本身有很大的吸引力。一部分埋地灯引导着顾客的视线并显现出庭院的外轮廓。

德国巴特埃姆斯温泉浴场的照明设计师采用了纯粹的处理手法，在恰当的位置有意识地布置了定向光。全新的巴特埃姆斯温泉浴场的设计呈现出特殊的美感，营造了非常舒适的氛围，成为沐浴文化与当代建筑完美结合的成功典范。

1 灯光平面布置图
2 室外的温水泳池
3 室外温水泳池中缓慢的水流
4 游泳池附近墙壁上的壁橱被照亮
5 金黄色的暖光照亮整个桑拿区
6 装有 LED 灯的淋浴区，RGB 控制系统

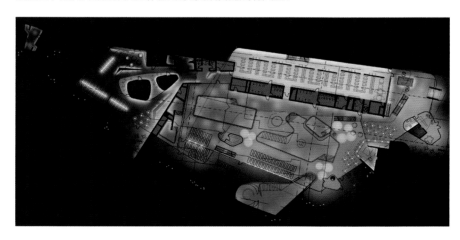

钦奈多银幕影院

MULTIPLEX CINEMA, CHENNEI/INDIA

地理位置 _ **印度钦奈**

业　主：Sathyam Cinemas
室内设计：Giovanni Castor and
　　　　Vikram Phadke
照明设计：Integrated Lighting
　　　　Design - Anusha
　　　　Muthusubramanian
产品应用：
荧光灯槽及玛瑙饰面背光：Philips
LED 灯槽：Osram
天花嵌入式灯具：Reiz Lighting

影院的照明设计从视觉上将整个环境划分为公共区、半公共区和私人区，不同层次的灯光创造出视觉深度。在高空间中，比如大堂和观众厅，垂直立面和天花被照亮，体现出空间的尺度。环境的温暖在大堂内，充足的照度使得材料和特色装饰从背景中凸显出来，在影迷们进入大堂并在空间内穿行的时候起到引导性的作用。暖白的色调良好地表达了玛瑙板材和实木表面的颜色。进入影院大堂的观众会经历从商场内亮如白昼的空间到影院大堂相对较低照度、高对比度的环境的转折——为了适应更暗的影厅环境做好准备。

大堂天花采用线性荧光灯灯槽在双层层高的空间内形成浮动的天花效果。嵌入式金卤筒灯提供明亮的光束。玛瑙饰面的立柱和票务台用荧光灯管实现引人注目的背光效果，同时强化了玛瑙的温暖色泽和有趣纹理。在高大的立柱和空间体量以及暗色调装饰面的基础上，这一元素也让空间显得更明亮。玻璃架子用 LED 埋地灯的上照光予以打亮，闪耀着华丽的光。

玛瑙饰面出入门侧的垂直照明非常抢眼。由于门口正对的墙面上悬挂着 LCD 广告屏，于是保持出入口的视觉吸引力同时又不让任何光线射向显示器是很重要的。休息室是一个半私人空间，因此用比大堂更低的照度来营造更为安宁的氛围。整个休息室划分为图书室、网吧和吸烟室。暖白色线性荧光灯柔和地勾勒出天花凹槽，延续了空间语言。间接光增添了氛围的宁静感，可调角的 MR16 卤素灯有选择地强调了重点区域。

女卫生间的照明采取了有别于传统的手段：深色的材料以及高对比度的灯光增添了空间的戏剧性。空间内的流水玻璃装置和盥洗池采用暗藏的线性 LED 灯具打亮，体现出玻璃的蚀刻纹路。来到影厅区域，设计的主旨在于宣扬多样性。每个影厅都有不同的室内设计主题以及相对应的照明设计方案。侧墙和天花为创造丰富的感官体验提供了无限的混搭可能性。设计任务需要"跳出盒子"的思考方式，也要求将照明设备的安装与室内设计和声学设计相互协调。当方案中设计了特殊的照明效果，考虑放映机的窗口位置和离银幕的距离就变得很重要。

多银幕影院总共拥有 8 个屏幕，其中两个影厅采用经典的手法，其他全部结合了现代的设计元素。在其中一个经典手法的空间中，天花嵌入式的可调筒灯照亮了墙面的装饰材料，留下经典传统的光斑效果。闪烁的装饰吊灯和壁灯作为最后的润色，使整个空间成为艺术装饰氛围的典型案例。现代风格的影厅中有一间以墙面安装的一个个"纽扣"作为主题，每个"纽扣"用背后暗藏的 LED 灯带实现背光效果。对于照明设计师来说，在每个纽扣上都呈现出相似的光晕是一个巨大的挑战。其解决方案就是精准的执行。穿孔的悬吊天花旨在与墙面的纽扣图案相互匹配，通过荧光灯的间接照明达到漂浮的天花板效果。

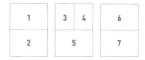

1　票务台
2,3　休息区
4　Spa
5　卫生间
6　玛瑙饰面出入门侧的垂直照明非常抢眼
7　放映厅

釜山电影院

BUSAN CINEMA, PUSAN/KOREA

地理位置 _ **韩国釜山**

业　　主：釜山市政
建筑设计：Coop Himmelblau -
　　　　　Wolf D. Prix
照明设计（设计理念）：Har
　　　　　Hollands Lichtarchitect
照明设计（实现）：Humanlitech,
　　　　　Future Lighting
　　　　　Solutions
总承建商：Hanjin Heavy Industries

釜山电影中心（BCC）主要是由三座建筑物和两个"飞翔"的屋顶构成的。工程的基本构想是将开放和封闭的区域以及公共和私密的区域很好地相互结合。公共区域很大程度上指的是"红毯区"（Red Carpet Area）和"城市山谷"。参观者可以通过对顶锥旁的通道进入接待大厅，通道在电影节期间也是贵宾使用的专用通道。对顶锥是整个建筑的核心部分，也是建筑整体布局的关键结构，还是 BCC 的标志性结构。对顶锥被安装在延展的混凝土板上，其形象被设计成钢铁网壳。它是用来支撑巨大悬挑屋顶的唯一垂直结构。建筑的动态感可以很好的在视频影片中展示出来。

在悬挑屋顶下安装多媒体天花板这个想法是由来自荷兰埃因霍温的独立照明设计师哈·霍兰德斯（Har Hollands）提出来的。霍兰德斯曾参与过 Coop Himmelblau 早期的设计工程。他将多媒体天花板比作巨型眼睛，俯瞰着仰望它的人。这和维也纳过去有一家名为"Auge Gottes"（上帝之眼）的电影院的设计很相似，如果你想深入了解，倒可以成为不错的电影素材。还有个难题是如何设计出一个可靠的节能型照明设备，因为在屋顶下方安装的 LED 显示屏既要用来照亮屋顶下方的空间也要实现多样的视频效果。当这个令人叹为观止的 LED 屋顶最终完工后，LED 灯光几乎将釜山电影中心和天空连结起来，并且还很巧妙地将广场和周围的环境融为一体，形成了与自然和谐共处的多功能城市空间。

多媒体天花板有一个半足球场那么大，上面共安装了 42,000 盏 Luxeon LED 灯。依据哈·霍兰德斯和 Coop Himmelblau 的设计理念，Humanlitech 和 Future Lighting 完成了具体的规划和技术的实现。

这个多媒体天花板可以被称作是大屏幕或电影荧幕。尽管现在可以运用数字化手段，但电影还是受到透视法的限制。然而多媒体平面和多媒体天花板为设计师打开了新的局面。具有多维度的多媒体天花板可以创造出天空的感觉，也可以在视觉上做出屋顶升高和降低的效果。它甚至可以引入动态效果，让屋顶看起来有飞翔或漂浮的感觉。

有关灯光对人类生理和心理／情感的影响的研究有很多，这些实证数据对许多专业领域都是很有用的。例如针对釜山的 LED 天花板可以开发些程序和做些模拟视频来研究该问题，这样做的目的不是为了控制我们的荷尔蒙平衡而是为了让我们更好的体验这种新的艺术形式。

沃尔夫·狄·普瑞克斯曾经说过，建筑创新"需要我们为还没有想到的想法留位置"，我们已经看到，作为建筑设计一部分，更多的多媒体平面程序被研发出来。BCC 这项工程为创造新的且更抽象的光影设计提供了更令人激动的可能性，正如一系列虚拟动画可以和古老的荧幕电影一起共生。

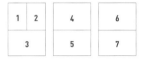

1　对顶锥是整个建筑的核心部分，也是釜山电影院的标志性结构，并且还是连接本馆电影院山和比夫山的结构

2　釜山电影院山拥有一个可容纳 1000人的多功能活动中心，其中还包括一个舞台区和完备的后台设施

3　悬挑屋顶下的 LED 动态天花板成为了釜山电影中心的最具标志性且最负盛名的景观

4　电影院夜景

5　白天整个建筑像一个"飞船"

6,7　在灯光设计师的调控下该照明设备可以为 BIFF 或釜山市承办的各种活动营造不同的灯光氛围，还可以在天花板上播放动态画面

MARUGO-V 酒吧

MARUGO-V BAR,TOKYO/JAPAN

地理位置 _ **日本东京**

位　　置：日本东京新宿区新宿
　　　　　3-20-8，TOPS HOUSE
　　　　　大厦 1 楼和 2 楼
规　　模：1 楼：116m²（厨房
　　　　　25 m²）；2 楼：123 m²
　　　　　（厨房 7 m²）
室内设计：Yukio Hashimoto——
　　　　　Hashimoto Yukio
　　　　　Design Studio
照明设计：武石正宣——Illumination
　　　　　of City Environment

　　这个新酒吧占据了一个餐饮中心的一层和二层。业主已经在其它地方拥有了四间酒吧，为了降低这第五间酒吧的成本，设计师使用来自另外四间酒吧的材料定制化设计照明。因为整个室内空间的净高在 2480mm 至 2870mm 之间，且天花板并不十分高，所以维修很方便，设计师在大部分分区域使用白炽灯泡以控制初始成本，在紫外线和热量可能会导致酒变质的地方使用 LED，比如酒窖，瓶架附近等。

　　在一楼，设计师从大量破损的巴卡拉玻璃（Baccarat）中精心挑选材料，运用一种能精确到分钟的调整灯具位置的机械装置，设计了一种抗摇摆的吊灯，减轻了玻璃的形状和尺寸差异带来的影响。在二楼，设计师使用空酒瓶设计了一个枝形吊灯，将阴影从瓶子投到附近的墙壁上，暖色从红色的顶部面板上弥漫至整个空间。吊灯使用普通的和半透明反射镜的白炽灯泡，因为电路允许单独调光，使得持续地调整亮度成为可能。

　　为了适应灵活的桌子布局，设计师为窄角下照灯附上散射透镜，从而持续照亮桌子，没有任何中断。通过位于一楼登记处和二楼后部的调光装置，酒吧经理可以根据季节或天气，在设计师最初设置的标准范围内调整照明。从业主其它酒吧的历史中体现了过去和现在的重合叠加，此空间的设计将 LED 和白炽灯交织在一起，同时最大限度地降低了初始成本和运行成本。

1　从外面面向内部看，MARUGO-V 酒吧充满诱惑

2　仿佛星星一般布满一层天花的抗摇摆吊灯，设计师从破损的巴卡拉玻璃（Baccarat）中精心挑选材料，调整灯具位置的机械装置可精确到分钟

3　二层空间中，使用回收的空酒瓶设计的枝形吊灯，使用白炽灯泡，可以单独调光

4　空中的酒瓶与酒架上的酒瓶遥相呼应，仿佛在告诉你再来一杯吧

5　一层空间中，楼梯的红色分外醒目，与桌椅的红色相呼应，极具诱惑力

SUNDAY 西餐厅及酒吧

SUNDAY RESTAURANT AND BAR,BEIJING/CHINA

地理位置 _ **中国北京**

室内设计师：PAUL
照明设计：北京光石普罗照明设计
产品应用：FORMA 轨道射灯，
　　　　　FEELUX 无阴影 T5 灯
　　　　　管，RISE 嵌入式壁灯
灯光控制：单回路可控硅调光旋钮

　　SUNDAY 位于望京方恒国际写字楼的临街一角，是一间私人酒吧。为了配合写字楼的整体感觉，设计师在设计外立面的时候使用了透明度很低的黑色镜面玻璃。加上街边行道树的遮挡，白天的 SUNDAY 看起来感觉更像一间私人会所，低调、安静，不引人注意。夜间，为了让 SUNDAY 的整体形象更加突出，吸引到更多注意力，照明设计师将线性的灯光暗藏在建筑玻璃幕墙和室内定制的钢管格栅之间，通过将格栅照亮，让整个建筑看起来是个发光体，这样比较容易让路过的人看到。同时，为了暗藏的光管不被近处的人看到而引起不适，在施工的过程中又在光管的底部增加了一片金属网格。这样从下面看上去，透过一个个小的网格，再看到灯光，让抬头仰视的客人很容易能感受到灯光性感的一面。

　　在 SUNDAY 建筑的入口处有个台阶，设计师在台阶下面暗藏了光管，同时将室内的一束灯光投射到入口地面，让酒吧入口看起来温暖、明亮，也容易被识别。SUNDAY 室内，设计师增加了灯光的对比程度，将整个大的空间用灯光区分为一个个小的区域。在小的区域内，人与人之间的距离会更近，会有一些更亲近的暧昧意味。为了将朴素的东西升华到奢华的感受，将锈蚀的钢板打磨成壁灯的形式，上面放上真正的蜡烛，浪漫的情绪瞬间释放出来。

　　酒吧的一层有一个很特别、很长的吧台，还有与之对应的很长的酒架，设计师相信这部分应该是酒吧的灵魂所在。通过和室内设计师的沟通，照明设计师最终决定将吧台台面处理成发光面，酒架也一并发光，统一色温，同时将排的很密的各种类型的酒瓶照亮，让整个空间看起来富有生机和味道。

　　二层被开辟为 VIP 区域，设计师试着用灯光制造一个过程，从一层普通区域去往二层 VIP 区域应该有的感受的变化。结合了每个人都喜欢向往明亮地方的心理感受，设计师将壁灯嵌在楼梯侧面的扶手墙上，向一侧照亮墙面，从下面看上去，见不到灯，却看到一面渐亮的墙，给人一种通往更高级空间的心理暗示。为了让二层的 VIP 区有所不同和更加具有品味，设计师利用了酒吧的经营特性，特别设计了一些吊灯，吊灯底面用金属板造型成一个简洁的长方体，上面是空的，放上大小不一的玻璃酒杯，用暗藏的线性灯带照亮，玻璃杯看起来晶莹剔透，有很水晶璀璨的感觉。更有意思的是，在吊灯的底部钻了一些很小的洞孔，灯光就从这些小孔中透射出来，盈盈洒洒地散落在了整个桌面。这份情致温暖的心思让很多酒客感觉和朋友喝酒原来是一件如此美事。

1 餐厅外景
2 楼梯间
3 西餐厅
4 Sunday 白天室内环境
5 酒吧吧台

Salvage 酒吧

THE SALVAGE BAR & LOUNGE,LA/USA

地理位置 _ **美国洛杉矶**

房地产开发商：Nocturnal
Entertainment Group
建筑设计：Tima Bell, Tima
Winter Inc., www.
timawinterinc.com
定制灯具：Solomon Mansoor,
Louche Lighting

Salvage 酒吧位于洛杉矶市中心金融区的心脏地带,占据了 Roosevelt 公寓的一层。它在来自附近金融和时尚区域的那些喜欢赶时髦的人中变得特别流行,成为这些人的一个新夜晚聚集地,同时亦是对洛杉矶丰富的建筑史的致敬。它的名字暗示了以再利用为核心的设计理念：Salvage 的构思几乎完全脱胎于 Roosevelt 公寓建设中剩余的废弃物。

Salvage 的项目建筑师是狄马·贝尔（Tima Bell, Tima Winter Inc. 的创始人），他设计的项目作品一贯使用可持续建筑方法和再生材料。来自 Tima Winter Inc. 的团队每次都尝试使用与当地背景相关的天然材料。在过去的五年中,这个设计团队为家具和装潢定制提供的设计和制造服务,让其成为这个领域的领头羊。

这个 2000 平方英尺的空间是现代的,但通过添加回收的复古物件呈现出一种非同寻常的美感：酒吧区由一个古老的青铜电梯门、一个复古面板和彩色玻璃构成的创意组合组成。整个场地采用裸露的砖墙,内部设有仿古磨损的皮革面料覆盖的小房间以及覆盖着复古面料的模块式座位。做工复杂的黄铜门的模具被用来装饰酒吧顶部,同时也被制成鸡尾酒桌。

整体照明在营造一个迷人、舒适的环境中是不可或缺的——以吸引 Salvage 潜在的光顾者：艺术家和年轻的专业人士等。整个室内的吊灯是使用废弃的、返工的手工吹制的水晶定制设计的。设计和生产这些灯具是高度专业化的且花费了大量时间,单个的复古元素都要经过切割、抛光及融合成独特的排列阵形。玻璃组件通过定制的、旋转切割的实心胡桃木连接在一起,然后被装置在一个外壳中,再抛光、染色、上漆。最终,采光井的穿孔布满整个固定装置的长度,并根据想要达到的效果选择安装白炽灯、荧光灯或者 LED 光源。定制的灯具创造了一种弥漫的光辉,同时唤起了一种与洛杉矶市中心的历史建筑相关联的装饰感。

旁边,洛杉矶市中心最大的吸烟区域里悬挂着一百只小功率的灯泡,以模仿夜空。砖透过多层石膏显露出来,让整个空间看起来有一种"烧光"的城堡的感觉。将新旧元素融合在一起,结果创造了一种舒适而浓郁的气氛。利用光成功地将新旧两种元素的精神激发出来,在过去和现在之间架起了一座桥梁。

1	
2	4
3	

1 由 Louche Lighting 设计的引人注目的定制照明设备

2 几乎所有的表面和设备都是定制的,使用的余料来自于现存的一栋 20 世纪 20 年代的建筑和它的最近一次翻新

3,4 定制的灯具创造了一种弥漫的光辉

Konoba 餐吧

THE KONOBA BAR AND RESTAURANT, MAHÉ/SEYCHLLES

地理位置 _ **塞舌尔 Mahé 岛**

塞舌尔 Mahé 岛长 28Km，被其他岛屿环绕，Konoba 酒吧就坐落在这里。新的酒吧及餐厅令人印象深刻，设计将大自然赋予的沉静元素融合进来，其灯光设计理念又为建筑空间增添适量的兴奋。

光在支撑设计概念方面的地位举足轻重。白天，日光从阴凉的庭院外倾泻进玻璃餐厅，白天从餐厅望去的景观是塞舌尔的声誉所在：被低位的环状珊瑚岛和美丽海岸线环绕的巨大的翠绿花岗岩岛屿链。

由 8000 片不锈钢鱼状元素组成的雕塑鱼群将您从入口引入内部主空间。内部主空间的亮点是悬在被装饰成珊瑚的顶梁上的巨大的漩涡。Konoba 的建筑结构无法承受如此大体量的瓷制作品，所以他们开发了一种较轻的设计（雕塑整体重量不超过 80kg），利用了钢材的反光特性。在光线的作用下，曲钢片立即成为了海洋中的游鱼，沉浸之旅便从此开始。

当夜幕降临，蓝色立即在餐厅弥漫开来，如同海洋涌进了庭院。RGB LED 灯带安装在天花灯槽以及墙壁的底部。当不锈钢鱼群在"海底"用餐的顾客头顶上蜿蜒穿过餐厅和酒吧时，冷白色光从这些不锈钢鱼群上弥漫开来。建筑师希望雕塑的反光性不要太强，不锈钢将蓝色光反射到周围的墙壁上，白色光作为一种反平衡，缓和了色彩和不锈钢表面的反射度。

所有的照明在光色与光强方面都是可调的。小型休息区中海浪状的木板天花被暖白光有节奏地照亮，这是 LED 灯带和紧凑型荧光灯管的吊灯结合使用的杰作。LED 灯带提供间接光，吊灯使用间接光提供基础照明，而桌面烛光为空间增添私密感。

餐厅的木板条成组成列。成列的配以光色和光强可变的 RGB 定向聚光灯。照明装置被巧妙地设计在木板后面的位置，所以它们可以投射出尽可能多的阴影，创造出真正意义上的深度感，有在水底的感觉。当然不锈钢材质的鱼群也可以反射成列的木条射出的光。

设计师将现代航海美学融合在空间里。酒吧仿照船体，其镀层会让人想起鱼鳞，三层建筑结构形如三角帆驶向广袤空间，甚至盥洗室也被设计成游艇船舱，墙面拥有木质内装，且门开舷窗。

光扮演了一个非常特殊的角色，为海洋游鱼的解释提供了支持。如果使用红色或者绿色光照亮鱼群，会使雕塑看起来廉价或者不恰当，那会使人遗失之前对雕塑解读的感觉。此外，与自然保持和谐、且很大程度上在尽力摆脱变色照明方案的 Mahé 岛人，将无法与此产生联系。

业　主：Green Ocean Investments；Konoba Restaurant & Bar, Angelfish Bayside Marina, Roche Caiman

建筑，首席设计师以及景观设计：Albert Angel

照明设计：Albert Angel, Jocelyn Philogene, www.albert-angel.com

鱼群雕塑：Scabetti - Dominic and Frances Bromley

产品应用：

吊　灯：Artemide

照明设备：American DJ

1 设计概念是基于一个珊瑚与海洋生物为特点的空间，鱼群雕塑选用轻钢

2 不同类型的动态品质，蓝色 LED 灯点亮的空间，意识便迷离到海底去了

3,8 白天，沉浸在鱼群世界中享用早餐，前方可以享受外面的景观

4 彻底的沉浸体验，似梦离奇

5 当站立或行走于空间中的人们从不同角度观察鱼群雕塑时，鱼群都会给人一种动态运动的感觉

6 木条形成的波浪被暖白色光有节奏地照亮，产生出深度感

7 白天结束时，蓝色的 LED 照明创造出仿佛在水底的假象，另一方面，栏内 RGB 变色聚光灯给光色统一的蓝调空间带来惊喜

Vezene 餐厅

VEZENE RESTAURANT, ATHENS/GREECE

地理位置 _ **希腊雅典**

业　　主：Ari Vezene
室内设计及陈设：Ari Venzene
照明设计：Rania Macha,
　　　　　Mariza Galani

在希腊雅典，Vezene 餐厅座落在希尔顿酒店后方，被城市景观环绕，而餐厅室内及照明设计的灵感正是来自这些城市景观。室内特征是使用原材料，如金属板、皮革、木质、粗糙材质及外露焊接，而照明设计将城市景观的气氛原汁引入采用的是同一哲学。目标是要营造钠灯散布暗处的感觉，同时也创造了漂亮和大方舒适的感觉。照明设备不会阻挡住室外顾客的视线，以定制设计的中央吊灯与墙灯为装饰。

在室内，长 4.2m，宽 45cm 的氖灯条平行于橘黄色路面车灯光线。室外餐厅的标志被赋以与照明同样的色彩，而墙面装置是怀旧的，让人想起之前希腊公用电力公司的设施，这种设施至今仍能在雅典或省城的个别街道看到。暴露的线型钨丝灯用 3D 金属格栅围合以增强橘黄色光的柔和度。

1　暴露的线型钨丝灯用 3D 金属格栅围合以增强橘黄色光的柔和度
2　以定制设计的中央吊灯与墙灯为装饰

"道" 酒吧

TAO DOWNTOWN, NEW YORK/USA

地理位置 _ **美国纽约**

建筑设计：Rockwell Group
照明设计：Focus Lighting，Inc.——
　　　　　Michael Cummings，
　　　　　Juan Pablo Lira，
　　　　　Samuel Kitchel，
　　　　　Jenny Nicholas，
　　　　　Rachael Stoner，David
　　　　　Kinkade，Dan Nichols
项目面积：22,000 平方英尺
摄　　影：Warren Jagger

　　隐藏在纽约的 Maritime Hotel 下面，Rockwell Group 把"道"酒吧设想成为一家带有亚洲影响力的时髦地下酒吧。Focus Lighting 的照明设计师指引游客们通过带有戏剧感的空间，光线冲击给空间带来了活力，让人们发现散布在各处的有关"道"的"工艺品"。

　　这个 22,000 平方英尺的空间内照明的挑战之一是，在设计一个连贯的照明方案的同时，照明也要适合每个独特的空间。人们可以发现烛光遍及餐厅内部，这用来创造一个贯穿整个空间的柔和的灯光层次。

　　在主要用餐大厅里，照明设计起到了强调空间内尺寸以及其材料丰富度的作用。五个层次的灯光用来着重突出 20 英尺高的观音像，将其作为空间里的主要的视觉焦点所在。

　　Rockwell 与 Focus Lighting 一起合作，不仅传播"道"所具有的亚洲地下酒吧的审美，而且将能效最大化，他们以这种方式来致力于开发装饰性的装置。在层叠排列的用餐区域，下照筒灯集成到装饰性挂件中，减少了所需装置的数量，创造了一个更加清爽的空间，并把人们关注的焦点转向了壮观的用餐空间。

　　在墨酒吧里，融合进吧台的线型 LED 上照灯展示了砖块的纹理材质，把丰富的涂鸦艺术作为空间内的主要特色展现了出来。对石材柱子加以戏剧化的照明，以展示其华丽的细节，并与烛光照亮的桌子之间创造了对比。

　　整个空间内使用 LED 光源照亮各个表面。策略性地使用白炽灯光源用以强调桌子并照亮装饰性的装置，这为整个空间提供了一种温暖的环境光。

　　除了聚焦于空间内大量的"工艺品"之外，通过多层次照明，照明方案还唤醒了客人们的惊奇感，为客人每一次的造访创造一种全新的体验。

1,2,3 主要用餐大厅里，照明设计起到了强调空间内尺寸以及其材料丰富度的作用，用餐区域层叠排列，20 英尺高的观音像用五个层次的灯光用来着重突出

4 鸡尾酒区一角

5 墨酒吧

休闲娱乐

LEISURE & ENTERTAINMENT

Hi 小店

HI ART STORE,BEIJING/CHINA

地理位置 _ **中国北京**

业　　主：Hi 小店
建筑改造及室内设计：北京仲松建筑
　　　　　　景观设计顾问有限公司 仲
　　　　　　松、董玉荣
照明设计：北京周红亮照明设计有限
　　　　　公司 周红亮
产品应用：
一层大厅： 轨道灯 QR111 75W
　　　　　8° / 45° WAC,
　　　　　LED 硬灯带 10W/m
　　　　　2700K 东铭,调光器
　　　　　GRAFIC3000 LUTRON
夹　　层： 轨道灯 LED MR16 10W
　　　　　3000K OSRAM, LED
　　　　　软灯带 10W/m 3000K
　　　　　东铭
二　　层： 轨道灯 LED MR16 10W
　　　　　3000K OSRAM
二层户外平台：LED 硬灯带 10W/m
　　　　　2700K IP66 东铭

	2	
1	3	4

1 晴天，黄昏时刻的光景
2 大厅全景
3 夹层内单元式的书柜"光
　盒"表现了空间结构，提
　升了展示效果
4 一层灯具布置图

Hi 小店位于朝阳区 798 艺术区内 798 东街，它是一家以线上为主，线下并行的艺术品经营机构。Hi 小店分上下两层，一层大厅挑高 4.9m，和楼梯结合有一个"L"形的夹层空间，为营业空间；二层为办公空间、库房及露天平台。建筑面积合计 256m²。

大厅是咖啡馆式的桌椅布局，西、北墙面展示了新锐艺术家的平面绘画作品，中心展台上陈列着立体雕塑作品。夹层空间主要呈现小型的创意小品和部分绘画作品。"营造纯净有趣的空间，引入自然光"是艺术家仲松设计 Hi 小店的关键词。东面入口处的落地玻璃让人的视线从室外延伸到室内，室内夹层立面的多个开洞形成趣味型空间，夹层和大厅在视觉上通过这些洞口产生联系，相互融通。展厅有两处引入自然光：一是东面入口，白天阳光通过地面白麻石漫反射到室内，呈现柔和的光照效果；二是南立面西侧的高窗，白天除了给楼梯间提供照明外，自然光还能渗入相望的卫生间的上部高窗，再洒下来。

为了做到给艺术品提供优质照明的同时兼顾照明的节能和维护。Hi 小店从 3 个方面进行控制：首先，在选择光源时，考量显色性、空间高度、使用数量等因素，确定以传统的卤素光源作为大厅的照明。同时，利用 LED 小巧的特性，在装饰照明及展柜照明中全部使用 LED 线性灯。由于夹层的高度只有 2.2m，使用了 LED MR16 灯杯比较合适；其次，光源全部使用可调光电器，通过调光实现电能的合理利用；最后，在照明方式的选择上，主要使用立面照明，灯光表现艺术品的同时，墙面二次反射光可以为空间补充照明，因此减少水平面照明的用灯数量。Hi 小店使用由内而外的光和对比的手法营造纯净、简洁的光环境。Hi 小店的外墙简洁而纯粹，"Hi"标识使用 6500K 冷白光色的发光字，通过旁边素墙的明暗对比和橘黄色路灯的色温对比，在晚上，远处就能清晰地看到 Hi 小店。

在日常使用的灯光设置中通过调光系统设置 4 个场景。第一个场景：所有灯光全开，用于需要精细的作业的活动。例如布展或安装某些复杂的装置；第二个场景：墙面 80% 亮，桌面 20% 亮，夹层灯光全开。用于日常白天的营业模式，并照亮墙面艺术品，平衡室外明亮的自然光；第三个场景：桌面 80% 亮，墙面 20% 亮，夹层灯光全开。用于针对一些主题性的活动，用光做以桌子为单元的空间分区，强调单个桌子的围合感、私密感；第四个场景：轨道灯、筒灯全部降至 20% 亮度，沙发后灯带 100% 亮度（可加滤纸产生彩光），用于特别的艺术活动需求。

上

卡塔尔国家会议中心宴会厅

QATAR NATIONAL CONVENTION CENTRE BANQUETING SUITE, DOHA/QATAR

地理位置 _ **多哈卡塔尔**

照明设计：Lee Prince，Light And
　　　　　Design Associates Ltd
执行建筑师：Tim Laubinger Rhwl
摄　　影：Kalmar，Lee Prince，
　　　　　Light + Design
　　　　　Associates

　　室内照明和定制灯具使整个套房从一个天花吊顶高度为 17m 的正式会议空间转变成为一个更私密的且令人惊叹的宴会或娱乐空间。当降低并缓慢静静地打开时，吊灯产生的彩色光在整个空间内柔和地淡入淡出。

　　28 盏吊灯在关闭的状态有 3.8m 高，最宽处为 1.2m。当其打开时，其跨度大约为 5.3m。这 28 盏吊灯运用了 383,600 块优质施华洛世奇水晶，通过 23,688 个 RGB LED 从后面照亮。当全部亮起来时，在最高的光输出状态下，每盏灯具功率为 280W，大约为 78W/㎡。每盏吊灯重量约为 380kg，其从天花降落到 3m 高的位置需要花费 60 秒时间。

1　吊灯运用了 383,600 块优质施华洛世奇水晶，通过 23,688 个 RGB LED 从后面照亮

2,3　每盏灯具都可以调节高度，全部打开时，成功地将空间转变成一个令人惊叹的娱乐或宴会空间

云然会所
YUNRAN CHAMBER, CHONGQING/CHINA

地理位置 _ **中国重庆**

室内设计：北京集美组建筑设计有限
公司
照明设计：北京八番竹照明设计有限
公司 P355
照明设计师：柏万军，周莉莉
团队成员：王磊，陈刚

云然会所位于重庆龙兴古镇。想要进入会所需要穿过一条长约 20m，宽约 3m 的石板甬道，这条长长的甬道是迎接客人的必经之路，甬道两旁是亭亭玉立的竹林和波光粼粼的浅水，洋溢着浓厚的传统风格，长长的甬道不由的让人揣测这座神秘会所，更是增添了照明设计师创造的心境。设计师将光源暗藏在甬道两旁的特制"方盒子"中，柔和的暖白光穿过"方盒子"的方孔，在甬道中间形成规则的圆晕。这一设计手法不仅增添了行人的视觉情趣，而且还软化了灯具的机械形象。入口的 4 根廊柱，设计师采用 LED 射灯将每根廊柱的上表面均匀洗亮，使廊柱上下呈现出鲜明地明暗对比，同时也增加了周围环境的空间感。

中间庭院的四水归堂，由于古董石缸的体量偏大，被处理成在每个檐角下一个石缸，在内庭院的四个角放置，未来还有种植荷花的可能。加之石缸的立面都有精美粗犷的浮雕，所以，最终设计师采用了将石缸的沿口打亮的方式，在没有荷花时，缸体本身的厚重、斑驳和立面的起伏清晰可见。

庭院的左边是观礼台，高大的内庭空间让人不由自主的产生仰望的欲望。高大的立面悬挂了巨大金属板拼合而成的艺术屏风，有种家风严谨的大宅的严肃和官宅的尊贵感。设计师将照明的主要方式定位在点面结合：硕大的屋盖作为贯穿整个庭院气氛的主宰，运用反射光的方式将整个空间笼罩在较弱的均匀反射光下。其中，高大的金属艺术品立面为面，地面布局的茶台和太师椅为点。

在转换地平高度后，来到的是云然会所的就餐空间，这与戏台建筑不同的是东西向的建筑，而戏台是南北向的。建筑内部采用了中轴线的对称式布局，在建筑内部轴线两端一眼望穿。

西边为以巨大的太湖石为屏风的就餐区，中间是休息等候区，东边是文化休闲区。

文化休闲区主要由品茶、书画、书吧 3 个部分组成。考虑到品茶区域里茶海的布局和摆件的质感，设计师采用了中光束的卤素灯；书案背后的屏风墙采用丝质布料包裹的拼块饰面。

对称的屏风和基本对称的柱子之间有约 50cm 的灰空间，设计师利用了顶部的梁板结构作为灯具的隐藏掩护，采用中光束的 PAR 灯提亮丝质饰面的高光，在书案的顶部偏移了一个梁的距离安装了下照灯具，将书案的桌面均匀打亮，而且在书写时桌面无阴影。

中间区域的等候区照明是一个难点，两侧柱和鱼梁的雕刻精美，柱子后面是吊顶立面，给梁柱打光，会在立面上产生投影。于是在投光和消影之间的博弈成了此处两大立面的关键。

就餐区是设计师布光花费时间最多的地方，也是设计难度最大之处。餐厅屋顶木质横梁没有任何遮挡结构，轨道照明灯具直接暴露在视线里，防眩光成为难点。设计师经过深思熟虑，最终采用多灯叠加补光的方式满足立面和餐桌表面的用光需求，最大限度避免了因灯具发光表面不足而造成眩光影响视觉不适的后果。

1 文化休闲区
2 观礼台
3 戏台
4 等候区
5 就餐区
6 会所室内营造出的光环境

北京润泽庄苑会所

BEIJING RUNZEZHUANGYUAN CLUB, BEIJING/CHINA

地理位置 _ **中国北京**

业　　主：北京润泽庄苑房地产开发
　　　　　有限公司
景观设计：北京顺景园林有限公司
照明设计：弗曦照明设计顾问（上海）
　　　　　有限公司　　　P357

本项目位于北京市朝阳区来广营乡清河营村润泽公园内，是一座集售楼功能、酒店功能、健身功能为一体的超高级会所。本会所采取院落式布局，将不同功能流线及观赏空间有机的结合在一起，形成独特的外部空间序列，建筑错落有致，浑然一体，构成变化丰富、层次深邃的轮廓线。照明设计遵循了"节能、环保、绿色、人性化"的可持续发展理念。

照明设计者通过对园林空间的仔细研读，充分理解景观设计在造园布景时的意图，利用照明艺术手法及其光色的协调，平衡各部分景观节点的亮度、光色、形态，创造出和谐的空间环境气氛和意境，使人得到美的享受和心理的愉悦与满足。合理的选择被照物体，控制光线的强度、光束角、色温，赋予景观与白天完全不同的意境。并通过对人流车流的行驶方向的研究，严格控制灯光的安装位置、投射方向以及投射的范围，杜绝视觉上一切不良的刺激，使人与自然和谐共处。

会所室内照明不仅仅是提供夜间基本功能的需要，而是在此基础之上通过合理的设计，利用技术与艺术的完美结合，给人提供更加舒适的视觉感受，增加环境空间的层次与美感。会所室内空间复杂、功能繁多，设计者通过对室内空间及功能的仔细研读，在满足各个空间功能需求的前提下，注重整体空间的灯光规划，利用明暗的对比、比例的分配限定空间，通过灯光强化空间流线及功能分布，加强停留者在此心理上的安全感及平静感，创造舒适的光环境。并且结合室内精装设计的风格特点，尽可能的营造愉悦的氛围，使来客能够会心一笑，身心放松。在不同的空间中穿行，都能有舒缓的过渡，保持视觉上的舒适与流畅。

另外，对空间内有可能产生的眩光进行严格的控制，创造安全，无污染的光环境，减少视觉上的有害刺激。选用高显色性的光源（显色指数均在 90 以上），更好的还原空间环境材质的色彩，提高光环境的品质。

在细节的处理方面，设计师将灯位的布置、照明方式的确立与建筑室内的功能及精装设计的紧密结合，在满足功能要求和灯光氛围的同时，保持建筑空间内天花的干净、纯粹，减少了视觉上的突兀感。同时，在选择灯具大小时，注重与其安装空间尺度的协调关系。

在充分保证绿色节能的前提下，设计师选用最符合空间需求的配光，用最有效最合理的方式分布照度，减少灯具的数量，从根本上降低能耗，避免过度设计造成浪费。会所室内使用需求众多，照明设计采用灵活的调光控制方式，根据不同时间段、不同功能的变化，通过不同回路不同明暗不同表现重点的组合，满足不同情境下的氛围需求，在达到节能的目的同时，实现多场景多功能的空间转化，使使用者能够体会更为细致、体贴的光环境，感受更为丰富的空间表情，从而提升整体会所软环境的品质。

1　会所入口
2　售楼处入口庭院
3　VIP 接待室
4　接待厅

伯灵顿商廊
BURLINGTON ARCADE, LONDON/UK

地理位置 _ **英国伦敦**

业　　主：Meyer Bergman & Thor
　　　　　Equities
建筑设计：Blair Associates
　　　　　Architecture
照明设计：Speirs + Major
电气承包商：Polyteck
摄　　影：James Newton

　　伯灵顿商廊，位于伦敦 Bond 大街和 Piccadilly 大街之间，是世界上最古老的和最知名的购物商廊之一。和文物建筑专家 Blair Associates 一起，该项目的目的是去除该商廊存在的几十年来令人反感的干扰物并恢复最初的设计理念，让该商廊 100 多年来第一次能放眼望去从头到尾一览无遗。照明方案充分利用了天然光，以隐藏式的上照灯补充，以聚光灯突出建筑细节并提供了地板上的照明。一种定制的微型 LED 产品采用内置可变色温，使得上照光可以逐步调节，以适应变化的日光条件，让人很难察觉出来人工光和天然光的不同。入夜后，温暖的色调唤起了一种气体点燃似的氛围。照明方案非常节能，且能够灵活适应在商廊内部举行的各种活动。

	3		
1		5	6
2	4	7	8

1,2 该项目的主要目的之一就是还原商廊不受阻碍的视野，因此尽可能地将照明设备和电线隐藏起来

3 伯灵顿商廊正面采用了一个新的明亮的上釉华盖，与其他类似的装饰风格建筑相符

4 Piccadilly 的正面采用了分层式照明方案，以展示建筑的复杂性并展示出商廊的架构

5,6,7,8 商廊的人工上照光可以适应变化的天然光条件，从而与天然光实现无缝衔接。夜晚，它是温暖的，创造一种气体点燃似的氛围

金地广场

BEIJING GEMDALE PLAZA,BEIJING/CHINA

地理位置 _ **中国北京**

照明设计：大观国际设计咨询有限公司
照明设计师：王彦智，吴云，黄新玉
投资建设方：金地集团
建筑设计：美国SOM
建筑与室内整改设计：LLA
项目地点：北京市朝阳区建国路91号
完工时间：2012年09月
摄　　影：舒赫摄影

金地广场建成于2007年，此次金地集团对商业业态与定位做出了全新调整，邀请了建筑师和灯光设计对建筑与室内空间进行全方位的改造。

在整体夜间效果中，双层幕墙玻璃内由光织就的表皮最为耀眼。建筑幕墙复杂的钢结构往往是照明的难点，与以往千篇一律的均匀光和发光盒表达水晶体的传统照明手法不同，设计师用点光演绎钻石的璀璨与晶体的结构感，反而利用了它本身的结构特点。光源本身的直视光、照射在铝板上的光、玻璃的受光、空间光，共同拼凑出晶体多面感、立体感与通透感，令整个设计团队也很惊喜。此外，在控制变化上，通过间歇的控制来诠释，并搭配动态"呼吸"感的变化，在恍若钻石般星光的效果中，无序且有节奏地明暗与闪烁，迎合着观赏者的心跳与呼吸，在璀璨和静谧间，自由收放，给人更直接、也更丰富的感官感受。

LED各种特点之一，还有便是它多变的色彩，在商业照明中甚多使用。而灯光设计从总体考虑，却单单使用4000K，用亮度控制，形成最纯粹的光的强弱变化；配合特殊商业场景需求，每个单点是单独控制的，相邻单点像素可以自由组合，通过疏密、速度变化，变幻出似有若无的图案。"想象"将来源于每个看到它的个体，想象成是"星光"、"雨滴"、"雪花"还是"风的涟漪"或者"飘散的蒲公英"。与传统的大面积的LED色彩变化的热烈、喧闹相比，更显清新、亲切。

要在单反玻璃与彩釉玻璃后部发挥单点LED光的效果，是中间的另外一个难点也是重点。双层玻璃幕墙是为灯光设计定制的，灯光低透率与漫射光光衰成为本项目定制的重点。通过数月反复的玻璃材料比选、LED透镜的不同切割方式测试与光源光通计算，建筑顾问、幕墙顾问为灯光的多次方案调整，玻璃供货商、灯具供货商协助开发，并多次的大面积打板测试。实际效果中，每一颗LED从整体看只是看似平凡的一个光点，放大这个点就会看到全新的光扩散技术与背衬板及玻璃完美的呼应，LED芯片的光通过沙漏型导光透镜汇聚并引导至定制的不规则型切割的扩散透镜中部，并通过扩散透镜形成钻石般光芒。

而裙楼外表皮的这些LED点光，并不是单独存在的。从建筑塔楼顶部，到室内中庭的造型天花，甚至景观的植物照明，依据建筑形式、装饰特点以及环境氛围，"星光"会以不同的形式不经意的出现，彼此呼应，平衡明暗、延续气氛。

1　商场入口灯光
2　建筑傍晚街景
3　东南角广场灯光
4　商场与办公区转换大堂
5　商场室内灯光
6　电梯厅前厅灯光
7　商场室内中庭造型天花

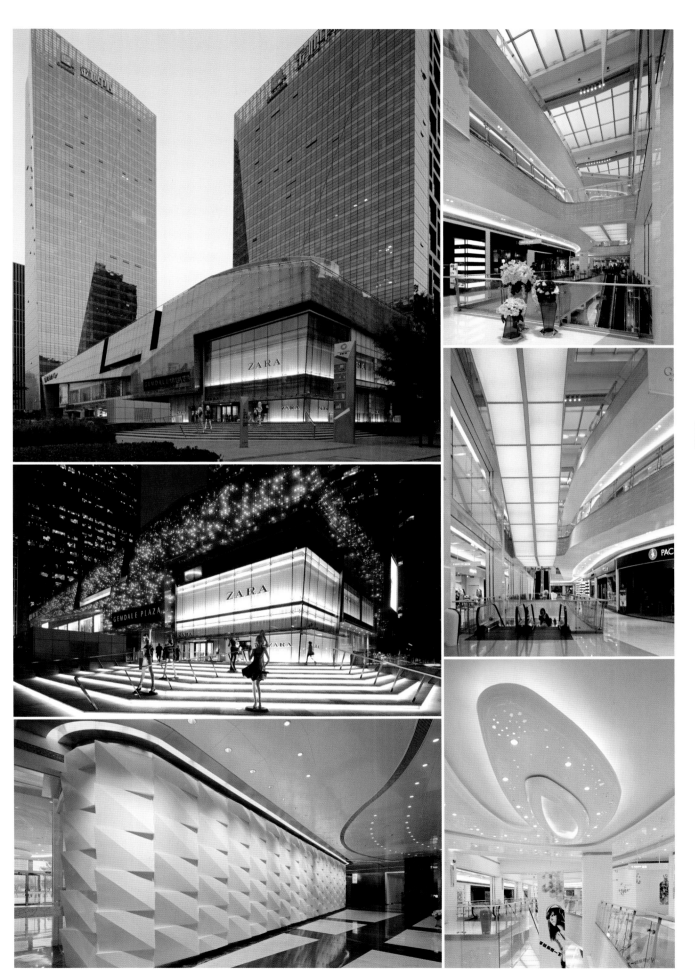

虹悦城

HONGYUECHENG, NANJING/CHINA

地理位置 _ **中国南京**

业　　主：南京德盈置业有限公司
建 筑 师：台湾李祖原建筑师事务所
照明设计：全景国际照明顾问有限公司
灯具品牌：IGuzzini　金卤筒灯
　　　　　VAS　　埋地灯
　　　　　PHILIPS　LED 投光灯
　　　　　Sceneshow　LED 筒灯
　　　　　STRONG　LED 线形灯

　　南京虹悦城位于南京市区南部赛虹桥立交之畔，与古明城墙和秦淮河为伴，是南京南部地区交通最为便利、体量最大的 Shopping mall，其商业市场定位独特而新颖，目前是南京最成功的商业综合体。项目总建筑面积 35 万 m²，商业设施总建筑面积约 11.4 万 m²，共 6 层，地下 2 层，地上 4 层。

　　照明设计涵盖建筑体和室内商业，强调如下理念：室内照明和室外照明是一个完整的照明体系，灯光自室内生长，延伸至室外；灯光对室外立面的表现，表达建筑和室内虹的意向；灯光经过各个入口到达室内，在室内空间中绽放。这一设计的重点是室内灯光，灯光体系中偏暖的色温，彩虹和四季的颜色，灵动的氛围，从室内各个中庭发起，由半室内空间延伸到室外园林和立面。

　　这一设计主要有两个难点：让彩色光存在于室内又不破坏空间的氛围；合理控制室外照明，即使在室外看，内部透出的灯光也是主体。

　　设计师采用的解决方法：与建筑师、室内设计的良好沟通，让灯光节点完美实现；控制彩色光在各空间的亮度以及与背景光的亮度比；控制彩色光的色彩和出现方式，有颜色而不是变颜色。

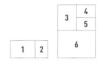

1　室外立面 – 中庭
2,3,6　特征中庭的照明
4,5　主要空间灯光立剖图

桑顿市帝王花广场

SANDTON CITY PROTEA COURT, JOHANNESBURG/SOUTH AFRICA

地理位置 _ **南非约翰内斯堡**

+

建筑设计：MDS architecture
钢结构：Aveng Grinaker-LTA and WBJO
照明设计：Paul Pamboukian Lighting Design
产品应用：LED spotlights, Robe Anolis

帝王花广场——拥有 70 个最新国际品牌和奢侈品零售卖场的购物广场——其设计灵感来源于南非国花帝王花——是由来自 MDS 建筑师事务所的蒂亚·卡纳卡提斯（Tia Kanakakis）设计的。来自 Paul Pamboukian 照明设计事务所的设计师团队已经与这个顶尖的建筑师事务所有过几次项目的合作。在这个项目中，他们被要求创造出革新性的照明方案来加强帝王花广场抢眼的外形和氛围，并且能够捕捉到前沿设计发展过程的精神。

在白天，中庭的玻璃幕墙是不透明的，而夜晚灯光溶解了玻璃的外壳，露出内部的圆柱形体，将人们的目光吸引到中庭内部甚至贯穿整个中庭。受过预重压的气动缓冲板屋顶具有良好的保温特性，它由一个镶嵌了马赛克的偏心立柱提供支撑。立柱顶部向外辐射的枝干支撑着 146 块双层透明的三角形或者菱形的缓冲板，这个空间主要由一组连续序列的投光灯照亮。由于缓冲板材料本身的吸收特性，其表面形成柔和的光。通过编程的三圈室外 LED 同样将缓冲板照亮，强化了屋顶包膜的三维立体效果，从远处即引人注目。

进入中庭就会看到悬臂式的双凸玻璃地面，连续的冷阴极管沿着弯曲的格构梁布置，将地面照亮。光线通过钢结构的圆形切口贯通而入，形成一种饱满而不透明的感受。不同材料的反射诠释了一个生动的镜面反射的环境效果，通过大量的玻璃、EFTE（四氟乙烯）光线传递板（首次在南非使用），以及电梯升降筒得到实现。为了增强效果，设计师增加了更多层次的灯光来创造灯光闪耀的感受，把本来可能成为一个问题的特性转化成为设计特色。

这个 32m 高、4.5m 宽，连接了底部和屋顶的主立柱上面随机地镶嵌了定制的中性日光色 LED 马赛克（（15 x 15 x 200mm)，马赛克完成面齐平，形成了视觉重点。白天的效果不明显，而夜幕降临后这些元素让空间闪耀起来，营造出戏剧化的氛围。ETC 公司生产的 4 个高压气体放电灯投射出一层垂直贯穿空间的灯光，给闪烁的马赛克表面染上了金色的光晕。地埋式的金卤上照灯勾勒出屋顶分支的钢结构支撑。

上层圆弧形双层垂直墙面采用强烈的背光效果，它取代下照筒灯为整个空间提供了照明，并通过不同的亮度等级提示步行通道。偏离中心的通道立柱也采用剪影的效果来增添戏剧性并形成空间尺度。原本建筑师担心上层表面与圆柱形边缘之间的区域由于没有天花可以安装灯具而会太暗，照明设计的处理消除了这层顾虑。

持续缓慢如呼吸般律动的单色变化，将屋顶的缓冲板表现得更为立体化—各种冷暖色彩的组合通过 RGB 和白色 LED 的混合获得了更多的灵活性。12 根屋顶支梁的静态重点照明表现出如花朵绽放般的结构。每个整点时刻会出现随机的色彩迸发效果不仅照亮了结构同时也定义了时间。在特殊节日时，整个 RGB 和白色的 LED 色彩系统会通过编程使得整个屋顶像花一样绽放。

1 室内日光效果，整个入口的形式语言是发光的曲面

2 帝王花广场定制的绿色照明技术与建筑中的节能原则相互匹配，建筑采用的 ETFE 屋顶

3 帝王花广场的概念示意图

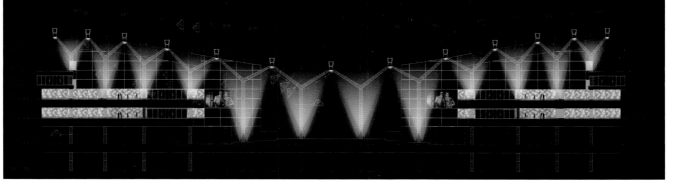

武汉汉街万达广场

WANDA PLAZA IN HANXIE STREET, WUHAN/CHINA

地理位置 _ **中国武汉**

+ 项目规划：万达商业规划研究院
建筑设计：UNStudio、Arup、中南
　　　　　建筑设计研究院
照明设计：BIAD 郑见伟照明设计工
　　　　　作室
照明顾问：A·G Light & Lightlife
照明工程：深圳标美照明设计工程有
　　　　　限公司
动画创意制作：北京零态空间科技有
　　　　　限公司
产品应用：香港真明丽(Neo-NeoN)、
　　　　　北京九声道科技有限公
　　　　　司、OSRAM / Traxon、
　　　　　上海庆华蜂巢科技公司、
　　　　　深圳永盛金属制品公

汉街万达广场是万达集团倾力打造的目前最为高端、最为奢华的万达广场，建筑设计由国际知名的荷兰 UN Studio 团队主持，照明设计由 BIAD 郑见伟照明设计工作室担纲。汉街万达广场设计以双层幕墙与球状结构为研究切入，不以追求图像清晰度为目标，而是更加关注灯光媒体的建筑化表达。

汉街万达广场利用幕墙上球体的结构，在球体正面呈现被雪花石玻璃匀散形成的直接光，在球体背面形成一种投向铝板幕墙的间接光，经过多次镜面反射的间接光和环境光，与直接光相结合，由它们组成点阵，形成像素化屏幕，既可以组成比较具象的图形，又可以由面发光形成画面图案背景，两者巧妙配合、灵活转换就可以幻化出丰富多彩的 3D 画面，而双层发光表面的前后距离，也创造了一个真实的景深效果。

媒体化的球状建筑表皮是本项目设计的关键，媒体立面的像素本身并不是简单的发光颗粒，像素的材料、结构与建筑的结合方式贯穿了设计深化与研究试验的全过程。

在建筑设计方案阶段，建筑师原设想用大功率 LED 光源系列，这不仅需要配光精准的透镜，且需较高的散热要求，这无疑增大了球灯成本。同时原设计的背光源与背板距离较大，光的利用率较低，安装维护存在诸多问题难以解决。

为了掌握本项目作为像素单元的 LED 灯球的出光效果，业主组织了十余个样本的对比实验。在实验过程中，设计师发现 1~8 号样本正面光通量合适，感官亮度适中；9 号样本正面由于灯偏暗，如通过加大灯具规格尺寸获得较大的发光面尺寸，也会相应增加 LED 光源数量；10 号样本正面是模拟金属表面的镀膜材质，透光率只有 10%，为了增加出光率，要增多灯珠，但是为了避免灯珠光点透出，又必须增加柔光板，使透光再次衰减约 50%，因此，增加灯珠数量不是最佳解决之道。为此，设计师请球体加工单位多次调整镀膜厚度，并建议在球体内侧作喷珠增光效结构处理，提高了整体光效。

深圳标美照明工程设计公司承接了该项目的照明工程施工。针对如此个性化、复杂的工程他们投入了大量的精力和专业资源。在研究球体结构、散热机理和光效分析的基础上，制作样板球和样板试验墙，2012 年 6 月至 12 月制作了大量的样板进行测试和分析对比，确定了铝板幕墙、金属球体与 LED 光电系统集成的方案。汉街万达广场不同于传统的"给幕墙装灯"的施工流程，幕墙球体和灯具本身是一个整体构件，经过研究，标美公司将 LED 光源芯片在封装厂制成表贴型 RGB 全彩光源模组，到光源工厂的自动回流波峰流水线上与集成电路铝基板合成为光源灯盘；灯盘分别运到深圳和上海的金属结构工厂进行预制集成生产为不锈钢球灯。

1　单色幕墙
2　灯具参数
3,4　LED 灯组装

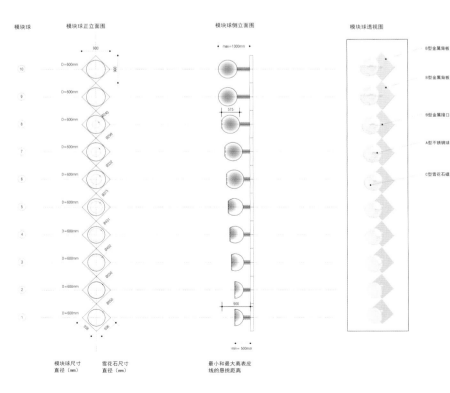

模块球

模块球正立面图

模块球侧立面图

模块球透视图

B型金属背板

B型金属背板

B型金属接口

A型不锈钢球

C型雪花石罐片

模块球尺寸
直径（mm）

雪花石尺寸
直径（mm）

最小和最大离表皮
线的悬挑距离

正面雪花石玻璃匀散的直接光与铝板幕墙的间接光

Hedonism 红酒精品店

HEDONISM WINE, LONDON/UK

地理位置 _ **英国伦敦**

业　　主：Hedonism Wines
完工日期：2012 年 11 月
室内设计：Universal Design Studio
照明设计：Speirs + Major

位于伦敦 Mayfair 的 Hedonism 酒庄是一个高雅的红酒精品店，它开启了一种红酒零售的新理念，正成为全世界各地的葡萄酒迷和收藏者们的主要目的地。

红酒店所处的区域是伦敦时尚，奢侈，历史遗产的聚集区，因此为店铺外部创造一个强烈的第一印象至关重要，并将这种印象延续至引入注目的室内，室内设计由 Universal Design Studio 完成。

将光作为创造入夜后店铺个性和身份的一种基本元素，Speirs+Major 使用视屏投影创造了一种栩栩如生的"生活之光"。室内，最为棘手的挑战是为这个具有严格要求的环境开发一种照明方案，将一楼的室温精确地控制在 16℃，二楼的室温在 17℃，以确保商品保存在最佳环境。

在此项目的初期，对店铺的位置和定位做了一个分析，以确定在店铺关闭后的时间里，坐车以及步行路过的行人最大数。夜里，店面必须有足够的冲击力，以激起行人的好奇心，带来更多的回头客。考虑到面向街道的两面墙是全玻璃的，可以使用内部照明来创造外部形象。一种"生活之光"的概念应运而生，使用内容独特的视屏投影。投影内容可以根据季节和活动而选择。

整个灯光的设计是有层次的，与重点照明、展示区域照明和环境照明相结合，打造出红酒精致和高贵的一面。为了配合由 Universal Design Studio 提出的一层室内设计方案，室内的玻璃吊灯让人想起香槟中的气泡，把人们的注意力从为重要展示柜台提供重点照明的灯具吸引过去。位于一层较低位置的红酒主要由铜制吊灯提供照明，吸引着中心展示区域内顾客的目光，同时提升了地窖般的氛围。提供重点照明以及周边货架照明的灯具十分精细地与建筑融为一体，所以它们不容易被察觉，使顾客的注意力仍保持在红酒上。

为了把人们的目光聚焦到连接两层楼的中心楼梯处，一个定制的照明装置应运而生，成为了闪耀全场的焦点。通过把倒置的红酒杯固定在不同的高度形成了整个有机的雕塑形态，其灵感来源于葡萄园的轮廓线条。单独的 LED 分别照亮每一个玻璃酒杯，营造出令人眼花缭乱的三维灯光效果。

其中，Chateau d'Yquem 藏品犹如一颗颗天然的宝石经过打磨成为了一系列得以雕琢的珠宝。一个隐藏的光纤系统照射出的光线透过无与伦比的金黄色液体，使得红酒瓶由内而外地散发出光芒。整个效果在安装在橱柜的 LED 背光灯的照射下得以加强，当顾客靠近展台区域时，LED 背光灯通过 PIR 激活感应器被提供照明。

```
        2   3
            4
  1       5
```

1 闭店之后，"生活之光"投影机在店内闪烁

2 Chateau d'Yquem 照明的早期概念草图

3 定制吊灯是一个个单独照明的倒置的葡萄酒杯，组成波浪起伏的形状

4 一层照明和室内设计是明亮而通风的，吊灯让人联想起气泡

5 Chateau d'Yquem 藏品采用隐藏式照明，让它们看起来是从内部发光

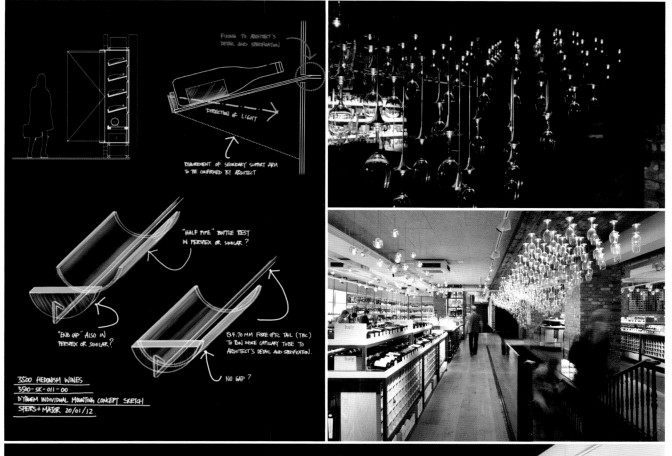

FIXING TO ARCHITECT'S DETAIL AND SPECIFICATION

DIRECTION OF LIGHT

REQUIREMENT OF SECONDARY SUPPORT ARM TO BE CONFIRMED BY ARCHITECT

"HALF PIPE" BOTTLE REST IN PERSPEX OR SIMILAR ?

"END GAP" ALSO IN PERSPEX OR SIMILAR ?

8.4.70 MM FIBRE OPTIC TAIL (TBC) TO RUN INSIDE CAPILLARY TUBE TO ARCHITECT'S DETAIL AND SPECIFICATION.

NO GAP ?

3500 HEDONISM WINES
3590-SK-011-00
D'YQUEM INDIVIDUAL MOUNTING CONCEPT SKETCH
SPEIRS + MAJOR 20/01/12

HV 品牌概念服装店

HV BRAND CONCEPT CLOTHING STORE, HANGZHOU/CHINA

地理位置 _ **中国杭州**

业　　主：杭州汉帛服装有限公司
室内设计：北京普华智易室内设计有限公司 陈明
照明设计：北京普华智易室内设计有限公司 陈明

产品应用：
吸 顶 灯：NVC NPX1006/22 22W 环 管 6500K 6500 小 时 Ra ≥ 84
格栅射灯：NVC 陶瓷金卤 PAR20 35W 10° 3000K 12000 小时 Ra ≥ 80
T5 支 架：NVC NFL0828-T5 三 基 色 荧 光 灯 28W 6500K 10000 小时 Ra ≥ 82
造型壁灯：FLOS 卤素 2x50W 3000K FLOS 卤素 50W 3000K

该项目位于杭州汉帛服装有限公司内部的品牌概念展示楼内，面积约为 100m²，HV 品牌为汉帛公司自主设计的中高端女装品牌，主要针对 25~35 岁的职场女性，品牌定位为美国都市风格（American Style），强调女性的个性和独立精神。

根据对品牌的市场定位和对消费人群的理解，设计背景锁定在美国纽约，以曼哈顿城市街区为蓝图来划分平面和空间，而设计的关键词也就是构成城市的街区（block）和建筑体块（box）。设计师在强调都市女性独立、简洁和个性的同时，也加入了时尚和温柔的一面。设计师希望在概念店面的室内空间设计上能体现出这些都市女性的独有特质和个性。

为了展现都市女性的独有特质时，设计师希望它具有一定的神秘感，在室外第一眼见到 HV 品牌概念服装店的时候并不能一览无余，而是在进入到室内后才能对整个空间有更真实的了解。1/2（half）是设计师在设计手法上所运用的表现方式,意味着当处于空间的某一点上你可能不能看全所有，而中轴对称的平面设计与反射和不可反射的材质的结合给看似简单的空间增添了一份神秘和通透感。

HV 品牌概念店面的设计师希望通过照明设计来体现空间本身丰富的层次感。同时，通过灯光体现出品牌的特质和展示服装的色彩。此外,1/2（half）的设计概念继续运用到照明设计上，在室外和室内营造出两种完全不同的感觉—外部的神秘和冷酷以及内部的明亮和剔透。通过灯光传递给顾客的空间体验展现出 HV 品牌所代表的都市女性的个性特质：独立、个性、优雅、美丽。细节局部具体的照明设计手法可以体现在以下 5 个方面：

一是入口处服装店内倒影的效果以及半隐藏式的灯具都很好地体现了设计理念。中间区域从天而降的建筑体块悬浮在半空，遮挡住大部分店面的视野，其底部和两侧在灯光照射下以倒影的方式呈现出来。发光体块从天而降与地面的展台相互呼应。

二是空间的隐让人无法一下看透内部结构；暗藏灯光的隐让空间更为柔和。而内部空间的透让人豁然柳暗花明。

三是城市街区般的中轴对称设计，在平稳中体现特色。无论顾客的视野是从上而下还是由左至右都在追求一种平衡感，隐藏光源让空间显得亲切柔和，而不经意间通过镜面映射出的层层光线又为整个空间增添一份神秘。

四是点光源只运用在两侧走廊中，在提升整个空间照度的同时，也增强了入口空间的体块阴影效果，提高了对比度从而吸引了顾客的光临。

五是完全采用建筑模型制作的手法，采用内透光的方式，而 10mm 厚的白色有机板两侧被处理为半透明，这样品牌 logo 正面的灯光效果更为突出，显得十分晶莹剔透。

1　品牌 logo
2　镜面的反射给看似简单的空间增添了一份神秘和通透感
3　服装店室内展台

琳达·法罗眼镜店

LINDA FARROW SHOP, NEW YORK/USA

地理位置 _ **美国纽约**

+

建筑 / 艺术：Neiheiser & Valle
照明设计：Focus Lighting，Inc.—
　　　　　Joshua Spitzig，Edwin
　　　　　Allen，Ryan Fischer
摄　影：Evan Joseph

2013 年 12 月 5 日，2013 BOFFO 建筑时尚系列展的中琳达·法罗眼镜店盛大开业。建筑设计方 Neiheiser & Valle 寻求用石材和光线营造的无限景观来展示这些收藏的奢侈眼镜。

Focus Lighting 运用荧光格栅灯在店内营造一种强烈的节奏感，这种节奏感与镜面墙结合在一起，给身处 16 英尺 × 40 英尺的集装箱空间的参观者创造一种空间无限的印象。

整个照明设计的目的是为了给参观者创造一种温暖的感觉。Focus Lighting 运用暖光泛光灯照亮琳达·法罗眼镜店的外立面，从而突出了集装箱外壳的材质。冷白光的 LED 灯着重照亮店内后面的集装箱，其营造出的冷光背景与集装箱内的暖光形成鲜明对比。眼镜店内，整个照明凸显出石材、金梁以及大理石地板的丰富多彩。设计师把浅琥珀色凝胶运用到设备中给整个原始空间带来几分温暖，并且为参观者试戴不同眼睛提供了令人满意的照明。

	2
	3
1	4

1　天花板照明示意图
2　荧光格栅灯在店内营造一种强烈的节奏感
3　浅琥珀色凝胶运用到设备中给整个原始空间带来几分温暖
4　集装箱展陈室外部

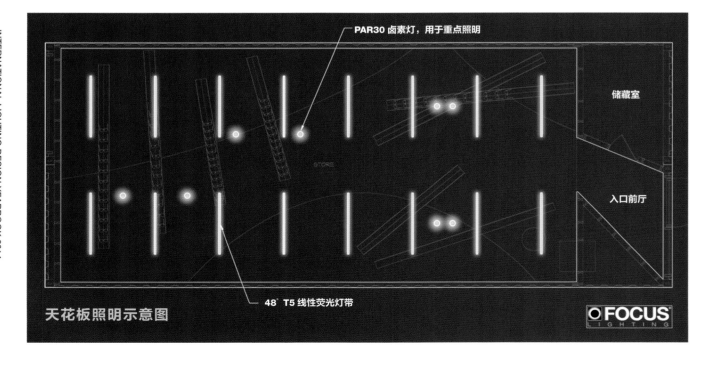

PAR30 卤素灯，用于重点照明

储藏室

入口前厅

48° T5 线性荧光灯带

天花板照明示意图

STORE

FOCUS LIGHTING

ARK Hills Sengokuyama Mori 大厦

ARK HILLS SENGOKUYAMA MORI TOWER, TOKYO/JAPAN

地理位置 _ **日本东京**

照明设计：Uchihara Creative Lighting Design Inc.

该项目的设计理念是"城市圈"。通过创造一个标志性的景观照明，表达了周围环境继承的历史文化与城市和人组成的网络之间的和谐关系。夜晚，建筑设计中柔和的曲线特性显现出这个地方的吸引力。照明设计非常适合这一原始高地的尊贵传统，一个新的东京地标就此诞生。在设计中，设计师追求的不仅仅是设计本身的吸引力，而且还包括它与建筑空间，能源节约和易于维护之间的和谐统一。

塔楼，低层住宅和室外设施的照明相互协调。整个区域包括一个 47 层的塔楼（3 ~ 24 层为住宅区，25 ~ 47 层为办公区）和一个位于南侧尾端的 8 层高，200m 宽的住宅楼。描绘出美丽曲面的间接照明灯具被设计的很精致、柔和，与周围的环境相契合。低层住宅楼的色温的连贯性，为整个大楼制造了统一的品牌标识。

通过运用重点照明从而保持统一的亮度且避免某处过亮，办公空间入口区域的天花板照明成功将能耗降至正常的 1/10。时间序列系统同样在空间照明和能耗之间达到了很好地平衡。

办公空间的天花板运用单色光，并使色温平稳地保持在 3000 ~ 5000K 之间，创造了一种非常适用于办公空间的高级照明环境。

住宅区的入口在夜晚营造了一个平静的环境。光源被设置在低层，用垂直光线来引导使用者。从入口大厅来看，灯光在水面上反射出去，在墙壁上形成了柔美的涟漪。

在朝向办公入口的艺术空间，长椅的照明使用 LED，花园照明和树木照明发出的灯光有节奏地投射在花园的小路上。该艺术品通过使用光表达了曲线的美。入口处的光照环境既确保了各个目标区域的能见度，也保留了周围的优雅气氛。

生活小区反映了一个地方的生态。无眩光 LED 花园灯被安置在花园小路沿途上。在节日和活动期间，住宅楼顶的无眩光聚光灯会照亮池塘。

1 办公入口对面的艺术空间
2 办公空间入口区域 12：00 ~ 18：00 的照明
3 办公空间入口区域 18：00 ~ 22：00 的照明，天花板处的白光被关闭，只显示白炽灯的颜色
4 办公空间入口区域凌晨 0：00 ~ 6：00 的照明，天花板上的白炽灯关闭。只用中央的小型嵌入式 LED 做重点照明
5 间接照明灯具描绘出大楼的曲线
6 从广场仰视，一个 3000K 色温的光照环境为景观，低层住宅和塔楼保持了一个高质量的统一感
7 天花板运用单色光创造了一种非常适用于办公空间的高级照明环境
8 住宅区入口
9 生活小区

SOHO 中国

SOHO CHINA'S CREATIVE SPACES, SHANGHAI/CHINA

地理位置 _ **中国上海**

业　　主：SOHO 中国
建筑设计：Zaha Hadid Architects
照明设计：黎欧思照明（上海）有限
　　　　　公司 LEOX Design
产品应用：Endo，光瑞，大峡谷

凌空 SOHO 位于上海虹桥临空经济园区，紧邻全球规模最大的上海虹桥交通枢纽。扎哈·哈迪德（Zaha Hadid）的方案灵感来源于虹桥交通枢纽这一特殊的地理位置和功能性质。通过流线型的体型处理和丰富的空间变化，展现了速度与激情的主题。

近 900m² 的纯白色简洁空间内，从地面到灯光，从桌椅到楼梯，处处都是行云流水般的弧线设计，让整个空间充满流动感。其中，宛若一条丝带的白色旋转楼梯是整个空间的点睛之笔，区别于传统的楼梯，这个飘动的"雕塑"柔美却不失动感和力量，将两层楼面灵动衔接。

LED 线条时而沿着天花曲线盘旋，时而从天花上攀附而下直至地面，与环境天衣无缝的融合在一起，柔和的光照亮了曲面和地面，在凹凸之间，空间变得丰富。而光与影让这种丰富变得流动，有层次而意味深长。空间光影流转，镜面幻动，人们行走在玻璃、镜面和纯白的曲面之间，充分感受到建筑现代洗练的表达，与柔和含蓄的神韵。

在设计实现的过程中，曲线线条内部的结构复杂，各个地方安装条件大相径庭。在悬挂下来的发光线条中使用了间距为 100mm 的独立 LED 发光像素点，而嵌入天花的发光线条则采用了 LED 柔性灯带。另一方面，根据不同区域的防火需求，发光线条下表面的透光膜的材质也有所不同，有此带来的挑战是，如何能够达到整个空间均匀而色调一致的效果。经过多次测试与反复沟通，最终在线条结构中采用了两条不同光色的 LED 灯带，通过混光来使得色温处处相同。

曲线蜿蜒的天花和曲面流畅的空间呼应，天花上的 3 种不同尺寸的圆形藻井随意而有秩序的散落，制造无限延伸的错觉。同时这些藻井也是用以布置人工光的设备，为了能够使得藻井能够具有天窗的视觉效果，特殊定做了与藻井尺寸相当的 3 种不同尺寸的灯具（直径分别为 80mm、100mm、120mm），较宽的配光使得整个藻井侧壁都被柔和的照亮。

明亮的穹顶和有机的曲面互相映衬，正如扎哈的许多项目一样，形成一个富有现代雕塑感觉的、纯净而富有生命力的建筑空间。空间给人的印象是除了白色还是白色，但仔细看来，通过地面铺装区分出不同的区域，而对应的天花也使用发光灯带来作为空间分隔。而实际的玻璃隔断反而在若有若无之间，处理的飘逸、通透。仅仅使用灯光、铺装和玻璃将展示和办公空间巧妙的隔离开来，同时又实际上成为一个完整的有机体的一部分。

作为展示空间，重点照明与视觉焦点也不可或缺，少数分布在藻井中的窄角度投光灯具使得标识、展品、桌面等位置可以更为生动突出，而自发光的标识与发光灯带互相呼应，与整个展厅环境毫无滞涩的融为一体。

1 明亮的藻井创造了无限延伸的错觉
2,3 楼梯也是柔和的螺旋，犹如一座雕塑
4 除了白色还是白色，但光影、曲线构图充满了简洁的美

捷安特自行车总部大楼
GIANT BICYCLE HEADQUARTERS, TAIZHONG/CHINA

地理位置 _ **中国台中**

业　　主：巨大机械工业股份有限公司（捷安特）
建筑设计：黄明威建筑师事务所，黄明威，王志仁
照明设计：月河灯光设计有限公司，林大为，刘家铭，郑玫君
产品应用：LED 条形灯和下照灯，金龙照明股份有限公司，泛光灯，Erco

2009 年，巨大机械工业股份有限公司（捷安特）决定在新的城市中心建造一个全新的总部大楼。黄明威建筑师事务所（Studiobase Architects）受邀参与设计，月河灯光设计有限公司（CMA lighting design）随后也加入到其中。

照亮整座大楼最简单的方法应该是使用聚光灯进行泛光照明或者在大楼立面上装上线性 LED 灯。然而，这种方法将减弱大楼的灯光效果且很难使人振奋。在仔细研究了其创新的理念和结构形式以及捷安特产品后，月河灯光设计有限公司得到一个想法，从艺术的角度出发，希望通过使用灯光来提升和突显公司的活力。

设计师受到纵深露台阴影的启发，通过留意其光影的对比并增加一些技术含量较低的内部发光的天花板，一个非常规的照明工程诞生了。由于捷安特的商标是蓝色的，投射出蓝光的天花板有利于在夜晚宣传公司的形象。

一个 20cm 厚的双层金属天花安装在露台上，露台成曲线形并环绕建筑的两侧。白色的内层上有许多黑色的圆点，而散发蓝色光线的 LED 线性灯（27W/m，38°）被隐藏于槽内。其最外层覆盖着一层穿孔金属板。

当人们在露台的天花下移动时，混杂着的蓝色圆点和黑色圆点开始了视觉节奏下的涌动变化。蓝色灯光图案根据观察者的位置发生变化。总部大楼的视觉效果给人一种安静的感觉，却又动态地突显出公司的活力。

为了确保达到预期的视觉效果，月河灯光设计有限公司在其办公室的 7 层制作了一个实物大小的露台模型，目的是从各个不同方向仔细观察光线潜在的运动。设计师们发现黑色圆点在天色暗下来后逐渐消失。因此，一个 60cm 长、色温为 4200K 的 LED 灯嵌入在较低的墙壁上为了进一步加强对比效果。而装有漫射器的 LED 上照灯散发出柔和的光线保持了露台的视觉舒适性。

同时，设计师发现办公室内的人们可能会受到来自最底部穿孔层的眩光的干扰。为了解决这个问题，一个间接灯槽的细节设计被用来遮挡蓝色的 LED 眩光。

3 种不同类型的穿孔金属天花板被制造出来以便于简化生产。天花板间的组合方式相当丰富，因此创造出动态的光图案。为了防止灰尘和昆虫进入到吊顶内，设计师使用了一层 2mm 厚的亚克力板覆盖在较低的穿孔钢板的表面上。

沿着人行道排列的 4 个灯柱轻柔地照亮弧形的外立面，并没有弱化蓝色点状吊灯的灯光效果。每一个灯柱都配备着 2 个 4200K，70W 的 HIT 灯，1 个发光角度为 7°的聚光灯和一个发光角度为 65°的泛光灯。一个 3.8m 高的柱子是特地为这个项目准备的，并且柱子上呈现的穿孔点状图案与吊顶图案相互呼应。

整个项目除了外立面使用泛光照明，其余部分都采用 LED 来提供照明。大楼的总能耗为 4W/m²。

1 整个项目除了外立面使用泛光照明，其余部分都采用 LED 来提供照明

2 投射出蓝色灯光的吊灯有助于在夜间提升公司的形象

3 安装在柱子上的泛光灯凸显出整座大楼的曲线

4 露台剖面图

5 3 种不同类型的穿孔金属吊顶被制造出来以便于简化生产。吊顶间的组合方式相当丰富，因此创造出动态的光图案

6 60cm 长的 4200K LED 灯（8.8W，120°）被嵌入到较低的墙面中以提升对比度

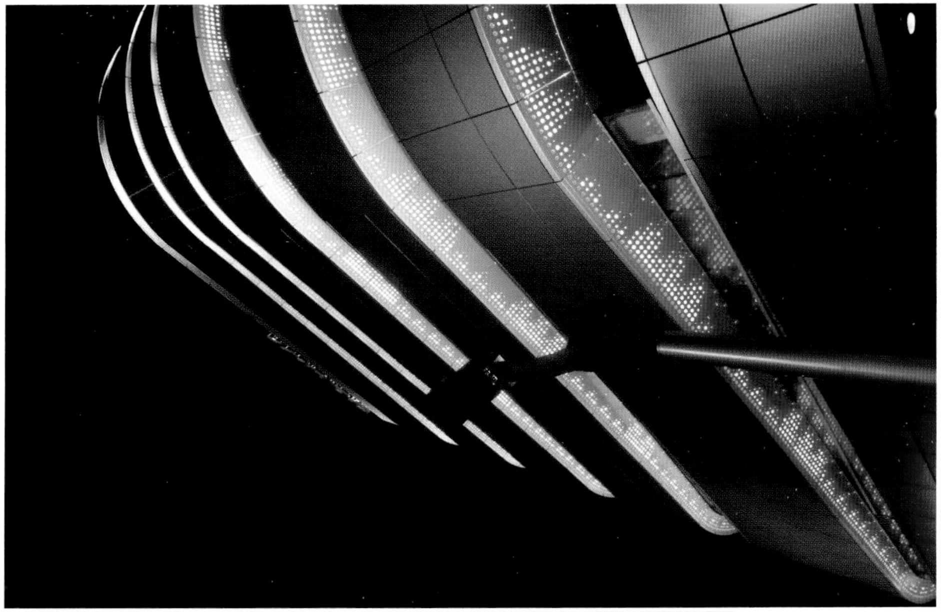

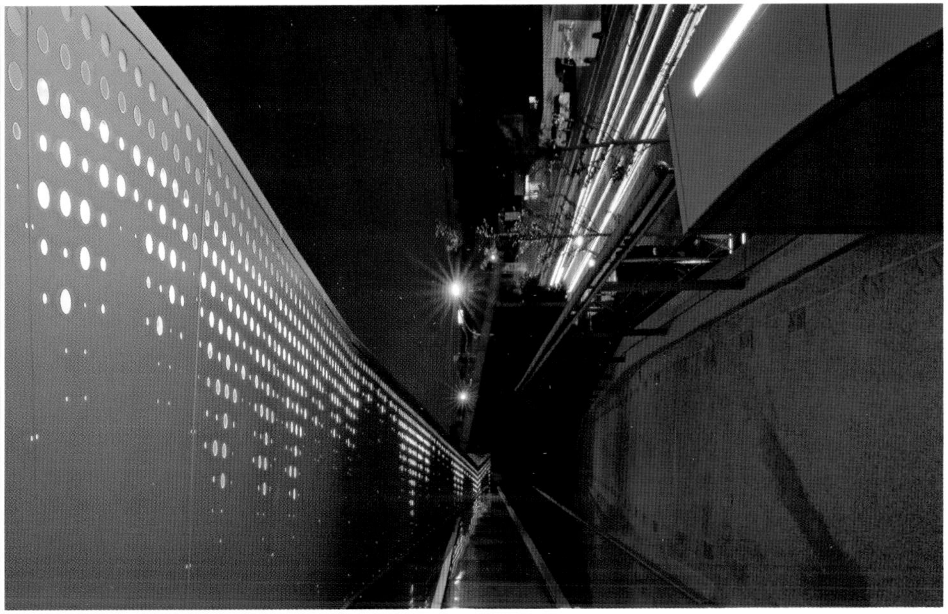

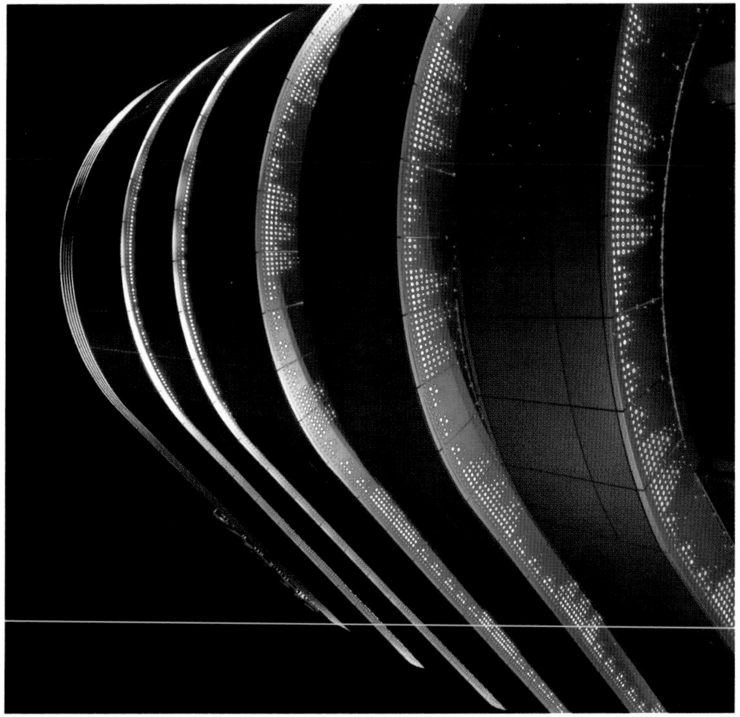

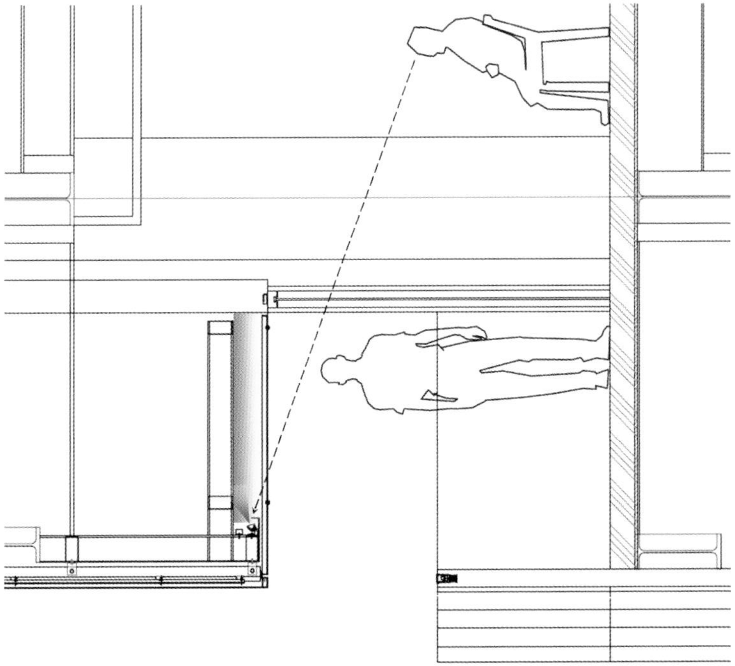

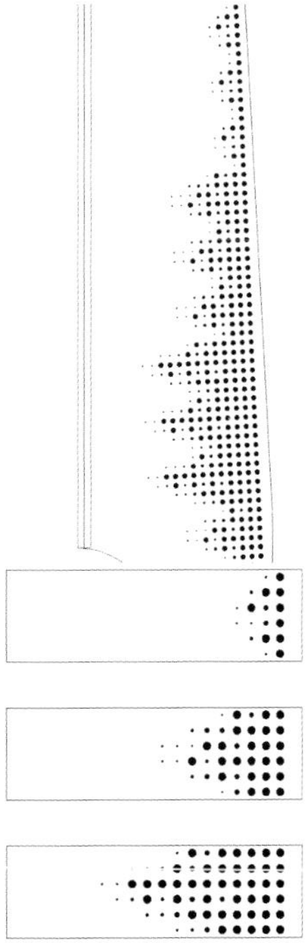

Rookery 大厦

THE ROOKERY RECEIVES , CHICAGO/USA

地理位置 _ **美国芝加哥**

業主代表：Stefan Boehme
建筑（最初）：Daniel Burnham and John Wellborn Root
照明设计：Office for Visual Interaction (OVI)
结构工程：Klein and Hoffman
电气工程：Environmental Systems Design
照明设备：Zumtobel

Rookery 是现存的早期商业摩天大楼之一，被认为是美国建筑史上的一个里程碑。它由 Burnham & Root 设计，这栋 12 层的建筑采用了钢结构，砖石材料，这在它建成的年代是一种创新，可以让建筑达到前所未有的高度。1970 年，Rookery 被写进国家注册历史地址，1972 年被指定为芝加哥地标。

一个多世纪以来，该建筑独特的暗红色砖石外墙从未被照亮，使其从未拥有过夜晚视觉形象。现在，照明柔和地激活了错综复杂的砖石雕刻，创造了一个微妙的明亮外形及影子，并在没有用光压倒建筑的情况下，创造了一种对比。

虽然建筑看起来是对称的，几乎每个窗户都是独特的。因为有 100 多个不规则的岩架，使用标准的灯具是不可能的。取而代之的是微型、定制的 14W LED 灯具模组单独安装，达到了对称、均匀的照明效果。整体硬件设施的减少正好和业主紧张的预算相符。

这个项目成功的一个关键因素在于达到需要的光分布的同时，满足了严格的历史保护法规。芝加哥地标委员会要求照明设备要从行人的视觉角度和街道的视线点上看能一丝不苟地隐藏起来。因此照明设计方案使用了小尺寸的，视觉上不显眼的定制的灯具，仅有 36.8mm 高。灯具被安装在每个第三级上，照亮立面，以柔和的光束照亮窗架的细节。

委员会提出的另一个严苛的问题是，不能对 Rookery 的砖石造成任何损害，固定定制灯具时要避免在历史建筑结构上打孔。虽然建筑看起来是对称的，但几乎每个窗户都是独一无二的。另外，所有岩架都有不同的阶梯型材，砖石脊都在石头缝中呈现——且没有具体的节奏。这是该建筑建成时代的一个防水细节。每个灯具都必须在砖石脊附近工作，然后可以提供对称、均匀的照明。

为了保护建筑的完整性，一个定制的伸缩安装臂可以满足不同的岩架需求和上锁领域调整及校准。这使得灯具可以固定在花岗岩窗台而不是立面上，同时聚亚安酯底部尽量减少直接接触历史建筑的岩架。支轴上涂了 Rookery 红色，并在安装臂可以到达的范围内。

定制灯具的每一个方面都经过仔细设计，以最大限度的提高性能以及保持美观。根据对现场模型的研究，工作人员开发了一个配有特殊微光学的灯具，在最大限度降低能耗和减少对夜空光侵入的同时，减少租户的眩光。这种可持续的设计方法只使用了 14.4W 的 LED 灯具，整个项目的能耗为 2304W，定制的光学器件创造了一种平顶锥形的照明，延伸了三层楼高。LED 的微小尺寸技术可以创造一种手掌大小的灯具。3000K 的色温提升了建筑上石材的颜色。

晚上，建筑从消失在黑暗的天空中到在夜晚脱颖而出，成为芝加哥备受喜爱的地标。Rookery 的优雅和内敛的夜晚身份将它与创作的年代联系起来，强调了建筑的重要性和魅力。

1	2
3	4
5	6

1,2 从 Rookery 建筑内部看立面岩架。在所有的岩架上，灯具位置必须在间断的肋架附近

3 支架是偏移的，以避免与肋架接触，外部的灯具向窗口中部偏移，避免与立面肋架接触，中部灯具向东部偏移（远离 La Salle 街），以避免与立面肋架接触

4 建筑的每个岩架都有不同的轮廓。必须进行现场调查以测量立面岩架，确定灯具位置

5 街角夜景

6 La Salle 的街角和 Adams 街：夜晚 Rookery 的外部 摄影：The Rookery LP

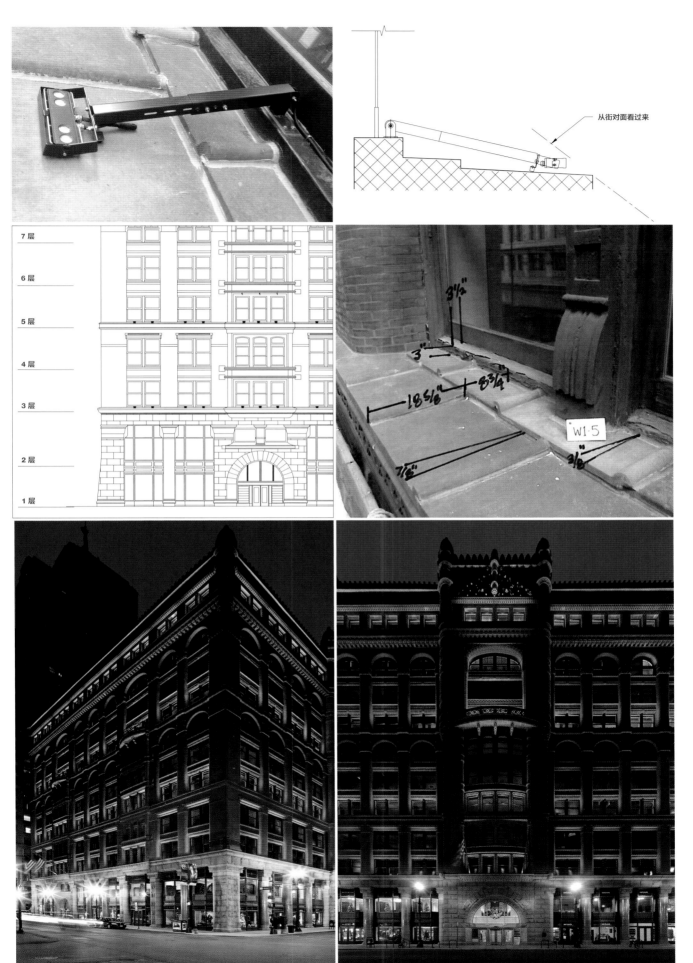

Color Kinetics 公司总部及展览室

COLOR KINETICS CORPORATE HEADQUARTERS, BURLINGTON/USA

地理位置 _ **美国伯灵顿**

建筑设计：Sasaki Associates
照明设计：Focus Lighting Inc.——
Paul Gregory,
JR Krauza, Joshua
Spitzig

对于 Focus Lighting 来说，挑战就是在 Sasaki Associates 设计的多功能的公司总部、展览室以及工程工作场所中，将艺术、灯光以及建筑整合到一起。两个 30 英尺长的入口通道只使用 LED 来突出从主大厅到工程工作场所的转变。在可调的 LED 背光树脂表面中嵌入光纤创造出的光环境，当人们经过通道时，它就变成了一个充满了色彩和灯光的令人沉醉的世界。

一个没有天花板的办公室可以让人们尽情欣赏变化的天空，在这种情况下，我们的天空是一个颜色变幻的、背后发光的天花板，它隐藏在接待处和电梯口功能墙的背后，模拟云的流动。一个"视频洗墙"设备展示了业主完成的项目，并照亮了大厅侧墙。所有大厅侧墙和通道都由一个被照亮的框架描绘。

办公室中心上方 28 英尺处，创造了一种重复的建筑"彩色光束"，以及一个用户可控的、变色的环境。

展览室设置有移动展示装置，因其彩色的周边从而突显出来。每个显示器都展示了如何最佳使用另一个客户端的照明产品。展览室被背后打亮的薄纱所包围，创造了一个干净、多彩的背景来衬托产品。由于 LED 的效率高、使用寿命长，这个项目在设计、计算机建模以及模拟时超过 80% 的照明都使用了 LED。

	2	
	3	
1	4	
	5	6

1 入口通道是一个充满了色彩和灯光的令人沉醉的世界

2 颜色变幻的、背后发光的天花板模拟云的流动

3 所有大厅侧墙和通道都由一个被照亮的框架描绘

4 一个"视频洗墙"设备展示了业主完成的项目，并照亮了大厅侧墙

5,6 展览室

NeueHouse

NEUEHOUSE, MANHATTAN/USA

地理位置 _ **美国曼哈顿**

建筑设计：Rockwell Group
照明设计：Focus Lighting Inc.,
　　　　　Brett Andersen,
　　　　　Kelly Hannon, Jenny
　　　　　Nicholas

　　NeueHouse 位于曼哈顿 Flatiron 区，是一个新的办公空间，由 Focus Lighting 和 Rockwell 集团一起合作设计。为了迎合如今在艺术、出版、技术方面最具创新性的企业家们的需求，业主通过一组特定的空间和体验提升一种社区感，意在重塑办公空间理念。设计师使用照明将这个 3251.6 m² 的 5 层空间统一起来，这些空间中包括私人的和开放式的办公桌以及工作室，中间穿插着休息区、会议室、咖啡厅和一个用于表演和展览的走廊。

　　通过在这两种具有完全不同照明需求的空间类型之间提供一个流畅的照明过渡手法，照明设计师寻求将社交空间和办公区域整合起来。一组定制的吊灯，每个吊灯由 18 个玻璃球体组成，排列在主楼层的周围，为这个原生态的工业空间创造了温馨、家居的氛围。

　　通过一个滑轮系统，它们的位置可以调低，为特殊的夜晚活动创造一个更加私人的空间。吊灯同时照亮了天花板和下方区域，弥补了桌面上的任务照明，并照亮了沙发区域。瓷质插座上的 LED PAR 30 筒灯布置在吊灯之间，白天为主楼层创造一种轻松、明亮的感觉。

　　NeueHouse 餐厅夹在走廊台阶下面，在工作日里给办公人员提供了一个休闲的场所，而且采用不同于装饰性的统一的照明细节，符合时尚、流线型的审美观。在二层和四层，荧光灯被整合进可移动隔断墙的顶部轨道结构上，补充了桌面上的任务照明系统，创造了一个被均匀照亮的工作环境，同时消除了直接光源的眩光。这两层同样使用了小型的球形吊灯，使整个空间更加统一，以温暖的光线照亮休息区。

　　NeueHouse 的照明方案将工作空间的效率和社交放在了同等重要的位置，让工作和娱乐有机结合。

1 休息区。统一的照明设计风格将 NeueHouse 5 层建筑内不同空间类型连接成一个整体

2 定制的吊灯，每个吊灯由 18 个玻璃球体组成，它们位置的高低可以通过一个滑轮系统来调节

3 用于表演和展览的走廊

4 餐厅

5 办公空间

6 会议室

上海房地产经营（集团）有限公司办公室

THE OFFICE OF SHANGHAI REAL ESTATE(GROUP)CO., LTD., SHANGHAI/CHINA

地理位置 _ **中国上海**

业　　主：上海房地产经营（集团）
　　　　　有限公司
建 筑 师：张奕文
室内设计：张奕文，上海现代建筑装
　　　　　饰环境设计研究院
照明设计师：汪建平，魏敏　P356
灯具供应商：飞利浦，乐雷
控制系统：锐高
图片提供：徐喆

上海房地产经营（集团）有限公司总部（以下简称"上房集团"）位于上海市虹桥路 1438 号 27 楼，地段繁华的古北财富中心办公楼高区楼层，办公室总面积 2530m²。作为上海老牌的房地产公司，上房集团对于灯光设计在整个室内设计环节中的重要性有着不同寻常的理解，所以对于本次办公室的灯光需求为以下几点：第一，灯光品质的高要求；第二，灯光多样性的丰富呈现；第三，先进智能系统的展示应用以及高效节能的人性化使用感受。

基于室内设计师简约细腻、精致品味的设计理念，照明设计遵循以人为本、技术领先、节能低碳的原则，灯光设计采用先进的 LED 灯具结合 DALI 智能控制系统，营造一个与国际大都市高端企业形象相一致的现代、舒适、节能的高质量室内光照环境。

办公室入口以简介明快的氛围表现企业的品味，大堂接待区顶部采用可变色温发光膜提供空间基础照明，每块发光膜内设有 2700K 和 6000K 两种不同色温 T5 灯管，通过 DALI 控制搭配出不同的色温效果。前台配置的液晶触摸屏可定时切换不同色温，例如在工作时段设置成 5000K 左右的冷色温，提供较高照度和清爽的工作氛围，提高工作效率；非工作时段则自动转换到 3000K 左右的偏暖色温，创造出温馨愉悦的休息氛围。走道等公共区域均采用智能调光系统，由接待台液晶面板统一控制。

领导办公室区域采用 45W、600mm×600mm 的 LED 面板灯提供 4000K 的白光，营造严谨却不显沉闷的工作环境。采用智能探头和调光控制系统，根据使用者习惯及要求设置不同场景，由办公室入口区墙面面板和手持遥控器控制。此外门禁系统也与灯光系统相结合，实现办公室内不同的场景与门禁标识牌的状态联动，使得到访人员根据标识牌的状态即可判断办公室内的工作状态。开间办公室采用 2×24W 的格栅灯提供 500lx 均照度水平，通过墙面面板进行开关控制，靠窗隔间主管办公室实现手动调光和光感人感结合的智能调光控制。

考虑到房地产公司的工作需求，中会议室设有材料看样区，设计采用 LED 灯具、陶瓷金卤灯、卤素灯等不同光源灯具，还原不同空间场所、不同光环境下的材料状态。大会议室区域顶部灯槽内设有两根 T5 灯管，通过顶部特殊设计的灯槽空腔进行反射，提供会议空间不低于 500lx 的基础照度。所有会议室区域均采用 DALI 控制系统，结合窗帘、会议系统，实现会议、休息、投影等不同功能模式场景预设，同时结合智能探头进行日光补偿及人感控制模式。

1　入口
2　大会议室
3　大会议室灯槽安装节点图
4　办公室
5　中会议室
6　大堂接待区

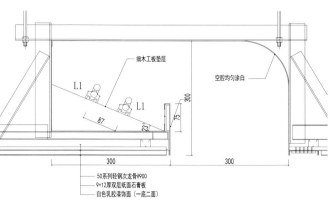

大会议室吊顶间接照明详图

- 50系列轻钢次龙骨@900
- 9+12厚双层纸面石膏板
- 白色乳胶漆饰面（一底二面）

福州东部新城办公楼
EASTERN NEW CITY, FUZHOU/CHINA

地理位置 _ **福建福州**

业　主：福州市城乡建设发展总公司
建筑设计：北京华清安地建筑设计事
　　　　务所有限公司（林霄、张
　　　　冰冰、杨伯寅），福建省
　　　　建筑设计研究院（梁章旋、
　　　　林卫东、黄建英、张建辉）
照明设计：清华大学张昕照明设计工
　　　　作室，司煊照明设计（北京）
　　　　有限公司
照明施工：浙江新欣电气工程有限公
　　　　司，福建辉虹照明有限公司
摄　影：李大伟
产品应用：勤上光电

福州东部新城办公楼位于福建省福州市东部新城，以鼓山大桥与老城区相连接，东临海峡国际会展中心，西北靠近金融街万达广场。2012 年始建，现已投入使用。办公楼占地面积达 6 万 m²，其中包含主体建筑 8 栋，配楼 1 栋，中心围合庭院。建筑立面采用石材格栅体系，安装在玻璃幕墙之外，除遮阳功能外，构建了传统意味与现代美学兼顾的视觉感受。

福州是多山的城市，山地、丘陵占全区土地总面积的 72.68%，又因其属于典型的亚热带季风气候，雨量充沛，而得水城之名。中国山水画是中国人文情思中最为厚重的沉淀，以山为德、以水为性，一直是中国山水画的主线。临水而建的建筑立面与江面恰成"山"水之势，照明设计师很自然地将建筑表皮联想为画布。如何用现代照明技术创造"山涤馀霭，宇暖微霄"，本建筑特有的格栅体系恰好为创造二维半（隔江远望为二维，近距离仰视为三维且随视线移动而变幻）的视觉感受提供了条件。纵向尺寸多变的石材格栅被设定为"像素"（配图呈现了多种"像素"尺度，宽度均为 1200mm，高度从 1000mm 到 5200mm 不等）。近 5000 个线形 LED 投光灯被安装在格栅与窗之间，控制系统确保 LED 灯具单灯可控。

照明设计师将整幅静态山水画，通过处理加帧变为动态山水，并编辑为视频，导入 LED 编辑软件，捕捉每一盏灯的亮度输出，经现场多次调试后呈现最终的照明效果。远处的矩形像素在近处呈现为立体的框型，随着观赏距离缩短，观赏角度变为仰视。由于"像素"不是统一尺寸，灯具也进行了亮度控制，立面构图变得抽象，并且突出建筑表面质感，赋予了空间一定的视觉活力。

楼体之间的内部围合空间，中庭简洁优雅的内透光照明与立面的"像素化"照明形成对比。内立面采用与外立面相同的照明方式，将照亮的格栅数量减少为 1/5，仰视的效果唤起人们对于"星空"的联想。外部照明与室内临窗的走廊对位，在室内与室外同时创造富有视觉趣味的图像。

联动的 8 个建筑立面，通过亮度变化营造缓慢变幻的山水画效果，氤氲氳氳，或聚或分，现代照明方式创造了具有东方意味的山水构图，在朝江、城市、庭院内部的不同视角创造了丰富的视觉体验。本案的建筑载体给了设计师足够的空间去设想并实验照明的种种可能性，是设计团队的实验作品之一，希望为穿梭在滨江大道上的各色路人心中增添一抹平静。

1　正面城市倒影模式
2　城市倒影模式与鼓山大桥
3　办公楼与金融街万达广场隔江相望
4　近观格栅照明效果
5　三种模式
6　格栅的 2.0 维与 2.5 维示意
7　安装结构示意图

城市倒影模式

中国山水画模式

中国山水画模式示意

2.0维
像素
示意

2.5维
像素
示意

石材格栅

LED灯具

钢龙骨

玻璃幕墙

瑞明双辉大厦

RUIMING SHUANGHUI BUILDING, SHANGHAI/CHINA

地理位置 _ **中国上海**

业　　主：中信泰富
建筑设计：KPF
照明设计：BPI
照明施工：北京富润成照明系统工程
　　　　　有限公司　P341
产品应用：Philips、Erco 等

该项目位于上海浦东新区陆家嘴金融中心区，由两栋 49 层超高层办公主楼以及地下 4 层组成，总建筑面积约 291,410m²，地上 49 层主要为办公，建筑主体高度 218.6m。

本项目的照明设计理念不再局限于将 4 个面都照亮，而是选择有重点地照亮，有选择地照亮，在设计光的同时，也在设计影。

陆家嘴瑞明双辉大厦与普通的双子楼不同，两栋楼的弧形面相对，形成阴阳互补。塔楼弧形面为全玻璃幕墙，竖直面为石材框架面。白天，弧形面为虚，石材面为实；夜晚，在灯光的映衬下，弧形面为实，石材面为虚。弧形面作为夜间灯光重点表现的部分，采用了点、线、面等多种表现方式。灯光的颜色选择以金色为主，以体现双子楼业主的身份为两大国有银行。多种的照明方式可以为日后多种场景提供更多的选择。石材面采用 LED 地埋灯将石材的框架打亮，形成错落有致，若隐若现的神秘感。

设计师在本项目中采用了多种的节能措施，使瑞明双辉项目成为一座绿色环保的大楼。首先在设计上节能：通过与建筑师、业主密切的交流。设计师将弧形面作为夜景灯光重点表现的部位，另外 3 个面灯光弱化，仅采用 LED 点灯。这样在概念设计的最初阶段，从理念上做到了节能。其次在光源选择上节能：选用的光源以 LED 为主，配合荧光灯、金卤灯等节能及长寿的光源，以保证整个项目的用电量及可持续性。最后在灯光控制上节能：选用了智能照明控制系统，并和天文时钟，日光控制等相结合，并且预先设定了平日模式、周末模式、节假日模式等，不同模式相较全亮的模式，节能从 20% ～ 50% 不等。

由于灯具安装位置的特殊性，工程人员与总包、幕墙公司做了大量的研讨以及现场测试，最终合理安装上所有灯具，完美的诠释了设计方的理念。

1	2

1 大厦外部整体照明效果
2 台阶照明

雅居乐总部大楼

THE AGILE HEADQUARTERS, GUANGZHOU/CHINA

地理位置 _ **中国广州**

业　　　主：雅居乐地产置业有限公司
建筑设计：中天七建
照明设计：SOM 建筑设计事务所
深化设计：广州热伙照明设计有限公司
施工单位：广州名实照明工程设计有限公司
产品应用：VAS 胜亚　P338
控制方式：DMX
完成时间：2014 年

　　雅居乐总部大楼位于广州 CBD 核心区域——珠江新城，由雅居乐集团有限公司投资开发，为雅居乐集团重点工程。超甲级写字楼，地上 39 层，地下 5 层，总高度 180.5m，占地面积 6805m²，建筑面积 115984 m²，框架 - 核心筒结构体系，地下室采用普通现浇钢筋混凝土结构 + 劲钢砼结构，地上主体为普通砼结构 + 劲性钢结构。

　　建筑设计根据基地特征，采用弧形玻璃幕墙立面加弧形遮阳板，构建了与周边建筑迥然不同的立面效果。

　　玻璃幕墙类建筑包含了大面积的透射性材料和反光材料，对用光技巧有相当大的挑战。本项目照明设计重点表现楼层间单元板玻璃内侧横向波纹板的纹理效果，灯具尺寸大小及安装位置，灯具的配电及控制在深化设计中非常慎重和复杂。设计师以不破坏幕墙与建筑美感为前提，采取灯具与遮阳板结构结合，选用微型线型灯嵌入安装在遮阳板后部位置，纯隐性安装，完全不影响建筑立面白天效果，夜晚则绽放光芒。灯具的排布上则错落有致，光影律动，犹如波光粼粼的水面层出不穷，构成了现代建筑艺术的美学观赏价值。

1	2	3	6
		4	
		5	

1 照明示意图
2 视觉样板照明实际效果图
3 灯具照片
4 灯具安装大样图
5 灯具现场安装图
6 大楼正面效果图

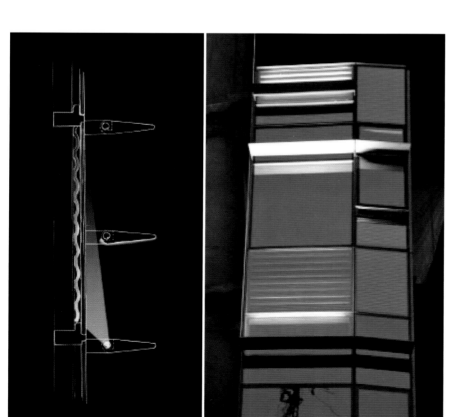

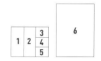

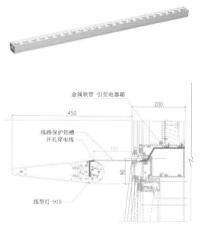

金属软管 引至电器箱
450
200
线路保护铝槽
开孔穿电线
150
90
线型灯-915

弘毅投资集团上海办公总部

HONY CAPITAL,SHANGHAI/CHINA

地理位置 _ **中国上海**

业　　主：弘毅投资集团 Hony
Capital
项目管理公司：仲量联行 Jones
Lang LaSalle
建筑设计：新马海洋行设计
（Moorhead & Halse）
（于 1927 年完成设计）
室内设计顾问：in-tect design
associates（HK）
照明设计顾问：英国大可莱伊照明顾
问事务所
AV 顾问：SM&W
照明产品：Zumtobel, WAC
Lighting
摄　　影：吴俊

弘毅投资成立于 2003 年,是联想控股成员企业中专事股权投资及管理业务的公司。弘毅投资目前共管理五期美元基金和两期人民币基金,管理资金总规模超过 450 亿元人民币。弘毅投资的出资人包括联想控股、全国社保基金、国家开发银行、中国人寿及高盛、淡马锡、斯坦福大学基金等全球著名投资机构。2011 年他们选定外滩的哈密大厦作为中国办公总部。哈密大厦是洛克.外滩源整体建筑的一部分,融合了中西方建筑的精华。该区域是 20 世纪 30 年代的领事馆之一,近年经过精致的建筑翻新,已经成为了上海的新地标。

项目位于外滩保护建筑内部,共 8 层。整体风格低调,办公空间区域共分为开放式办公区,独立办公区,会议区,会客空间,公共空间区域。

开放式办公区中员工从事重复性的程序化工作,较少的变化与交流,尤其投资行业需要严格保证私密性,对此,照明顾问在保证照度均匀、眩光控制、光线充足（800~1000lx）的前提下选用了配备光学匀光腔的灯具,增加了垂直面照度及漫射光,提升环境的舒适感,丰富体现人的面部表情,提升亲和力。

独立办公区,即高管办公室。整个 8 层空间中,高管办公室的数量共 14 间。由于行业公司特殊性,办公室中回避了会见功能,每个季度使用者会根据风水需要调整办公座位的方向,因此,空间内所有的家俱及照明都需要随之配合。最终照明顾问在满足基础照明与智能系统的同时,选用中国圆元素灯具,安装于天花处应对风水变化。

会议区是该建筑的另一个重点区域。其不但满足员工进行讨论,交流,沟通,会议的需求,更重要的是为来访的客人做公司形象展示。控制系统在空间照明中显得不可或缺,视频会议室共 5 间,墙壁均选用吸音材料。其中,灯具可实现点对点控制,并可根据现场的光环境,声环境自动调整到最佳状态,而不是通常的情景模块控制。

公共空间的处理,由于是受保护建筑。相对于新建的 5A 级写字楼内部空间狭小,在走廊过道的部分,照明顾问没有选用传统的下出光的灯具,而采用了无缝隙连接的光带提供此空间照明,长度可达到 15m,光源隐藏在灯具内部,表面的匀光板可以提供高质量的均匀光且仅损失 5% 的光通量。

面对外滩景色的等待区,选用格栅与射灯组合,即可突出空间内陈设品的重点照明,又可享受漫射光提供的舒适环境,更不会错过外滩的美景。

VIP 会客区域是此栋建筑中的会所部分,于第 8 层,旨为款待 VIP 客人。在此层中设有酒吧、雪茄吧、私人影院等,区别于一般会所灯光设计,此区域内的照明以情景化与戏剧化为主,给来到此空间的客人以耳目一新的体验。

	2	
	3	
1	4	5

1 面对外滩的等候区,让客人在等候的同时,可以欣赏到外滩的美景

2 视频会议层的接待处,运用会所的处理手法,使参加会议的感觉稍适轻松

3,5 多功能的视频会议室,点对点的智能控制

4 开放办公区配合全智能控制可以根据环境光,温度控制适宜情景

皇家公园酒店

PARK ROYAL ON PICKERING, SINGAPORE

地理位置 _ **新加坡**

业　　主：Pan Pacific Hotels Group Limited

建筑设计：WOHA / WOHA Architects Pte Ltd

景观建筑：Tierra / Tierra Design (Singapore) Pte Ltd

照明设计：Lighting Planners Associates

摄　　影：Lighting Planners Associates, Toshio Kaneko

完工日期：2013 年 1 月

作为"花园中的酒店"这一概念的组成部分之一，这个酒店独特的立面象征了一座自然山谷，四周种植了热带植物，还设计了人工瀑布。在这里，照明试图在夜间创造一个都市绿洲的效果，从而在日落后强化其强劲的建筑结构和丰富的绿色植被，为忙碌了一天的市中心营造一种舒缓的氛围。所有的景观灯均由太阳能提供电力，这个项目在真正意义上说明了热带建筑应该如何以可持续的方式进行照明。建筑和照明成功结合在一起，使这个酒店的环境的复杂程度超出了项目的基本要求。

立面照明的主要特征是它的轮廓，由安装在圆柱上的 3000K 金属卤化灯轻柔的将立面照亮。勾画轮廓的上照灯一直延续到高处的露天平台花园和更高处的酒店客房阳台，从而创造出一种整体的效果。

沿着主要街道的通道向公众开放，人们可以欣赏小瀑布舒缓的水流。此处的照明均使用了线型 LED 灯。

入口处，步行区域的低亮度，让天花板结构一览无遗。通过功能性照明和氛围照明的结合，照度水平在大规模建筑和人体尺寸之间实现了巧妙平衡。

接待处的木质墙面由洗墙灯从上到下轻柔的洗亮，营造出自然的阴影，模仿了白天的日光效果。

走廊的内部使用了各种各样的灯笼，在这座大型建筑内部的人体尺寸上营造出舒适的照明环境。这些灯笼能够为高处天花空间提供足够的亮度，并能创造一种花园的效果。

当遇到高反射表面诸如光泽的石质墙面和镜面天花板时，处理这些细节是最有挑战性的了。电梯厅里，谨慎的照明细节，从而将空间最优化，在突出特征的同时避免了令人不舒服的眩光。

宴会厅入口处，薄膜制成的连续光带贯穿了整个室内公共空间，并在镜面打磨的天花板的反射下使效果更加丰富。被柔和照亮的表面创造出一种柔和的自然气息，同时还能节省大量的能源，达到了新加坡建设局白金奖的最高要求。

位于五层的户外游泳池，客人可以在顶部露台上享受花园和城市的双重体验。天花板的上照灯的反射光轻柔的照亮了整个空间。绿色植被和水成为照明的重点。

沿着客房走廊的明亮的绿墙可以为整个走廊提供充足的亮度，同时为热带城市夜景营造一种酷爽的感觉。这个双重效果是照明设计的用意之一，用来定义热带建筑照明。

在每个房间里，发光的灯笼都被整合在紧邻立面窗户的木质架子上。这些随机排列的灯笼发出柔和的光芒，营造出一种私密的气氛，在没有照明装置照亮大厦立面时这些灯笼也成为建筑外观的一部分。

1　立面
2　入口
3　5 楼户外游泳池
4　电梯厅
5　大堂走廊
6　宴会厅入口处
7　房间
8　接待处
9　客房走廊
10　通道

吉宝湾倒影

REFLECTIONS AT KEPPEL BAY, SINGAPORE

地理位置 _ **新加坡**

业　　主：Keppel Land
执行顾问：Pardons-Brinckerhoff
建筑设计：Studio Daniel
　　　　　Libeskind, DCA
　　　　　Architects
景观设计：Hargreaves
　　　　　Associates,
　　　　　Sitetectonix
照明设计：Lighting Planners
　　　　　Associates
项目面积：84,000m²
完成时间：2011 年 12 月
摄　　影：Lighting Planners
　　　　　Associates, Toshio
　　　　　Kaneko

这是新加坡南部的一个标志性住宅开发区，其照明方案要求照明设计必须非常明显地配合建筑大师丹尼尔·利伯斯金（Daniel Libeskind）独特的建筑风格，但又要足够柔和从而可以描绘出居民区的氛围。因此，在这个照明项目中，我们看到了一种锐利的线性照明手法，被暖色调和巧妙的间接洗墙照明所中和。

曲线型边缘和塔尖上柔和的重点照明与被照亮的空中花园一起创造了一幅壮观的夜景。立面，步行道和公共区域由特殊的集成式 LED 提供照明，突出了建筑外表皮和景观的强大的图形特征。

从对面的游艇码头看过去，立面边缘的 LED 灯带描绘出住宅大楼独特的轮廓。70W 的 HIT 窄光束泛光灯强调出皇冠的尖顶。

此处共有 3 对塔楼，由天桥链接，而照明装置就隐藏在扶手和墙面的覆盖物里。为曲线型的立面边缘选择了冷白光的互补色温，从塔底到塔尖照度分别调暗从 20% ～ 1%。立面的能源消耗不到整体内部照明的 1%。

夜间，精心设计的马赛克式墙面在环境光下闪闪发光，和白天自然光照下的效果一样。所有通往塔楼大堂的通道都由蓝色基调的线性灯具照亮。出于尊重整体环境的目的，刻意避免使用各种柱子。

翅膀状的俱乐部会所的室内灯光反射在游泳池里。所以俱乐部会所的立面并没有外部照明，但是它依然像一盏抽象的灯笼一样熠熠生辉。

和俱乐部会所相似，因为嵌入天花板的 LED 下照灯，健身房内部熠熠生辉。周围棕榈树上的上照灯和下照灯在不需要任何灯柱的情况下为旁边的小路提供了足够的照明。健身房的能源消耗是 3W/m²。

天花板上连续的图案容纳了 LED 下照灯和机电服务设施。墙上的艺术品通过凹槽式荧光灯进行重点照明。墙面上，铜板面上的孔透射出光，创造了一种有趣的对比。

主厅的照明使用 LED 进行墙体照明和荧光灯进行天花板照明相结合，从而营造出建筑师喜欢的几何图形效果。

地下室停车场有玻璃水晶围成的大厅入口，每一个入口都由于 LED 上照灯产生一个独特的颜色。这样，居民可以很容易识别不同的大厅入口。

从空中花园看去，在下方大面积的水区域衬托下，6 座塔连接在一起展示出建筑的浓烈风格。由于水的自然流动，光纤点光源网格创造出一种闪烁的效果。可以看到地下停车场景观的天窗也被淹没在闪烁的点光源中。交叉步行通道都在一侧使用了互补色调的 LED 线性灯。由于大量使用 LED，景观区的能源消耗总量只有 0.8W/m²。

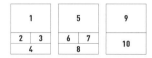

1　从对面的游艇码头看到的建筑全景
2　每一组塔楼之间由天桥连接，照明装置就隐藏在扶手和墙面的覆盖物里
3　精心设计的马赛克式墙面在环境光下闪闪发光，和白天自然光照下的效果一样
4　地下室停车场有玻璃水晶围成的大厅入口，不同的入口照明颜色也不相同
5　健身房
6　铜板表面上的孔透射出光，创造了一种有趣的对比
7　主厅的照明使用 LED 进行墙体照明和荧光灯进行天花板照明的结合，从而营造出建筑师喜欢的几何图形效果
8　翅膀状的俱乐部会所像一盏抽象的灯笼一样熠熠生辉
9　从空中花园向下看，整体景观展示出建筑的特殊风格
10　天花板上连续的图案容纳了 LED 下照灯和机电服务设施

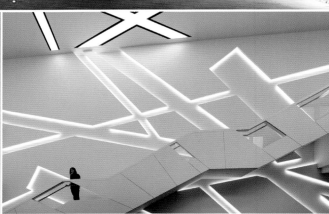

莱斯特广场的 W 酒店

THE W HOTEL ON LEICESTER SQUARE, LONDON/UK

地理位置 _ **英国伦敦**

伦敦莱斯特广场的 W 酒店的两种重要形象无疑是室内和室外。在玻璃环绕的外立面上的光艺术装置得到了城镇中所有目睹过它的人们的称赞。它通过映射周围正在发生的事件设定了莱斯特广场的场景。

玻璃外立面上的动态艺术作品背后的概念是由贾森·布鲁日工作室（Jason Bruges Studio）开发的。整个装置记录了周围建筑的活动以及一天 24 小时的天际线变化。固定在屋顶的摄像机捕捉建筑外立面的全景，整个外立面使用了 600 个分散在烧结玻璃上的灯具。其性能自动地与四季的变化以及建筑周围特殊的活动相呼应，比如电影节，初次公演和中国春节，因此每一次到访时都会给你独一无二的感受。

名为"Concrete"的室内建筑师事务所受委托设计所有的室内空间，在设计过程中，该事务所有一个清晰的设想，就是如何通过公共区域和套房来展开 W 酒店室内的"叙述"。来自 MBLD 的照明设计师，参与了后期的设计过程，与 Concrete 团队紧密合作来实现他们的设计意图并且让每一处空间成为一个连贯叙事性空间的一部分，但每一部分又与众不同。

W 酒店中的"W"的一种解释是热情好客（Welcome）。也就是说，这个连锁酒店强调宾客从酒店入口处走进的感受，而不是仅仅在接待处欢迎他或她的到来。伦敦的 W 酒店入口处有一个标志性的 LED 制作的"W"符号，并且酒店大堂装饰着一个巨大的镜面球状雕塑。这些雕塑消失于天花板上，并重新出现于一层的接待区域。

与接待区域紧挨着的入口处是最闪耀的地方。一个微妙的褪色序列在入口处被运用来营造一种温和的动感。当宾客穿过镜面球下方的一层接待区域，这些球状物继续反射它们周围的光线从而融入到另外的空间中。这些镜面球被安装在水平壁槽中的 AR 111 窄光束投影机照亮。LED 并没有制造出所需要的闪光。

通常入口处空间被设计得比较正式，当你走进整个建筑后，你会发现空间变得更加私密。从白天到夜晚，空间的变化手法十分简单。在白天，空间内没有彩色光，然而天黑后，彩色光被用来营造氛围并且所有的公共空间为了增强其亲密性而保持一个相对较低的照度。

拥有很多大型沙发的 W 酒吧给人一种家一般的感觉。中心的两个炉火形成了酒吧的核心区域。酒吧中点燃的蜡烛进一步强化了柔和、舒适的气氛。天花板上的凹圆形顶棚照明通过使用连续的金色 LED 灯带来实现。

这个酒吧以及建筑转角处、俯瞰莱斯特广场的 WYLD 酒吧被一个小型 38 座的电影院分隔开。在电影院里，设计师为暖白光 LED 光带选择了纵横交错的图案，当电影开始的时候，这些 LED 光带形成的一个个光圈在电脑编程的控制下逐渐褪去。

WYLD 酒吧在晚上 9 点后吸引顾客。其主要的颜色是鲜艳的红色：整个酒吧、搁板、桌子以及悬挂于天花上的镜面球都被红色的光线照亮。甚至部分窗框都被喷成红色并捕捉来自酒吧中红色的光线。

开 发 商：McAleer & Rushe
建筑设计：Jestico & Whiles
室内建筑 / 设计：Concrete
室内照明设计：MBLD -
　　　　　　Rob Honeywill,
　　　　　　Magdalena Gomez
立面光艺术装置：Jason Bruges
　　　　　　Studio
电气工程：McDevits
产品应用：
电影院：Light Graphix
定制纺织品遮光物、纺织品吊灯、
　　　　LED 灯
套　　房：La Conciluce/Frandsen/
　　　　Oldham
LED 灯带：Cooper lighting
LED 埋地灯：ACDC、Mike
　　　　Stoane Lighting
聚 光 灯：Erco、iGuzzini、Mike
　　　　Stoane Lighting、
　　　　Modular
筒 　 灯：Viabizzuno、Fontana
　　　　Arte、Modular、
　　　　Lucent lighting、XAL
照明控制：iLight
光 　 源：Cooper Lighting、Osram

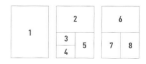

1 动态的建筑立面照明，整个装置记录了周围建筑的活动以及一天 24 小时内的天际线变化

2 不同材质和表皮与光的相互作用而产生的光辉和闪光强调出高档的甚至极具魅力的氛围

3 伦敦的 W 酒店入口处有一个标志性的 LED 制作的"W"符号

4 5 Spice Market 餐厅整体环境的照明由定制的 3W LED 青铜吊灯来提供，装饰性立柱用 LED 灯背光照亮

6 W 酒吧以及建筑转角处的 WYLD 酒吧被一个小型 38 座的电影院分隔开。电影院的墙面上，定制的暖白色 LED 光带产生的纵横交错的图案在电影开始的时候逐渐褪去

7 在 W 酒吧中，暖色调的色彩让人感受到家庭一般的氛围。天花板上的凹圆形顶棚照明通过使用连续的金色 LED 灯带来实现

8 夜间稍晚的时候，WYLD 酒吧主要的颜色是鲜艳的红色

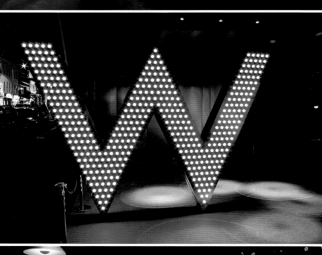

维雷亚安达仕酒店

ANDAZ MAUI AT WAILEA, HAWAII/USA

地理位置 _ **美国夏威夷**

建筑设计：Rockwell Group
照明设计：Focus Lighting，Inc.
　　　　- Michael Cummings,
　　　　Stephanie Daigle, Juan
　　　　Pablo Lira, Samuel
　　　　Kitchel, Dan Nichols
项目面积：15 英亩
摄　　影：Douglas Salin

在安达仕酒店，建筑和照明交织在一起融入了莫卡普海滩的周围环境当中。一经到达，客人们首先遇到一座长长的桥，桥被无缝整合到侧面柱子里的定制阶梯灯所照亮，散发出温暖的光芒，取景于远处的太平洋风景。可以反射光的水塘成为了蓝天美丽的组成部分——由柱子上的扩散光和粗糙石壁上方的暖光所围成的天空。

LED 灯具的外围环境光增强了 25 英尺高的大堂的轻快感，照亮了参考传统夏威夷建筑设计的装饰性天花板。低位置脚线灯和装饰性台灯以及落地灯降低了人们的视觉焦点，并创造了一种私密的居住氛围。谨慎精心的协调确保了 LED 上照灯的正确布置，在预防眩光的同时，最大程度地体现了雕刻石材的大堂吧台的纹理材质。

为了实现灯光从白天到夜晚的变换，配备了照明控制系统——从而白天的日光也可营造温暖、诱人的感觉。在一个天文时钟的控制下，大多数的下照筒灯和重点照明经过编程都会在日光出现的时候关闭。通往餐厅的雕塑螺旋式楼梯让人们联想起夏威夷本地的一种鹦鹉螺壳。每条螺纹上的线型 LED 阶梯灯增强了螺旋的形态，而 LED MR16 上照灯则使楼梯背后的木墙突出出来。

餐厅被设想成作为家庭核心的家庭式厨房。面临的挑战是在创建一个令人愉悦的用餐气氛时平衡商业厨房的照明需求。周围木货架和酒柜上的 LED 照明在垂直空间上创造了一种温暖的氛围，而节能型 37W MR16 灯突出了桌子，并在夜间创造了一种温暖洋溢的感觉。货架上的线型 LED 灯的色温经过精心的选择，提升了木质的色彩并与重点照明的台灯和 Edison Filament 装饰性灯具进行无缝融合。

零售区域的照明凸显了暗色木质的丰富度，同时恰当地照亮了商品。安装在小柜子内的 LED 灯带突出了商品，安装在工作台面下方的线型 LED 则洗亮了木质层。

在 Spa 区域，LED 和卤素光源的综合使用不但为客人们创造了一种温暖、放松的感觉，而且还满足了 LEED 要求。茶室和公共区域使用配备了彩色滤片的 LED 重点照明以及白炽灯装饰灯具。

1 客人们到达后首先遇到的是一座长长的桥
2 大堂
3 LED 上照灯的正确布置，在预防眩光的同时，最大程度地体现了雕刻石材的大堂吧台的纹理材质
4 餐厅
5 通往餐厅的鹦鹉螺壳形的楼梯
6 零售区域

比弗利山庄酒店

BEVERLY HILLS HOTEL, LOS ANGELES/USA

地理位置 _ **美国洛杉矶**

室内设计：Tihany Design
照明设计：Focus Lighting, Inc.– Brett Andersen, Samuel Kitchel, Heath Hurwitz
摄　　影：Juan Pablo Lira

史上著名的比弗利山庄酒店用一个历时三年的重建项目拉开了它百年华诞的序幕——这个项目的合作伙伴包括 Tihany Design（室内设计），WATG（建筑设计）和 Focus Lighting（照明设计）。

作为久负盛名的好莱坞华丽和奢侈的代表，饭店在早期的时候引领了比弗利山这个城市的发展。饭店位于圣塔莫尼卡山的山脚下，刚开始这里并没有足够多的住户。直到越来越多的人像玛丽·碧克馥（Mary Pickford）、查理·卓别林（Charlie Chaplin）、鲁道夫·瓦伦蒂诺（Rudolph Valentino）在这里安家之后，比弗利山才被合并成了一座城市。

亚当·蒂哈尼（Adam Tihany）把对这个珍贵的历史作品的重建比作是抛光和翻新一件珍宝。因此设计师利用照明设计在这个里程碑式的饭店里重塑住宅环境的温暖。

在大堂，Focus Lighting 团队将重点放在了蒂哈尼新的美丽的磨光表面和 1949 年经典建筑的细节上，让他们看起来像是被台灯照亮了一样。用 18W 的有"双层粉色滤光片"的嵌入式 LED 照明装置代替原来的 50W 卤素 MR16。在这座宏伟的大堂内雕刻细节的关键是谨慎决定照明装置的安装位置。

经过翻新，大堂的照明使用 LED 照明装置，每个 LED 照明装置比原来卤素灯装置耗能减少 64%，并且同样可以维持饭店温暖的照明氛围。尽管新的灯光设计增加了大约 114 个新的嵌入式灯具来突出墙壁，增强戏剧性体验，但它仍然比旧的设计节省 15% 的电力。加上一些特殊区域的场景设置和调暗灯光的要求，整个照明设计在运行的时候会更加节省电力。

1　在这座宏伟的大堂内雕刻细节的关键是谨慎决定照明装置的安装位置
2　大堂内照明重点是新的磨光表面和经典建筑细节
3 4　多种类型的灯具创造了温暖的氛围

康莱德酒店

CONRAD HOTEL, BEIJING/CHINA

地理位置 _ **中国北京**

照明设计：大观国际设计咨询有限公司
照明设计师：王彦智，吴云，郑庆来
投资建设方：招商局地产
建筑设计：MAD 建筑事务所
室内设计：新加坡 LTW 室内设计公司
项目地点：北京市朝阳区东三环北路 29 号
项目完工时间：2013 年 02 月
摄   影：舒赫摄影

坐落在北京东三环 CBD 区域，Conrad 酒店建筑的渔网型不规则表皮设计非常突出，在周边规规矩矩的建筑当中显得新颖又别致。这是招商局地产在国内投资的第一家超级五星级酒店。在酒店设计与建设环节中，设计者们努力将招商局自身积淀的百年文化和 Conrad 酒店独有的现代气质相融合。

在酒店的接待大厅中，室内设计师运用了很多精致珍贵的饰面材料，天花造型顶完成面使用了进口的带有金属光泽质感的壁布，这里的筒灯安装不适合采用隐框类的灯具，否则灯具四周会因为手动开孔而形成的缝隙；中央天花有方形的凹槽，与室内设计师沟通后，建议槽内使用玫瑰金色的镜面不锈钢，这样可以有效的防止不舒服的光斑出现。

大堂吧区域，除了正面通高的主题迎宾墙之外，两侧休息区都有艺术品装饰墙，设计师在两侧背景墙后的灯槽中做了切光处理。艺术品墙面分两个层面，贴近里侧是特殊的壁布装饰面，靠近外侧是艺术雕塑、艺术画，设计师利用切光的技术对壁布进行均匀的自上而下的洗亮，因为被照面是壁布，所以，不用担心槽内的光线无法照射下来。设计师使用了间隔 400mm 的圆形明框嵌入式筒灯进行横向一字形阵列，将相邻两盏灯的光斑进行重叠，使光线均匀排列向下洗亮。同时与室内设计进行沟通，调整灯槽遮光板的尺寸和灯具安装的夹角，这是因为考虑到灯槽下方是一组沙发，如果控光角度不进行严格计算，会造成不必要的眩光，给坐在沙发上的客人造成不舒适感。

设计师利用靠外侧的射灯对艺术品进行重点照明，这样就形成了一个层次感较强的立体展示空间，通过此强彼弱互相交替的亮暗关系，可以实现不同场景下的艺术品不同的视觉效果。

酒店内的艺术品每个都是定制品，风格统一，手法材料各异，其中较为有意境的一件就是大堂吧中央的鱼形意向雕塑。雕塑造型是 5 条大小各异的热带鱼，全部用表面锈蚀处理过的金属丝手工焊接构成。在夜间绝对是大堂吧的视觉焦点，如何用灯光表现是一个问题：环境中有表面亮度较高的树脂模块组成的主题迎宾墙，还有 U 形的水晶屏风，相比之下想照亮锈蚀处理的金属是不太现实的，但是为了体现鱼形的形态关系，设计师在雕塑底座四周，使用单颗 1W 窄角度可调角度射灯 4000K 的色温，针对雕塑的底部进行重点照亮，形成"水"的感受，同时利用大堂吧天花上的遥控灯，在上而下的照亮整个鱼群区域，这样一来，利用较亮暖光的主题墙为背景，局部用冷光进行雕塑的体现，运用冷暖和明暗的对比，反而使鱼形雕塑更加跳脱出来。

1 建筑外观
2 中餐厅前厅
3 全日餐厅
4 宴会厅
5 客房
6 7 大堂吧

甲六园

JIA LIU YUAN, KAOHSIUNG/CHINA

地理位置 _ **中国台湾**

投资兴建：甲六园建设有限公司
空间属性：集合住宅
建筑设计：林子森·林伯谕联合建筑师
　　　　　事务所
灯光设计：日光照明设计顾问有限公司
　　　　　Art Light Design
灯光工程：日铣企业有限公司
产品应用：PHILIPS、GE、NICHI、
　　　　　OFFICE、OSRAM、定制灯

　　人们对于城市的印象，常随着时间与自然时序的变幻，存在着不同的风景记忆；从晨曦到日暮，春夏至秋冬，记忆的颜色总是那么的变化无穷。当夜晚降临时，建筑矗立于四周皆为冷色调的光环境之中，团队为了突显建筑本体极简的语汇，选用自然界的枫叶红为照明设计概念，以对比的手法将枫红深刻的记忆在建筑体面，在星斗弥漫的夜里，形成了都市新地标。

　　建筑设计的风格承袭了隈研吾的建筑理念，以简洁、禅意与时尚，借三者看似冲突的元素赋予了建筑独特的表情，略带日式低调的时尚感。并且透过照明概念的诠释，橘红光与白光交错刻画出的建筑立面，且大量的运用色温 4000K 的白色间接照明，呼应基地的环境光并衬托屋身的橘红，感受与白天全然不同的视觉体验，照明让建筑在夜里创造了另一个色彩的样貌。

　　作为建筑照明的设定，夜间的光能产生吸引力，点点的光群宛若具有指引性；因此，于屋突设计上，使用了色温从 2000K 到 2400K 之间的偏红的暖色光，宛如太阳落下前最后一道暮光，将视觉带入了天际尺度，瞬间捕捉了城市的剪影；顶楼的空中花园，设计了一片大水池的休憩区，使得夜间透过微明的灯光反射着景观，将池中伫立的绿树倒影描绘于波光粼粼的水面之中，空气中飘散着徐徐禅风，营造出沉淀片刻的冥想空间。建筑标准层的横向设计，运用橘红色的内透性灯槽，暧昧的光影延伸出的街道尺度，让熙熙攘攘的街道上留下一处与宁静对话的场域。

　　大厅入口意象的吊灯设计，运用自然界中向日葵花瓣具有的费波那奇数去做排列，融合自然的元素，光线穿透水晶体折射出璀璨的光影，凝结出丰富的空间感，深深的抓住人们的目光，俨然形成一个视觉引导。至于，中庭设计则以玻璃砖与水池结合，两者透澈的穿透特性将"光"的层次由人行尺度延伸至天际尺度，与顶楼的空中花园相互加乘，伴随着光的方向眺望着城市夜晚，提升了城市的可视度。

1 **空中花园**
2 **外观**
3 **中庭手绘图**
4 **中庭：白红相嵌的玻璃砖组合与清澈
　的水池相映，搭配微透的光影变化，
　感受带点秋意凉爽的舒适感**
5 **大厅入口**
6 **吊灯设计概念**
7 **大厅吊灯：以向日葵花瓣为设计发想，
　水晶的透明感经由灯光照射下打开视
　觉的另一种穿透性，如真实花朵灿烂
　绽放**

芳岗山海领市馆
MOUNTAIN & SEA FANG-GANG CONSULATE, KAOHSIUNG/CHINA

地理位置 _ **中国高雄**

建设公司：芳岗建设
基地面积：3857m²
建筑设计：陈世昌建筑师事务所
景观设计：桔林设计
灯光设计：日光照明设计顾问有限公司
照明设计师：李其霖、林璟薇

在城市面貌不断的蜕变过程中，创造视觉尺度与区域的新地标，寻找视觉记忆中美丽的新视界是一种不错的想法。本案运用了2400K的色温，突显出建筑的高贵典雅气质。

为了更好地融入自然风光，设计师利用重点照明的手法来延伸中庭景观以及镜面水池的视觉尺度，不做不必要的光效。以低眩光13W节能灯管的的步道灯作为引导性的照明，并利用灯具本身切光角与格栅到视觉的相互关联性，提供优质的照明需求与情境。单纯的光环境，提供在户外舒适的用餐空间，地板只以4W的LED地灯洗石柱丰富了视觉的层次感。

本案中庭景观设计概念采用"以光借景"的手法，利用镜面水池倒影的手法，从远距离采用20W CDM-TM陶瓷复金属灯的聚光极窄角投射灯，描述雕塑呈现的自然美感。中庭水景利用低耗能的灯具来做重点照明，让水成为最好的镜子，在中庭景观中形成视觉的焦点。与锈石直接整合在一起的光纤在白天并没有灯具的孔洞修饰，晚上却也奇迹般的出现迷人的光点。

屋突运用2400K的金色色温，突显屋突的高贵典雅气质，也隐喻了山头的美丽夕阳。从外观至中庭景观，建筑将大自然的元素巧妙的纳入设计，也考虑光与城市美学的整体呈现，以静谧纯粹的光影来体现这片山林之美。从山林远眺，视觉随着光延伸至天际，让光与建筑、自然美妙的融合在一起。

在人行尺度中行走，随着雅典神庙意象与柱列的光影韵律，让光都是从石缝中隐约的透出，在锈石阶梯内隐藏0.08W的LED灯带，提供夜晚安全性的照明，谱出浪漫古典的节奏感，利用纯粹的光影，描绘出如希腊雅典神话般的建筑语汇。用光勾勒出窗台的线条，金属造型内隐藏2800K低瓦数的冷阴极管，在夜晚形成趣味的几何图形。并在视觉尺度中串联人与建筑、光的共鸣。

本案借着"以人为本"的精神来满足对家的归属感，在这个历史的山城，用光的语汇来诠释人与自然密不可分的关系，利用光来重新展现人文与自然元素的强烈对话，让视觉跟随着屋突的光影延伸至天际的这一刻产生心灵的悸动。

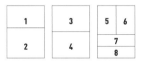

1 屋突运用了2400K的色温，突显屋突的高贵典雅气质

2 利用重点照明的手法来延伸中庭景观以及镜面水池的视觉尺度

3 地板以4W的LED地灯洗石柱丰富视觉的层次感

4 利用镜面水池倒影的手法，从远距离采用20W CDM–Tm陶瓷复金属灯的聚光极窄角投射灯，描述雕塑呈现的自然美感

5 入口处照明处理方法

6 暖暖地光束给予心灵一抹恬静

7 单纯的廊道光环境，提供户外舒适的用餐空间，并以4W的LED埋地灯上洗造型石柱丰富视觉层次感

8 利用镜面水池倒影配合远距离极窄角聚光投射灯手法，描述雕塑其自然美感并形成夜间视觉焦点

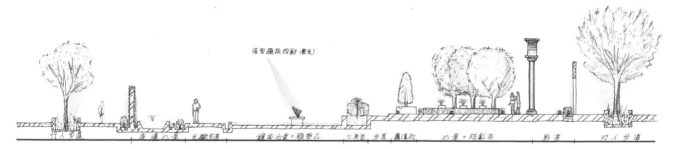

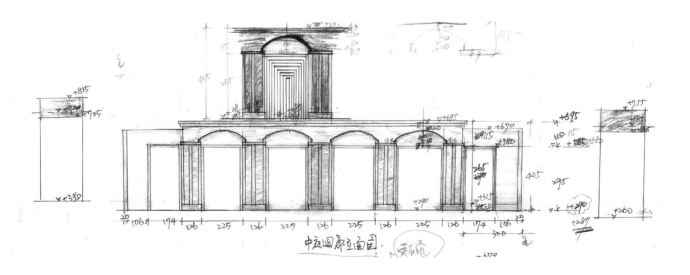

独一无二的 LOFT 公寓

EXCLUSIVE LOFT APARTMENT, COLORADO/USA

地理位置 _ **美国科罗拉多州**

建筑设计：William Barbee
照明设计：186 Lighting Design
　　　　　Group，Gregg Mackell
摄　　影：Teri Fotheringham

冰房子设计和建造于 1903 年，当时是一家乳脂制造厂用来冷藏食品的储藏库。1985 年这个建筑被列入了国家史迹名录里，随后在 1998 年被改造成了住宅。这个住宅的特色是裸露的砖墙结构，暴露在外的管道系统，原始的拱形窗户和结实的木梁。

图上展示的这个 140m² 的房间很好的体现出了粗犷的建筑材料和雅致的现代照明装饰的巧妙结合，打造出了独特不凡的空间氛围。

在保证室内环境宜居的前提下，设计师运用了彩色的灯光来渲染房间表面。调光控制装置可以延长灯的寿命也可以节省能源。街对面就是温库普啤酒厂，业主可以在那里用智能手机调控房间的颜色来向赞助商展示。

照明设计师和建筑师通过协同合作来实现彩色照明技术在主卫生间的应用。水下可以变化的灯光线条可以让浴盆熠熠生辉，并与房间的整体氛围相呼应。

1 2 卫生间灯光
3 灯光照射的漫射面
4 室内光环境

精锐市政厅

GRABS THE CENTER STAGE, TAIZHONG/CHINA

地理位置 _ **中国台中**

业　　主：精锐建设
建筑设计：赖浩平建筑师事务所
照明设计：原硕照明设计顾问有限公司
设 计 师：陈宇晃，黄暖晰，林蔓伶
摄 影 师：郑锦铭
产品应用：合敬企业有限公司

本案坐落于有"台中信义计划区"之称的七期重划区，此区域除了与新市政府与市议会遥遥对望外，歌剧院和绿十字园道也近在咫尺，由于周遭建筑都较为低矮，所以让百米楼高的此案，有着极佳的能见度，俨然成为七期豪宅的最佳指标。

建筑是两栋基座相连的对称体，为了展现磅礴的气势，灯光主要是以展现建筑顶部的壮丽为主，以创造都市璀璨的天际线为出发点，照明手法主要采用了泛光照明与间接照明，泛光选择非对称的投光灯，表现屋顶翼板凌空于天际，间接照明则选择窄角的 LED 线性投光灯，将立面层次脱开；同时以重点投光表现牛角造型的角撑、窗洞内凹投光来强化屋突的立体层次。设计师将所有灯具位置均规划在屋突一层以上，并且在灯具的选择上也做到精准的控光要求，塑造一个对住户对都市都无光害的环境。

在建筑物中段，设计师选择各具特色的阳台为夜间灯光重点。灯光选择表现 3 种各具特色的阳台，串联起基座至屋冠的视觉光感。其中以上照方式让转角阳台轮廓清楚被框架起来；弧形阳台则采用同时具备可连续性、可弯曲性、光色稳定的冷极管间接照明呈现；主阳台的上照壁灯则配有光学扩散横纹玻璃，让光控制在阳台天花范围，不对室内的住户产生干扰。另一方面考虑私领域的使用，阳台壁面也有规划属于住户自行控制的踢脚灯。值得一提的是，主阳台在这方面是以回路切开的方式设计，将踢脚灯效果的光源隐藏壁灯中，上照由中控室控制、下照则交给住户自由使用。

建物的基座入口，摒弃了一般以定制壁灯的方式，改为结合建筑体造型的大型光柱群，营造出大气豪宅入口气势，同时也满足周边活动的人们心理上的安全感以及视觉美感，另外以灯箱做出金属隔栅的剪影，再延续窗洞内凹的投光手法，串起整场的灯光飨宴，让人们更清楚意识建筑的边界、形状、材料等设计语汇。

本案整体亮度配比，从屋冠、立面到基地层，基本上是采取强 - 中 - 强的连续感。由于屋冠是城市天际线的主要贡献者，具有从远处就可被视的条件，因此给予较强的亮度等级，而基座层是与人产生接触最直接的场所，基座照明的细节与质感会直接导致人们对于建筑质量的感受，而所谓的"强"则表现在其丰富的层次性上，包括立面与水平面的光，还有其环绕基地的完整性上。至于占最大面积的建筑立面，则以中等强度将屋冠与基座做顺畅的连结，使观赏者在夜间有如欣赏一件艺术品般，能完整的看到建筑的各个面向，以及与地面、天空的关系。

1	2
3	4
	5

1 建筑基座灯光氛围
2 屋突照明系统示意剖图
3 建筑整体灯光效果
4 屋突照明效果
5 建筑主入口及车道灯光

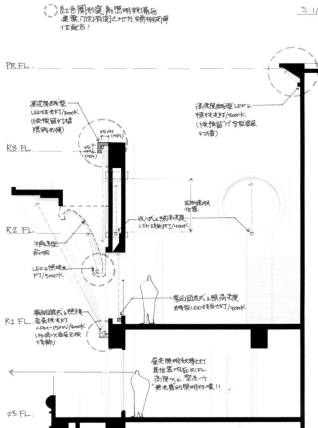

红色圆形虚线照明设备品
是要门店有图之地方请相同单
位配色!

S:1/50

PR FL.

R3 FL.

R2 FL.

R1 FL.

23 FL.

上海浦东文华东方酒店

MANDARIN ORIENTAL PUDONG, SHANGHAI/CHINA

地理位置 _ **中国上海**

建筑设计：美国 Arquitectonia 建筑
设计公司
建筑设计师：Bernardo Fort-Brescia
室内设计：BUZ Design
产品应用：WAC Lighting（华格照明）
ELANA 系列，ME-
007，WHT-007

上海浦东文华东方酒店坐落于浦东的心脏地带——陆家嘴金融贸易区内摩天大厦中，紧邻中信泰富的陆家嘴滨江金融城标志性的建筑浦江双辉大厦，与外滩繁华的一线江景相映成辉。作为享誉全球的五星级酒店，文华东方有着自己一批忠实的名人粉丝。这些来自世界顶尖级别的时尚名流，似乎都对文华东方有着执着的倾情钟爱。

曾有人说，奢华只是财富的彰显，艺术方是心灵的震撼。走进浦东文华东方酒店，这种感受显得格外强烈。除却意料中超级豪华的装饰和先进的硬软件设施配套，酒店中的一切似乎都是艺术作品，即使在一些不经意的拐角或者仅是一束光线，都是创作设计的结晶。优秀的照明设计不仅能让建筑环境容光焕发、神采洋溢，而且还能够凸显建筑特有的风格气质和精神内秀。由于酒店室内设计采用了新中式风格的装潢设计，其内部有着浓郁的东方元素，因此，酒店的照明设计也相应采取了匹配的光影投射形式，通过效仿水墨画中点、染、润的写意技巧来处理光影，从而获取了既饱满又不失柔和的光彩；同时，将所用的照明灯具尽量隐匿，只取华丽的效果，退隐照明的方式，以"润物细无声"的细腻手法传递出中式风格的精致、隽永，进而为宾客们带来独属酒店仪态万方的东方妆容。

浦东文华东方酒店一共拥有六家餐厅，尤其是位于酒店大堂的汇吧，绝对是新晋上海的名片热点。置身其中，任何一个人都会被漂亮的水晶灯、奢华的座椅和梦幻的光影色彩所迷醉。设计师在这里大胆的将东西方元素融合，紫檀屏风被惯用的筒灯照亮，呈现出华丽的效果，金褐色的环境光有些复古，几盏小巧射灯完全隐匿于天花拼槽或者花窗格栅内，它们将玫红色的绒皮坐凳有节奏的打亮，与窗外宝蓝色天空映衬得性感妖娆。在这里，照明显得更为活泼，点式光源、带状光源与一些花灯相互映衬，不仅满足良好的照明，使酒品和菜肴的形、色艳明好看，还会借助灯具的可调光束角实现精准的重点照明，从而矫正一般照明的平面化，使客人的面部表情及轮廓更为立体生动。

酒店的客房除了延续酒店整体华贵装饰，更增添了一些家的安逸和宁静。照明设计师只用了少量的灯具"点"嵌在天花中，柔和的光晕将浅淡的天花、墙面微微洗亮，营造出温润的氛围。顾及宾客放松、愉悦的身心需求，隐退、简洁的灯光是主要照明手法，尽量让人看不到明显的光源，让照明创造出无与伦比的舒适感，以此渲染出套房的奢华和设计表现的巧妙。

光影艺术成就了浦东文华东方的奢华魅力，此次设计成功之处在于建筑室内风格与照明的和谐匹配。光影作为看不见的装饰品，烘托出了室内其他主体，通过品质优良的照明设备，塑造出精致的光影。

1	
2	4
3	5

1 大堂汇吧
2,5 客房
3 客房浴室
4 洗漱间

万达瑞华酒店
WANDA REIGN WUHAN/CHINA

地理位置 _ **中国武汉**

业　　主：万达集团
建筑设计：四川华西建筑装饰公司
玻璃幕墙：湖北咸宁南玻集团
照明设计：关永权照明设计事务所
产品供应：西顿照明　　P334
开业时间：2014 年 3 月 29 日

武汉万达瑞华酒店，坐落于武汉中央文化区内，是由万达集团秉承"至善瑞华、浑然天成"的品牌理念，投资 500 亿元人民币倾力打造的"以文化为核心、兼具旅游、商业、商务、居住功能"为一体的世界级文化旅游项目，被万达集团定位为"中国第一，世界一流，业内朝拜之地"。武汉万达瑞华酒店总建筑面积达 7 万多平方米，拥有豪华客房与套房 416 间，是中国唯一七星级酒店，是全球奢华酒店的经典代表作，特邀华人世界的灯光设计大师——关永权先生操刀设计。对于照明灯具，甲方和设计方都严苛考验、层层筛选，西顿照明在众多竞争品牌中脱颖而出，成为武汉万达瑞华酒店和关先生的宠儿。

众所周知，关先生旗下的灯光事务所无疑是所有灯光设计师敬仰的至尊殿堂，其对灯具结构和光斑效果有着近乎完美的追求。项目期间，作为整个项目的灯具提供商，西顿照明同关先生密切对接和沟通，以满足灯具在开孔、安装高度、功率、色温等各方面的高要求。结合酒店空间环境，整个项目所有的灯具设备，全部选用高显色光源，空间整体色温控制在 3000K，灯带则选择 2400K 和 2700K。

酒店大堂，是进入酒店后影响客人感官的一重要场所，人们在这里驻足，优质的光环境给客人最好的享受，整个空间大堂中空区 / 休息区 / 大堂吧等区域照度控制在 200lux 左右（±50lux），营造出一种温馨舒适的氛围；而在大堂前台 / 大堂吧 / 大堂副理等需要交流和办公的区域，为满足酒店服务人员和客人之间正常的交流及阅读书写，我们将照度做到 300lux。

客房，酒店的核心区域，也是酒店最影响客人心智的的区域。客房的舒适度不仅取决于高标准的选材及装饰，优质舒适的光环境更是酒店留住客人的关键因素。在充分考虑客房空间的各个功能区域后，包括入口，休息区，休闲区，电视背景墙，床头阅读区，卫生间（浴缸，洗手台，马桶区），我们最终将客房的整体照度控制在 75lux 的水平，床头阅读区范围最大照度设定 200lux，卫生间则是整个客房区域最亮的区域，我们设定为 250lux-300lux，给宾客营造宾至如归的家的温馨。

在最终效果实现上，西顿照明不负众望，以完美的光效和优质的性能撑起了万达瑞华酒店的奢华和档次。西顿·巴赫系列拳头产品，旋风式三重通风散热结构、双向换光源、独特卡簧结构、陶瓷接线端子等创新式灯体结构，彰显了巴赫系列产品的高端与卓越，与此同时，深藏光源、黑光技术和双层反光罩设计，在达到空间照度需求的同时，有效避免眩光的干扰和光的浪费，不仅能够为灯具的出光、送光等性能优异提供了保障，而且还能营造"见光不见灯"的灯光氛围，使光与建筑空间融为一体。

西顿照明用光影魅力诠释武汉瑞华酒店高姿态的奢华，"全球五星级酒店灯光提供商"的西顿品牌美誉和地位进一步得到夯实。

1　万达酒店施工过程中，结构新颖，独出心裁。

2　酒店全景，装修的奢华可与世界顶级酒店比肩，是武汉又一璀璨夺目的城市地标建筑。

3,4　酒店的外立面，由不规则却又极有序的异形玻璃结构组成，室内灯光内透，独具匠心。

5　酒店大堂，整体色温控制在 3000K，温暖的光线为宾客营造了宾至如归的家的温馨。

浙江朗豪酒店

LANGHAM PALACE HOTEL, ZHEJIANG/CHINA

地理位置 _ **中国浙江**

＋
室内设计：TWM & JG 英国
灯光顾问：DPL SG   P358
灯　具：WAC
灯光智能系统：LDS

浙江朗豪酒店是朗廷酒店集团旗下高端酒店，秉承其尊贵豪华之酒店传统，表现出典雅高贵的设计风格。

酒店入口雨篷内嵌下照灯具，把酒店入口区域重点打亮。入口走道两侧布置有地面洗墙灯，同时酒店大堂区域的外墙都为通透的玻璃，可以看到室内明朗的大堂酒吧舒适环境，给客人以期待的氛围。通过幕墙玻璃完全可以看到室内开放式大堂的整个环境，天花内藏灯具让不同的功能区突出重点。立面上层幕墙格栅横档布置有 LED 灯点可以洗亮下垂的窗帘，并且让天花有很强的背景光晕。又可以照亮两边窗框有丰富的立体感，地面上对不同的柱子，墙体都有灯光的烘托渲染。

对于大堂区玻璃幕墙的室外金属立面底部布置 LED 灯点，让室内外的灯光整合成统一的景观，而不影响室内环境，开放式的大堂与大堂酒吧连接在一起，高大的空间结合灯光布置，桌面上暖色的水晶灯和地面蓝色的吧台桌立面，给客人感受舒适浪漫的环境。另外大堂区域采用智能灯光系统可以通过软件编写灯光场景，满足不同需要。

酒店的全日餐厅带有开放式厨房非常重要，开放式厨房的灯光布置也有灯光设计师来完成，可以让客人体验到厨师的工作环境和美食的制作过程。此区域需要比较高的照度但要避免眩光，在全日餐厅的立面和装饰艺术品都有必要的灯光布置，并和其他灯具结合成有机整体。服务台的壁龛的摆设必须有足够的照度和合适的光色来表达，吧台立面的灯光是比较柔和的。用餐区和食品摆台都有很好的柔和和舒适的光色把美食照亮。

酒店二层为中餐厅，宴会前厅，宴会厅和多功能会议室。其中宴会前厅是之间的联系区域。面上的艺术品和地面的呈列，会议区入口都有灯光重点照明，并能给整个区域有足够的照度。

宴会厅天花造型有不同分块高低拼接，拼接处布置内藏的透光灯槽，内置 RGB LED 光源；中间布有重点照明的下照灯具和装饰水晶灯一起满足不同场景灯光需要。分区域布置的灯光回路，可以让不同区域有不同照度的需要，满足酒店宴会厅的灵活布置。

天花灯槽内布置 RGB LED，让宴会厅有不同的光色环境，满足不同功能环境需要，比如婚宴，生日聚会，特别活动等。而三层的特色餐厅通过重点照明烘托环境，让客人体会明暗差别和突出重点的显示面。让客人感受空间的过渡变化。

浙江朗豪酒店以多项崭新的照明设计特色为宾客缔造难以忘怀的奢华体验。并获得上海外滩画报评选的 2013 最佳设计酒店。

1　中餐厅
2　酒吧
3,4　宴会厅
5　客房
6　走廊

煤气罐中的巨型气囊

CHRISTO'S BIG AIR PACKAGE IN THE GASOMETER, OBERHAUSEN/GERMANY

地理位置 _ **德国奥伯豪森**

艺 术 家：Christo，Jeanne-
　　　　　Claude
馆　　长：Peter Pachnicke
项目管理：Wolfgang Volz
技术数据：
高　　度：117.5m
直　　径：67.6m
存储体积：347,000m³
容器面积：7 000m²
楼 梯 间：592 台阶

早在 2010 年,克里斯托就在构思"德国奥伯豪森市煤气罐中巨型气囊"的项目,并于 2013 年 3 月 16 日至 12 月 30 日对外展览。安装在早前煤气容器中的装置由 20,350m² 的半透明聚酯织物和 4,500m 长的绳索组成。充好气的气囊高达 90m,直径长达 50m。其总重量为 5.3t,体积为 177,000m³。

"巨型气囊"几乎横跨煤气罐内整个距离,只留下一条很窄的过道供参观者行走并体验整个装置。2 个鼓风机维持着一个恒定的 27Pa(0.27 豪巴)的压力从而使得"气囊"保持直立。气闸允许参观者进入到空间内。整个艺术作品由气囊顶部的天光加上 60 HIT 探照灯提供照明,营造出整个空间内部光线弥漫的氛围,相应地产生了一种结合了形式、空间以及灯光的非凡视觉体验。

奥伯豪森市的这个煤气罐是欧洲相同类型中最大的。圆盘形的储气罐是重工业时代的一个给人深刻印象的标志,意味着鲁尔工业区已经拥有了 100 多年的历史。而现在,早前的巨大储气罐成为了各种文化活动的一个无比壮观的背景,其中包括了展览、戏剧表演及音乐会等。

煤气罐早在 1927 年 2 月开始建设,仅仅两年后,高达 117.5m,直径长为 67.6m 的储气罐于 1929 年在莱茵 - 黑尔讷运河畔投入使用。二战期间,奥伯豪森市储气罐被轰炸了很多次,然而在 1945 年 1 月,直到战争结束前夕才不得不关闭停产。对于它的重建直到 1949 年才完成,包括屋顶在内的各种原有结构元素被重新利用起来。历时多年后,由于管道运输天然气的出现,储气罐显得多余并于 1988 年退出历史舞台。正如许多工业遗存最初给人的印象,似乎都面临着被破坏的遭遇。在埃姆舍尔公园国际建筑展上的提议中,储气罐转变成为一个特别的展览空间,并成为了奥伯豪森市的地标。

1,2 当巨型空间内衬半透明织物材料后,
　　其被灌入了大量空间,绳索维持着充
　　气气囊的形状
3 储气罐内部的装置完全重新定义了整
　　个空间,起到支撑结构作用的绳索加
　　上顶部的唯一光源造就了白色或灰色
　　的细微差别
4,5 概念草图
6 巨型气囊和储气罐外部表皮之间的空
　　间视角
7,8 储气罐墙壁与正在充气的气囊间的空
　　间视角

Silo468

SILO 468,HELSINKI/FINLAND

地理位置 _ **芬兰赫尔辛基**

业　　主：赫尔辛基市规划部，塔斯凯，赫尔辛基能源
项目经理：HKR Executive
执行建筑：Pöyry Fā inland Oy
照明设计：Lighting Design Collective——Tapio Rosenius, Oscar Martin, Rodolfo Lozano, Victor Soria, Gorka Cortazar, Reinaldo Alcala, Rodrigo Arcaya (www.ldcol.com)
电气工程：Olof Granlund Oy
承 包 商：VRJ Etelä–Suomi Oy
照明控制：Traxon

　　Silo468 项目在 2012 年 11 月于丹麦奥尔胡斯举行的媒体建筑双年展上获得了最佳空间媒体艺术奖，第 30 届 IALD 国际照明设计奖卓越奖。Silo 也标志着一个名为 Kruunuvuorenranta 的重建区域的启动。Silo468 位于此区域的靠南部分，距离海岸线约 40km。

　　外壳上的开口让油仓变成了一个可以自主通风、遮蔽的室外空间，可以用于各种用途，如小型街头剧场或者音乐表演，市场或居民聚会。它没有座位或者舞台：这个空旷的空间可以开发出尽可能多的用途。油仓本身也是一件艺术品。

　　考虑到油仓是一个公共建筑，照明设备的安装要不容易受到损坏且不能带来任何健康或安全风险。设计师希望每五年左右可以重访此地，以规划新的场景或设计，以适应油仓不断变化的环境并达到新的艺术目标。电线布线设计并不在任务之内，但线路和驱动器柜的位置都必须限定。

　　负责照明的设计师来自于西班牙马德里 Lighting Design Collective 公司。该公司创始人和设计总监是照明设计师塔皮奥·罗塞纽斯（Tapio Rosenius），Silo 是他第一个引起轰动且完美至极的项目。废弃的油仓被转化成了一件诱人的光艺术作品和一个公共空间。

　　白天，Silo468 是一个有 2012 个圆形小孔的旧油仓，一些小孔上配有镜片以反射太阳光。油仓内部、开口后边安装有 1280 个白光 LED（2700K），在几公里外都可看到。当夜幕降临，油仓转变成一个不断变化的、LED 创造的艺术照明作品。

　　Lighting Design Collective 专门开发了一个软件，使用群体智能和自然模拟算法，可以根据风速、方向、温度、晴朗的夜晚、雪天等这些参数更新数据。系统每五分钟拨号一次，以更新数据。图案是基于一个 128×10 的 LED 电网。图案是流动的，给人一种自然的感觉，且从不重复。它们平时变化很慢，但会随着风速加快，从而创造了一幅不断变化的光壁画。午夜，外观有一个小时呈深红色。这种颜色是参考了油仓以前的用途：作为能源的容器。在夜里 2:30，当最后一班渡轮经过 Suomenlinna，灯光关闭。

　　正常使用时，此装置能耗为 2kW，大约为 $2W/m^2$。控制应用程序是在 OpenFrameworks 内开发的，并由一个 e:cue 灯光控制引擎 mx 服务器运行。

1 Silo468 整体
2 Silo 有很多不同的面孔。微小的光点在内部控制
3 Silo 也可以泛光照明。午夜，有一个小时外部呈深红色
4 点光源特写
5 2012 个圆点看似随机的分散在表面上，却创造了一种独特的视觉和动态体验

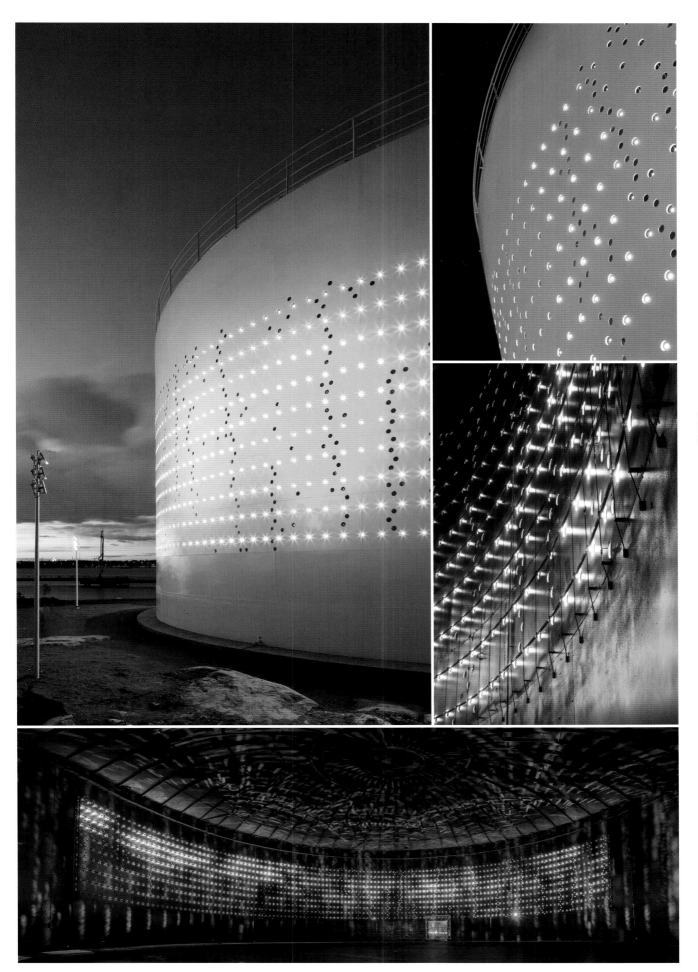

云

THE CLOUD,GENEVA/SWITZERLAND

地理位置 _ **瑞士日内瓦**

+

照明概念：欧玛瑞尼建筑设计事务
所 - Yves Omarini and
Micello Marco
总承包商：Implenia Entreprise
Génèrale SA - Tam
Linh Chau
施工和供应：Belux AG,
Birsfelden - Eduardo
Lopez, Patrick Zulauf,
Benny Riz
安　　装：Belux GmbH and
Vertige Concept

1,5 云形装置效果展示
2 中庭平面图，尺寸为 12.9 × 12.9m
3 设计草图
4 施工时的剖面图和顶视图

瑞士联合银行坐落于一座早前的城市建筑，其中庭经过重新设计和装修，容纳了一系列新的工作场所和顾客服务点，中庭顶部有一个固定的玻璃屋顶。

然而，有两大问题困扰着业主。其中庭顶部有一个固定的玻璃屋顶，当太阳抵达最高点时，中庭周围直接面朝大厅的办公室会受到强光照射，使顾客服务区内光滑的建筑表面上产生直接眩光和反射眩光；另外，玻璃表面连同石墙和地面容易引起声学上的问题。建筑师伊夫·欧玛瑞尼（Yves Omarini）设计了一系列不同尺寸的云形状的装置，通过结合声学和照明来处理出现的问题。最终，通过内部配有 42W 的 TC-TEL 紧凑型荧光灯的积云形状的装置不仅控制着天然光的涌入，还在一天中光线较暗的时间段为中庭提供环境照明，使得中庭空间照度满足 300lx 的基本需要。积云装置外部表皮是由 100% 再生塑料制造而成的非织造聚酯原料。出于安全考虑，材料被处理成不易燃烧以及抗紫外辐射。同时，设计师选择合适的吸音材料，解决声学方面相关问题。云形装置表面褶皱，给人一种纸制轻盈的感觉，实际上，玻璃屋顶承受了总计 900kg 的结构重量。

安装云形装置花费了将近一周时间。伊夫·欧玛瑞尼提出的整体概念得到了很好地体现。日光被云形装置过滤掉，并且电光源散发出的光线均匀地分布到中庭空间，达到了基本的 300 lx 照度。每一个云形装置都是独一无二的，它们都是拼凑而成且手工造型。

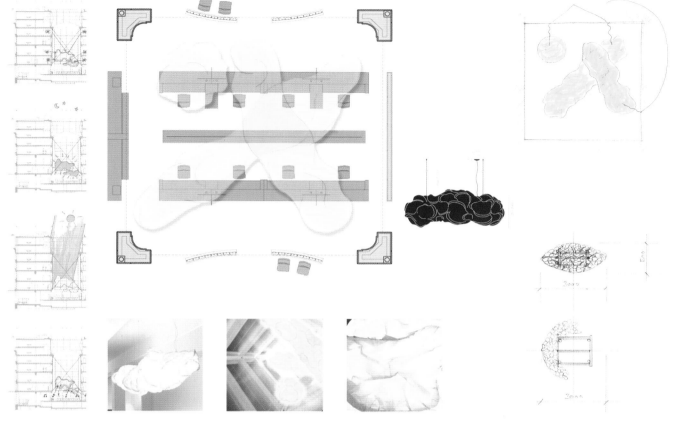

In Lumine Tuo 装置

IN LUMINE TUO, UTRECHT/NETHERLANDS

地理位置 _ **荷兰乌德勒支**

+ 艺 术 家：Mark Major and Keith
　　　　　 Bradshaw
照明设计：Speirs + Major
项目设计师：Benz Roos
编　　程：Iain Ruxton and Daniel
　　　　　 Harvey
业　　主：City of Utrecht
艺术顾问：Marijke Jansen
项目经理：Kees Van De Lagemaat
市政工程：Arthur Klink
承 包 商：Heijmans N.V.
摄　　影：James Newton

	2	3
1	4	5
		6

1 该项目是乌德勒支历史中心区域一个
光线轨迹中的最后一个装置

2 历史遗产限制决定了要为所有的灯具
设置细节以确定专门的固定装置和非
侵入性的设备

3 该方案用光穿过教堂广场将大教堂塔
与大教堂重新连接在一起，广场上曾
经矗立着教堂的西翼

4 光影的突然爆发代表着打开钟楼记忆
的闸门，同时光序列达到高潮

5,6 设计师创作了一个动画阐释创作理
念，将建筑变成有生命、有呼吸的存
在物

2013 年 4 月 11 日，一个独特的灯光装置在乌德勒支中心揭幕。由女王毕翠克丝陛下启动，正式开启庆祝乌德勒支条约签署三百周年的活动。该装置用光作为一种叙述工具，将 14 世纪的一座标志性的 112m 高的大教堂塔与相邻的大教堂（圣马丁大教堂）以及大教堂广场连接在一起，让它们变成有生命、有呼吸的存在物，彼此之间用光来交流它们的记忆，唤起定义城市身份的历史记忆。这 3 个场所根据它们自身的特点被分别对待，以符合其历史和文化意义。大教堂中的光"来自内心"。外部表面保持相对较暗，光通过彩色玻璃窗和拱壁内表面透射出来，创造了一种灯笼状的效果。相反地，从这座城市的很多地方都可以看到的教堂塔，充当了动态元素。作为叙事的公关者，它的照明呈现戏剧性特征，从而衬托出周围的哥特式建筑并强化了照明理念。虽然整片区域的静态图像是惊人的，但照明理念的真正特质每 15 分钟显示一次，与教堂塔的钟保持同步，此时一个光序列开始了：方案中这 3 个元素开始慢慢地协调"呼吸"，在彼此之间建立了一种联系。然后光的播放开始加速，"记忆"以光的爆发之势呈现，似乎穿过拱门、阳台和钟楼登上教堂塔。光之序列在钟敲响之前达到高潮，在灯笼处曲终：记忆的闸门和多束闪光以及阴影在钟声中释放。灵敏的使用光为乌德勒支的这些历史元素带来了生命，庆祝它们的诞生，并记录了它们在这座城市中的心理和地理意义。

镀锌钢架系统被固定在现有的水平金属支柱和栏杆上钢架的颜色和涂饰，所有的固定设备和电缆都与支柱和栏杆匹配，以尽量减小对历史建筑的视觉冲击。不要在历史建筑结构上固定任何永久性系统。

承包商验证支撑结构和现有金属设备的结构完整性

确保建筑中结构系统部分现有金属部分之间不会发生电偶腐蚀

穿过系统通道的数据和电源线。允许电缆为灯具向下移动留出足够的长度

现有的水平支柱和栏杆

结构系统必须足够牢固，才能用作扶手／支撑

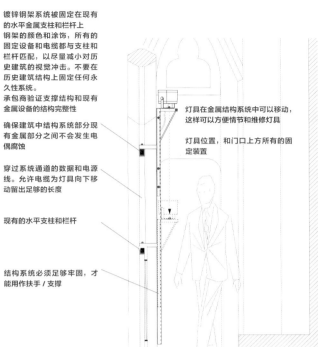

灯具在金属结构系统中可以移动，这样可以方便情节和维修灯具

灯具位置，和门口上方所有的固定装置

透视

SEE THROUGH THIS, HASSELT /BELGIUM

地理位置 _ **比利时哈塞尔特**

建筑设计：Gijs Van Vaerenbergh
结　　构：Meg
钢铁生产商：Cravero
运输和组装：Herkules & Cravero
结构工程：Ney+Partners
摄　　影：Filip Dujardin，（Kristof Vrancken）/Z33

　　来自比利时哈塞尔特市 Z33 Gallery 的一支团队致力于鼓励人们用不同眼光看待事物。正是因为这个原因，他们着手做了 Z-OUT 项目，旨在将艺术引进公众世界。这个项目的一个特别的亮点是一个名为"品读字里行间"的组装作品，它位于林堡的波格隆。作品是由来自 Gijs Van Vaerenbergh 工作室的两位年轻设计师设计，他们分别是皮特詹·格斯（Pieterjan Gijs）和阿诺特·瓦伦伯格 (Arnout Van Vaerenbergh)。这个高 10m 的建筑深嵌在一个水泥基底里，建筑是由 100 个重叠起来的风化钢板，以及 2000 根钢柱构成的。整个建筑看起来是一个镂空的教堂。

　　参观者看到的效果是：通过水平板的运用，重达 30t 的建筑看起来就只是很多细线条。教堂的设计是仿照当地教堂的设计风格，虽然从这一点看来 Gijs Van Vaerenbergh 的设计师是遵从了建筑规则的，但最终的结果却全然不是传统的教堂，而更像是梦幻般的场景，教堂仿佛忽隐忽现，与自然交融。从教堂里面望出去，外面的景色被线条重新排列分割组合，虽然视野上受了影响，但会让人们发现自己从来没有这样用心的观察过周围环境。

1	2
	3

1 整体建筑
2 局部材料
3 外面的景色被线条重新排列分割组合

光之花园

GARDENS OF LIGHT, BOURNEMOUTH/UK

地理位置 _ **英国伯恩茅斯**

花园灯光节是伯恩茅斯为吸引冬季游客创建的新活动，这次活动由 Michael Grubb Studio 设计，活动包括 10 个互动式"光豆荚"，它们分散在市中心美丽的二级注册花园中。

以一个传统海边小屋为基础，每个灯光装置都是独特的、交互的、离奇的以吸引不同年龄层次和不同品位的观众，让从 2 岁到 80 岁的人都可以欣赏。

这个项目由伯恩茅斯艺术中心和镇中心招标机构对 Michael Grubb Studio 接洽开始，以期给伯恩茅斯创造大量的视觉冲击和独特的体验，最终的目标是为了吸引更多的旅游者和旅游消费。

设计团队考虑到伯恩茅斯的临海特性，想出了一系列关于"光豆荚"的想法，作为小型光体验构成一个基于海边小屋的松散小空间。一系列简单却奇特的复杂想法被应用在每个"豆荚"上。其中包括：

时尚"豆荚"场地：一种海边小屋结构，由铬完全无缝覆盖包覆，被 40 个旋转迪斯科球、闪光灯、变色泛光灯，甚至一个 DJ 和扩音器材组成。

视觉世界：一个纤维魔力三维帘子被挂在装有镜子的"豆荚"里，镜面让这些"豆荚"显示出无限的效果。纤维被按顺序排列以显示光似乎在顺序行进，向后或是向前。

休闲间：一个解构海边小屋，主结构、座位和下面的空间被照明。序列的颜色效果被应用于创造了一个完美的休闲音乐区。

Michael Grubb Studio 为整个工作区域开发了一种照明总体规划，由于他们没有吧"光豆荚"看成一个单独的概念。辅助照明方案被应用在标志性气球，周围风景，以及沿着蜿蜒的河流创造一个包罗万象的照明体验。

花园灯光节是 Michael Grubb Studio 长期项目的一部分，与伯恩茅斯城市中心招标机构协作，去监督和管理 5 年照明整体规划，该项目为灯光节增加了光辉的色彩。

＋业　　主：伯恩茅斯艺术中心和镇中心招标机构
预　　算：150,000 欧元
建筑及室内设计：Michael Grubb Studio
照明设计：Michael Grubb Studio —— Michael Grubb, Stuart Alexander, Jack Greener & Brandon Hawkes. www.michaelgrubbstudio.com
施　　工：Ecologic Developments
电气承包商：Graham Mellor Electrical
产品实施：ACDC, Architainment, Philips, Universal Fibre Optics, Rosco, Led-Zip, Lucent Lighting, Mike Stoane Lighting & Encapsulite

| 1 | 2 |
| | 3 |

1 休闲间
2 视觉世界
3 纤维帘幕提供顺序的光源

Lagares 展厅及售卖厅

THE EXHIBITION AND SELL HALL OF LAGARES, GERONA/SPAIN

地理位置 _ **西班牙赫罗纳**

业　主：LAGARES PRODUCCIONS DE DISSENY

建　筑：RCR Arquitectes

照明设计：Artec3-Maurici Gines, Jose De Jesus Gonzalez, Giacomo Damato, Jose Maria Deza Dacal

产品应用：链轨式管状点，TROLL，60W 12 螺栓光束 QR111 Eco，窄光射灯，OSTRAM

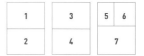

西班牙赫罗纳的 Lagares 展厅是神经美学科学的一个典型案例。它也是呈现暗与光同等重要、光与影平衡使用的典型案例。没有什么能比这一照明设计作品能更好的说明这两对相对事物的意义与区别。

为了展示其系列产品并推广新产品，Lagares 在赫罗纳开了一家新展厅和售卖空间。这一独特空间面积 700m²，由 RCR 建筑事务所设计。整个空间都是有关盥洗室配件的创新和展览概念的新哲学。Lagares 展厅照明概念是将背景作为展品的一部分，因而影子成为此空间物品中的中心元素，就如同日本园林中的岩石、苔藓、沙子或砂砾（作为背景）一同构成单一而统一的空间。整体效果是和谐、是优雅的简单，也是美。这一照明概念主要是创造了一首光影之曲。组成部分是展览的物品、它们的影子以及光触地的方式。天花板上窄光束卤素投射灯从上方照亮每一个展品，在展品正下方的地板上投射出影子。

影子整洁地排布以加强视觉上的漂浮感。展厅采用不多的几样基本材质，水泥天花、轨道式射灯涂以水泥材质的颜色，水泥墙及水泥地面，钢钳、瓷器以及白色漆铁厕所，这也呼应了日本园林的理念，一些精心选择的元素：光、媒介及深颜色，和谐的光与影。天花上的轨道遵循严格的格式，而灯具可以根据要求调节位置以聚焦于展品。垂直立面上的公司标志由微孔乙烯制作。为了观察光照在不同乙烯上的影响，设计师为此做了实验，并选择合适的乙烯孔过滤射入室内的光线以提高透明度。

来自 Artec3 的照明设计师在这件作品中创作出的不仅仅是一个照明概念，它证明了一项事实，人们认为的对立事物，如艺术与科学，或者是这个项目中严酷的商业世界和美，事实上并不是完全对立或者互相排斥的。真理是与科学、技术相关的一个术语，而美是主观的，它当然会存有争议，但不会是绝对正确。

为何图像或空间抵得上千言万语？也许是因为我们所感知到的是基于我们的进化，并早于语言和口头百万年根深蒂固的存在于我们的身体内。这也是为什么当我们想要创造一个感觉良好并可增进沟通的伟大空间时，照明设计在我们生活的世界中会如此重要。比起写与说出的文字，光在表达情感与感觉时更具有说服力。Lagares 展厅的照明装置道出了我们的感觉。这件作品在人们看来如此好的原因之一是因为，一开始这个装置给人的印象并不十分完美，这也构成了设计的核心。仿若浮动的影子产生了这种模糊感。灯光在影子周围的地面上反射开来，同时造出展品所在背景。正是无比的模糊驱动着我们去理解，允许每个人可以用自己的方式解释这个装置。与此同时，它可以消融任何精确和事实——这些我们认为是科学的固有属性，当然也与展览中的产品有关。这一认知需要一个情感性的因素。

1,4 展览中的产品及其创造的光影看起来像漂浮在空中，创造了一种引人入胜的空间感受

2 渗透到空间内的日光一定程度上减弱了效果，弱化了对比，但没有完全破坏掉效果。后方的区域几乎接触不到日光，为了能够达到预期效果，建议不要从后方冲着日光的方向观看空间。另外，这里是室外街道的花花世界与展厅内更为平静气氛转换之所在

3 Lagares 外立面

5,7 元素的模糊性特质，让参观者可以自由理解看见事物的意义

6 展厅内日光效果

阿贾克斯之旅足球博物馆

THE AJAX EXPERIENCE FOOTBALL MUSEUM,AMSTERDAM/NETHERLANDS

地理位置 _ **荷兰阿姆斯特丹**

+

建筑设计：Sid Lee 建筑
展陈设计：gsmprjct
照明设计：Lightemotion
摄　　影：Ewout Huibers
产品应用：Luminergie, iGuzzini
　　　　　and Philips Selecon

阿贾克斯足球俱乐部在欧洲久负盛名，以它的传奇为背景的"阿贾克斯之旅"博物馆是一座新型互动博物馆。

博物馆分为 3 个区域，第一部分是历史馆，这个明亮区域的一部分使用日光照明。金卤灯安装在承重柱上，交叉照亮动态墙，LED 装置洗亮倾斜的红色天花板。

当游客离开历史馆，进入阿贾克斯学院，气氛立刻大不相同。在这个没有窗户的空间里，黑色的转角墙壁成为了传统展品和互动展品的背景。这个空间十分黑暗，只有陈列品被重点照亮。通过背光板和聚光灯，陈列柜得到照明。天花板上装置准确的聚光灯将光投向走过的游客。游客还有机会进入衣帽间，并从隧道进入球场。红色的聚光灯再次使游客成为明星，同时红色光束营造出体育场的效果。

最后一个区域是零售店，在这里低调的人工照明再次为日光提供了补充。商品被从下向上打亮，保持了"展示"的感觉。

这座博物馆成功地捕捉到了欧洲足球的精彩及其戏剧性。

1 零售店
2 历史馆
3 阿贾克斯学院

汽车博物馆

AUTOMOBILE MUSEUM, WOLFSBURG/GERMANY

地理位置 _ **德国沃尔夫斯堡**

业　　主：Autostadt GmBH
建　　筑：Henn GmBH, Munchen
照明设计：Kardorff Ingenieure
　　　　　Lichtplanung GmBH
　　　　　www.kardorff.de
实　　施：Maedebach Werbung
　　　　　GmBH
　　　　　Nordsound Event–
　　　　　& Medientechnik
摄　　影：Autostadt GmBH,
　　　　　Kardorff Ingenieure
制 造 商：Alluvial

因为使用 LED 照明和镜面天花表面，观众感知中的这栋五层建筑像是一个光滑的展橱。由于反射，在远处和外部观众可以从不同角度看到展品。只需抬头，博物馆的观众便可以从反射中看到主大厅中历史车辆，这一眼也会激起观众观看展厅其他部分的欲望。

在展览空间中，观众对展览的车身有一个全新的印象：展览可以全角度观看。镜面天花（镜托横跨在铝架上）在视觉上增大了"RACK"展示区的展品。谨慎嵌入的 LED 聚光灯营造了一种平静统一的空间感。

在对面非玻璃的 CORPUS 区，深入展示了汽车工业历史的信息。称为"设计图标"部分的展览，由安装在台子上的典型车辆构成。

展览设计概念由维也纳艺术家彼得·科格勒（Peter Kogler）提出。他将当代艺术与古典汽车一起呈现，让参观者从一个全新的角度欣赏非凡的收藏。超大空间环绕式装置构成了展厅空间，鼓励参观者在感知周围镜子的形式中获得乐趣。在时间之楼中，这些呈现出有机轮廓的镜子与展览中的里程碑式汽车互相作用，并将汽车呈现出雕塑感。

为避免天花凌乱，照明概念整体使用相同灯具。光特别地照在单个展品上。LED 的色温匹配展览中庞大的机器，以最佳方式呈现颜料的质感，底盘表面的纹理以及车辆的不同特征。所有灯具装配 DMX 控制界面，可以单独控制。这意味着亮度和光分布可以由一个控制器控制。

使用了两种色温：3500K 和 4800K。4800K 的装置可以通过两个频道控制。通过调暗暖白光或冷白光 LED 组件，色温与亮度可以按要求进行调整。与冷白光灯具相比，通常使用单一色温的 3500K LED 暖白聚光灯以补充低流明暖白光的 LED 灯。配置宽窄光束的装置，在展品上产生均匀的亮度，整体上创造一种和谐的画面。之前用于展示空间的金属卤化物灯被 90W 的 LED 聚光灯所代替，这些 LED 聚光灯具有更长的使用寿命以及更高的能效。

1　由于反射，在远处和外部可以从不同角度看到展品
2　展厅的镜面效果
3　在"CORPUS"部分名为"设计图标"的分展区，车辆被安装在台子上进行展示
4　夜晚看到的镜面天花

Porsche 911

Identität durch Design

B.j. 1930 4.893ccm 94kW/125PS 130km/h Cord L 29

"穿过自然的小道"展

THE "PATHWAYS THROUGH NATURE" EXHIBITION, ELVERUM/NORWEGIAN

地理位置 _ **挪威埃尔沃吕姆**

业　　主：Norsk Skogmuseum
照明设计：Lorang Brendløkken
摄　　影：Arnfinn Johnsen,
　　　　　Halvor Gudim

　　位于埃尔沃吕姆的挪威深林博物馆中的"穿过自然的小道"展览聚焦于自然遗产，展现自然的多样性以及大量的野生动物，给予参观者们机会来体验渔民和猎人过去的和现在的世界。项目覆盖了博物馆 2 楼超过 2,000m² 的面积。

　　在展览的开始，关键颜色是绿色。参观者骤然进入有光和声音的自然，支持感觉上的体验，激发起参观者的好奇心和疑惑。跟随着这个自然彩色的、柔和照明的开始，观众被引导通过一个黑暗的过渡区进入到展览更明亮的部分，讲解生态系统管理的主题。

　　照明原本可以保持简洁——用灯光洗亮墙壁和展览部件使得所有事物立即可见。但是那样会显得非常单调。想法是让填充玩具动物看起来活生生的而又自然的。照明设计师把展览看做"壮丽的生物"和"自然的艺术作品"。照明因此专心应用于细节，真实而有意义地表现羽毛、毛皮和林地植物和树木而不只是陈列的对象。

　　实际摆放光源、聚焦灯光以及避免眩光也并是一项挑战。一些动物放置在开放式的展柜里，比如墙壁里的壁龛，灯具需要紧凑，以不显眼的方式进行安装，避免在狭小的空间里的杂乱印象。这些问题导致了新的机会和方法，强迫照明设计师摆玩光与影来达到想要的雕塑和 3D 效果。

　　在大自然中，动物处于动态之中，而人们安静地驻足观看。在一个展览中，情况是相反的。动物们是安静的，而人们是走动中的。为此，很重要的就是让动物们尽可能地看起来是活的，试着抓住他们在自然元素中的能量。所以，即使在剥制师完成其工作之后，水獭可以继续游泳。使用精细的刷子灵敏地结合光与影，相应地放置和聚焦带有透镜的光纤光源，就有可能实现三维效果，使水獭看起来好像仍然在游泳。

　　阴影要慎重地用于强调和创造效果。一只鸟的阴影在它飞翔或捕猎时经常出现在其上方的表面而非下方，可以让参观者从自然的视角来感受它。

　　展览空间的照明水平总体来说是较低的，通过光与影创造的动态层次把展品表现得很迷人，整体环境也表现得令人满足而有趣。

　　用在开放式展柜中光纤灯具采用卤素灯光源。展品要求高显色性来强调真实性方面，小巧而灵活的灯具易于布置和聚焦并实现所要的效果。照明设计师首先聚焦于动物的脸和眼睛上，如果足够大到能被看到。表现脸部特征很大地依赖于灯光、阴影以及灯光所来自的角度。然后身体的其他部分和环境得以照明来产生一个良好的三维效果。更大的展品放置在架子上和展台，因为同样的原因也需要用卤素灯照明：实现所要的高显色性来让动物的皮毛看起来自然些。一些 LED 灯具也用于展览中，而不仅仅是在特殊展柜中。

　　在埃尔沃吕姆的博物馆并不是第一家舞台化地展现填充玩具动物的。我们很可能都在上述那些学校团体之一中出现过。"穿过自然的小道"展览是令人震惊的。它让你想要伸出手去触摸——不会因为看到安装在长钉上或墙壁上的填充玩具动物比所得到的赞赏和尊重更多的灰尘而局促不安。

1,4,5 所有的昆虫、鸟类和动物都加以照明来捕获他们真实的生活状态。它们被照明来强调它们根本上就是自然艺术作品

2,3 展览的设计给参观者们一种真实的生态空间的感觉。展品尽可能看起来像是活的一样

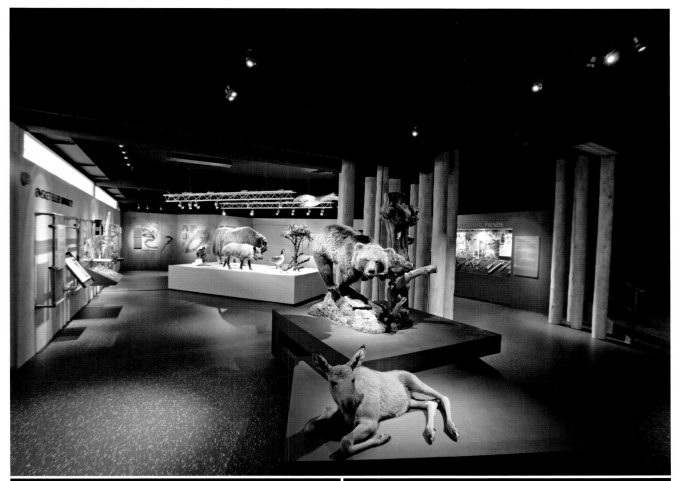

韩国世博会 GS 加德士公司展馆

EXPO KOREA GS CALTEX PAVILION, YEOSU/KOREA

地理位置 _ **韩国丽水**

业　　主：Peopleworks Promotion Co. Ltd. (PW)，韩国 GS Caltex

总体规划，理念，建筑和布景：ATELIER BRÜCKNER GmbH

结构设计：Knippers Helbig GmbH

照明理念：LDE Belzner Holmes

照明产品设计：ALTO l lighting l architectural lighting design laboratory

媒体规划：medienprojekt p2 GmbH

主秀产品：TAMSCHICK MEDIA+SPACE GmbH

GFRP–Post 产品：OJOO industrial Co.Ltd

建筑合伙人：Chang–jo Architects

摄　　影：Nils Clauss, Michel Casertano

2012 年在丽水市召开的韩国世博会上，成立于 1967 年的韩国石油公司 GS 加德士公司的展馆里，陈列着这个公司对于未来发展的使命和愿景。这个展馆的设计由 ATELIER BRÜCKNER 完成，通过 3D 技术创造出一个梦幻般的视觉空间，呈现出能源和自然的和谐共处。

这个展馆建筑作为一个动态的整体，乍一看让人不禁想起了一望无际的麦田。这个建筑高达 18m，建筑外围的无数"叶片"如稻草般在风中般随风摇摆，这样连动的姿态象征着大自然永无止境的能量流。当夜幕降临，380 片彩色叶片熠熠生辉，照亮了夜空。每一个叶片可以通过触摸而激活，从而引发整个"能原场"的波动形态。

每个游客都可以单独探索这个场馆，该场馆占地面积 2000m²，在中央位置有一个看上去很隐蔽的星形的展馆。展馆表面使用镜面材料，使它看起来好像是无限延伸的。人们可以通过展馆一角的抬高式镜像入口，进入展馆的第一层。棱镜的折射带给人们一种社会网络集成空间的体验——置身其中仿佛失去了空间感。

展馆的中心在楼上，一个播放着全景影像的高达 7m 的房间。通过经过简化的黑白影像表现出一种诗意的美感，以此来传达公司已经做好了对可持续能源这一理念的承诺的准备，以及自然与生活的和谐。为了响应世博会的口号——"生动的海洋和海岸线"，旁白以第一人称的形式描述了一个潜水采珠人和鲸鱼的故事。他们象征了海洋生活和陆地的联系，人与自然的互动。所有的游客也能参与到其中：在影片的最后一章中，游客的影子将被呈现到幕后投影上。通过这种方式，每个人都接收到可持续发展这一信息。以这种方式，参观者与展览的互动循环流程结束，并回到了初始点。

在 2012 世博会上，GS 加德士是最引人入胜的场馆之一，并为 100 多个国家、国际组织和活跃全球的公司组织了一场论坛。大约有 800 万游客参观了这个世界性的博览会，仅 GS 加德士展馆就接待了逾 40 万的游客。

	2	
	3	4
1	5	6

1 巨大的"叶片"装置仰视图
2 夜间整体俯瞰图
3 入口处的镜面效果
4 装置整体效果，可以根据需要变换颜色
5 展厅内的主秀
6 大型交互屏

HAUS DER BERGE 的常设展

PERMANENT EXHIBITION OF HAUS DER BERGE, BERCHTESGADEN/GERMANY

地理位置 _ **德国贝希特拉斯加登**

位于贝希特拉斯加登的"山庄"于 2013 年 5 月 24 日由巴伐利亚州部长总统正式揭幕，这标志着建筑、展览和宏伟的自然景观三者的和谐共处。这个项目由 Atelier Brückner 进行构思设计，展览突出表现了贝希特斯拉加登国家公园里的从国王湖到瓦茨曼山之间垂直的原野。这个展览通过意境照明的变化给游客带来四季变幻的感觉。

"我们希望给出的是一种新的对话方式——而不仅仅是模仿自然，"Uwe R. Brückner 博士说，他与他的跨学科团队共同创作了这个精彩的展出。他们利用空间元素的设置展现出国家公园特有的生物圈：水、森林、高原和岩石。游客中心位于一个形状醒目的建筑物中，这座建筑物被塑造成山的形状，游客甚至可以攀爬它。展厅的中间狭长，两端是两个玻璃立方体，它们被塑造成陈列柜的形象。

整个展览从视觉和听觉两个层面表现出攀升到 2300m 海拔过程中不同的生物圈所带来的不同感官体验。所以参观的路线是一个带领游客不断向上的过程。这条路的终点在最高处，那里播放着国家公园壮美的自然景观的全景电影，每一位游客都会为之深深震撼。每隔 15 分钟，一个 10mX15m 的投影屏幕便会打开，并且呈现出国家公园最著名的瓦茨曼山的直观景象，邀请着人们亲自走进国家公园探索大自然的奥秘。

"山庄"是通向德国最有特色的阿尔卑斯山脉贝希特拉斯加登国家公园的大门，1978 年巴伐利亚将南部的 21000hm² 土地列为重点自然保护区。这个新建的游客中心使人们可以更加接近自然，了解自然。

业　　主：Bayerisches Staatsministerium für Umwelt und Gesundheit

常设展出：Vertikale Wildnis，根据攀升的地势而设立的 4 种不同的生物圈，水（152m²），森林（175m²），高山草甸（174m²），岩石（246m²）

物料（根据展览）：木料，投影仪

预　　算：2,700,000 欧元

项目单位：山庄，贝希特拉斯加登

基础工程：Staatliches Bauamt Traunstein

建筑文件：Leitenbacher Spiegelberger Architekten BDA

景观建筑：Schüller Landschaftsarchitekten

总体规划展览设计，展示图表，照明和媒体规划：ATELIER BRÜCKNER GmbH

设　　计：Staatliches Bauamt Traunstein

执行设计：Leitenbacher Spiegelberger Architekten

照明规划：LDE Belzner Holmes

媒体设计和生产：TAMSCHICK MEDIA+SPACE GmbH

节目互动：arme irre，Büsch und Kühn GbR

延时拍摄（季节）：PanTerra GmbH

环绕立体声：Klangerfinder GmbH

技术规划：medienprojekt p2

媒体整合：inSynergie GmbH

1　展厅外立面

2　逼真的动物塑像，仿真太阳光的照明

3　树木的色彩根据不同季节变化，展现了原野的变化

4　巨大的屏幕可以承载多种媒体效果

5　展厅内水样照明，灵感源于胡泊

6　秋天的森林

7　展厅结构图

8　展厅剖面图

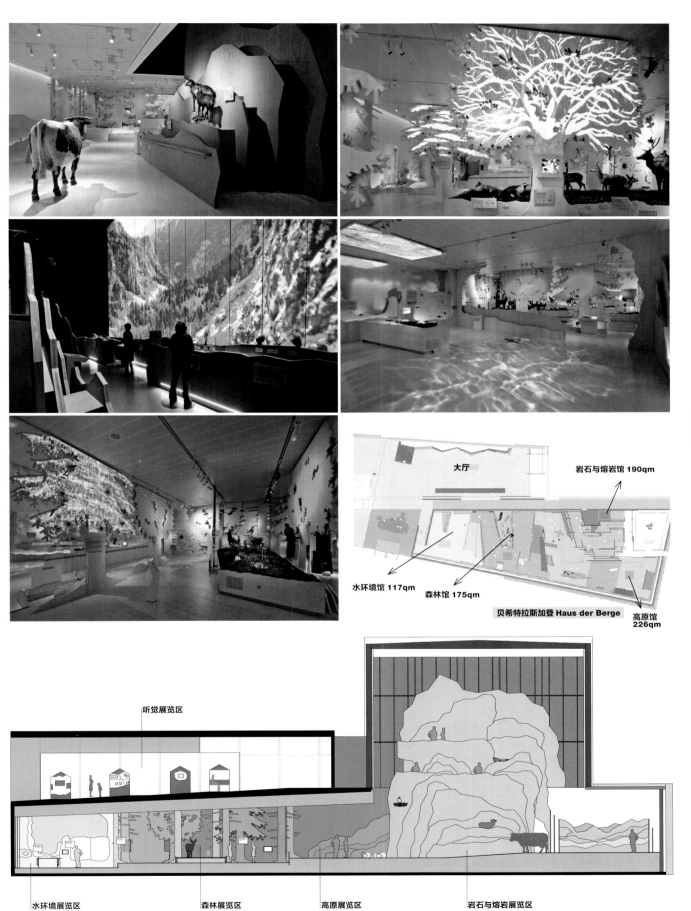

大厅

岩石与熔岩馆 190qm

水环境馆 117qm

森林馆 175qm

贝希特拉斯加登 Haus der Berge

高原馆 226qm

听觉展览区

水环境展览区

森林展览区

高原展览区

岩石与熔岩展览区

Astrup Fearnley 博物馆

THE ASTRUP FEARNLEY MUSEUM, OSLO/NORWAY

地理位置 _ **挪威奥斯陆**

业　主：The Astrup Fearnley
　　　 Museum
项目团队：Renzo Piano，ARUP
　　　 and IPRAS
照明设计：ÅF Lighting
面　积：4200m²
完工日期：2012
摄　影：Tomasz Malewski and
　　　 Vegard Kleven

世界知名的建筑师，伦佐·皮亚诺（Renzo Piano）在奥斯陆创作了著名的现代艺术博物馆——Astrup Fearnley 博物馆。ÅF Lighting 负责寻找最好的照明光源，而且得出了一个非常令人惊讶的答案：LED 技术以其卓越的节能和经济效益，尤其是最佳的照明质量成为这个方案的最佳选择。

伦佐·皮亚诺创作了一座现代艺术博物馆，它被认为是一件光、艺术和建筑的伟大杰作，Astrup Fearnley 博物馆是挪威最负盛名的艺术博物馆，它位于奥斯陆新的商业和文化区——Tjuvholmen，以收藏令人印象深刻的现代艺术品而闻名。白天，艺术品被通过弯曲的玻璃屋顶进入建筑的日光所照亮，天黑后，艺术品被 ÅF Lighting 所设计的人工光所照亮。

项目的开始，ÅF Lighting 被委托去证明哪种光源用于此博物馆是最高效的，ÅF Lighting 得出了一个虽有争议但却有益的结论：LED 技术最适合。虽然 LED 光源因其在红色色阶部分的较差的显色性而常常备受质疑，ÅF Lighting 进行的一些无偏见测试表明，LED 技术绝对是这个博物馆和艺术品最佳的解决方案。

选择 LED 这种非常规的光源有几个理由。首先,LED 不会产生任何热量以及紫外线辐射。这使得该技术成为一个可靠、持久并温和的解决方案，因此艺术品颜色的老化和毁坏速度会变慢。其次，尽管前面提到 LED 的争议性，但 LED 确实表现出最佳显色性，因此会将艺术品的最佳状态呈现出来。最后，相比其它光源，使用 LED 需要的装置少很多，这位博物馆节省了很多经济效益。而且,事实证明 LED 设备相比其它光源使用寿命长很多，因此从长远来看更具可持续性。因为博物馆 15m 高的屋顶，更换灯具即昂贵又困难，因此相比其它技术，LED 设备的 50000 小时的使用寿命成为了一个巨大优势。

建筑和照明之间的相互作用也可以在建筑的外部看到。博物馆的弯曲屋顶表面由一个钢质和玻璃结构组成，这种结构环绕整栋建筑。ÅF Lighting 设计了一个照明解决方案，包括一个配备成帧模块的投影仪，它可以完美的切割光线，以匹配屋顶的波浪形结构。从室内来看，这给参观者创造一个非常独特的体验，从外部来看，这可以加固建筑，并让人们即使在入夜后也可以从很远的地方看到这栋迷人的建筑。

一个 72m 高的钢质和玻璃塔为奥斯陆创造了一幅壮观的景观，也成为了 Astrup Fearnley 博物馆的补充。塔被照亮，且在一年中会变换 12 次颜色，以反映季节的变化和相关的活动和节日。因此，塔成为新城市区内这座博物馆的一个地标。

LED 作为 Astrup Fearnley 博物馆的最佳解决方案会成为 LED 技术历史中的里程碑事件。迄今为止，卤素技术一直是最适合艺术展览的最佳解决方案，但 Astrup Fearnley 博物馆的故事证明了事实并非如此。LED 技术不仅证明了它具有最佳的照明质量，而且是节能和经济的照明解决方案。

1	2
3	4
5	6

1 曲线形屋顶。弯曲的屋顶表面被一个配备成帧模块的投影仪照亮，它可以完美的切割光线，以匹配屋顶的波浪形结构

2 入口区域，运河穿过博物馆建筑群

3,4 室内照明

5,6 Sneak Peak 塔

王小慧艺术馆

XIAOHUI WANG ART CENTER, SUZHOU/CHINA

地理位置 _ **中国苏州**

+ 建筑设计：张茜、励仲雨
照明设计：上海艾特照明设计、同济
　　　　国际传媒艺术中心 P356
照明设计师：汪建平、陈丽鸿、
　　　　莫晓勇
灯具研发及供应：乐雷光电技术
　　　　（上海）有限公司
总建筑面积：1,990m²
完工日期：2013年9月15日
摄　　影：Lucia Lu

苏州王小慧艺术馆前身"丁宅"系明代建筑，位于平江历史街区大儒巷54号，苏州政府免费提供给王小慧老师作为对公众开放的艺术馆使用。

王小慧老师是旅居德国二十多年的当代跨界艺术家，她当代艺术作品如何在这幢老建筑中呈现，成为设计师和王小慧老师团队面临的最大挑战。针对古建筑自身的历史价值，照明设计师力求将古建筑的特点和王小慧老师的现代艺术特点更好的融合。

古味浓厚的建筑外立面采用现代感十足的金属帘来装饰，照明设计师选择在金属帘与建筑外墙的空隙中安装两排大功率的条形LED投光灯，采用从上往下洗墙的照明方式来照亮金属帘幕后老建筑的红色立面。为了与建筑立面形成鲜明对比，门头没有做任何照明处理。

由于丁宅建筑的纵深感比较强，室内与庭院形成层层叠叠的效果，室内设计师把一层的主要室内空间都规划成展厅以达到整体的一致性，展厅主要展览王小慧老师的艺术作品和摄影作品，因此展厅对于灯光有两个比较明显的需求：基础照明均匀、明亮、舒适，以满足观众的长时间观看；重点照明的显色性要高，能充分表现摄影等艺术作品的美丽画面。

针对以上两点，设计师们经过多次研究和讨论，最终决定将室内做成模数化的发光天花，用大概长宽为0.9M*0.9M，高度小于120MM的灯箱来布满整个天花，灯箱和灯箱之间的间隙则用来作为设备带及重点照明使用。灯箱选择透光率达到75%的透光膜，在全开的状态下为展厅提供不低于500Lux的白光照明，也可调光到平均200Lux左右的柔和状态。同时通过DMX512的控制系统使顶部不仅可呈现出变化无穷淡淡云天，而且还能以一种写意的方式呈现王小慧老师的作品，这样，顶面照明就不仅仅是满足了功能，本身亦成为和建筑主题完全融合的艺术作品。而重点照明则选用显色指数高于90的LED轨道灯，为摄影作品及艺术装置提供暖白光照明。顶面基础照明和重点照明可以通过照明控制，呈现不同的氛围。

展厅第二进和第三进之间的天井是展览的中心，天井改造成玻璃斜顶，而地面则是磨砂玻璃地坪，白天自然光穿过顶部透光玻璃提供基础照明，而夜晚磨砂玻璃地坪下布置条形灯形成柔和的内透光，烘托出地坪上放置的荷花艺术品。同时在建筑立面上设置了4套投光灯为荷花作品提供重点照明。在夜晚黑色天幕下，抬头向上看时，会在顶棚的玻璃斜顶上看到玻璃地坪及荷花艺术品形成的美丽倒影。

主庭院具有浓厚的"苏州古典园林"特色，照明秉承园林的"幽、静"原则，池塘中的不锈钢荷花采用水下照亮荷花下部，远投光照射荷花的花苞，其他水岸及地面花草树木的照明作为点缀。

照明设计师在满足基本功能和装饰的前提下，一直试图用光来表达内在的情感，把王小慧老师的摄影作品、艺术装置等多种艺术形式展现得淋漓尽致，并使整个建筑空间充满无穷的魅力。

	5
2	6
	7
3	8
1	4	9

1 灯箱发光示意
2 顶棚的暗色玻璃上能够看到玻璃地坪
　及荷花艺术品形成的美丽倒影
3 展厅发光定模拟白光效果
4 发光顶模拟蓝天白云效果
5 不锈钢网立面，门头和门是全不锈钢的
6 第一进与第二进之间的花园
7 最后一进庭院
8 展厅发光顶关闭，仅呈现重点照明
9 展厅灯光全开效果

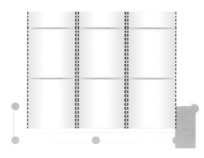

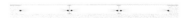

Marisfrolg 2013 秋冬时装秀

MARISFROLG 2013 AUTUMN/WINTER FASHION SHOW,BEIJING/CHINA

地理位置 _ **中国北京**

╋ 空间设计：仲松
照明设计：北京周红亮照明设计有限
公司

Marisfrolg 创立于 1993 年，是中国本土高档女装品牌机构之一。本案是 Marisfrolg 于 2013 年 3 月在北京朝阳公园——朝阳规划艺术馆 T-Space 内举办的 2013 年秋冬服装秀照明设计。

空间设计由艺术家仲松先生担纲。仲松希望保持空间粗犷、质朴的原貌，巧妙引入能体现"东方气质"的中性介质，通过这种介质或方式把人及人的行为和空间的厚重感、历史感融合在一起，希望不同气质的事物的融合而呈现的形式给人强烈的心灵震撼，让身处其中的人获得意外之美的体验。最终的介质选择了中性的、空灵的"水"。又在水中搭建平面为 8 字的浮桥。模特在浮桥缓缓走过，观众分列水岸两侧，水中倒影意境空灵，模特在行进中被立柱有节奏的瞬间隔断，形成空间层次变化。外场区域载体条件并不好，空间过于高大、宽阔。

照明希望用戏剧性的手法给人意外之美的体验。主要策略是通过人在场地转换时不同时间、空间的状态下，光的状态、节奏变化带给人视觉、知觉的体验变化，进而让人的情感起伏变化，从而实现意外之美的审美体验。

刚进入场地的观众都在外场区域，各处的气球灯都在按自己的程序产生不同节奏的呼吸式的明暗变化。不经意间被人觉察后会有轻轻的神奇感。在餐台及合影处会有重点照明，有明暗变化的空间很透气，有轻松的氛围。在秀开始前 30 分钟嘉宾入场，大家通过一个小的矮的不太明亮的通道顺次进入秀场。到内场后先会看到一个高 4m、宽 5m 的 LOGO 影壁墙——这是内部藏低分辨率的 LED 彩屏，外罩一层透光率只有 30% 的膜结构的光的装置。播放一些缓慢变化的抽象的影像。其实源文件是具象的云层在天上流动的视频，但在低分辨率的 LED 屏及半透光膜的处理下变得模糊了。一转身就能看到远处的主 LOGO 墙，和之前发光墙一样的效果，但更有气势了（15m 长），地面有水的地方有同步变化的倒影。空间各界面是暗黑的，所以空间的边界变得模糊了，LOGO 墙效果也突出。在惊喜中观众在工作人员的引导下通过立面布帘上投射的发光编号确定自己所在的座位区。又在座位下暗藏的暖黄色灯光的指引下找到具体的座位。这个过程浮桥是无光的，中心区域仅立柱有蓝色灯光照亮，帮助界定空间及形成此阶段的视觉中心。黑暗中大家仍然亢奋地聊着天。突然全场灯光渐渐熄灭了，大家都安静了下来。伴随着音效照柱子的光束开始有节奏的跳跃、跑动。约 1 分半，全场灯光再次渐暗，LOGO 墙随之再次亮起，模特从后面走出来。浮桥灯光随着第一个模特的行进速度渐渐点亮。浮桥的照明采用大功率成像灯，为了显色性考虑，选择了卤素光源。通过切光的方式把光精确地控制在浮桥范围。模特前后都有分组的灯特别去照明，确保不同角度立体表现模特服装效果。灯光把人们的目光聚焦到了模特和倒影，有种超现实的意境。

1　T 台照明
2,3,4　浮桥的照明采用大功率成像灯，通过切光的方式把光精确地控制在浮桥范围
5　外场区域
6　座位区域

风神庙

WIND GOD TEMPLE,TAINAN/CHINA

地理位置 _ **中国台南**

+ 共同协力：财团法人中强光电文化艺
术基金会、风神庙管理委
员会、台南市文化局
照明设计：周錬、日光照明设计顾
问有限公司 Art Light
Design
照明工程：日铣企业有限公司
产品应用：CRESTTON 控制系统、
OSRAM、NICHIA、
VAS、PHILIPS、
TRIDONIC、订制灯
照片提供：财团法人中强光电文化艺
术基金会、日光照明设计
顾问有限公司

位于台南的风神庙创建于乾隆四年，是全台唯一主祀风神的庙宇，也是台湾府城七寺八庙之一，因此在照明设备考虑上就显得格外困难，与原有古迹的结合在技术上将会是一大考验。为了呈现庙宇在环境中的静谧之美，采用了暖白色，色温在 2700K 左右的 LED 投射灯用以搭配古迹，在夜间希望呈现沉静高雅的氛围；白，意涵着灵性之白、回归最原始的简洁与纤细，在高纯度的光线下更具澄清感，犹如隔离了世外喧嚣，筑起一隅沉静的空间。

当太阳西下，日照渐短，光悄悄地为庙宇扑上一层淡淡的光晕，精心打扮之下，崭露出风华绝代的风貌，考虑庙宇周围的屋瓦邻舍栉次鳞比，左邻右舍的环境与风神庙俨然形成一种和谐的氛围，因此邻居四周的墙面选用 PL-C 26W 埋入式投射灯，为的是灯具与地面齐平，以不破坏现有环境的协调性，漫射方式的光源也提供视觉环境的垂直墙面一个很好的背景光，也不会对周遭的住户造成光害，环境与庙宇建筑恰恰也赋予光一个形状，光的语言也忠实的将建筑语汇刻画出来，亦突显庙宇的传统色彩意象。

庙宇拜亭的屋檐下方重新设计了利用简单几何构筑灯笼，为了不与传统语汇有任何细节的抵触，设计师决定回归空间构成的基本元素几何，灯笼内部还包含了下照的投射，除了原有的漫射光源，也将入口台阶的高低差利用对比使人注意到脚下的安全。拜亭在平日还有地方人士聚会讨论时事、聊天及泡茶聚会的功能，将原有日光灯重新以使用机能为考虑，设计出不同时段有着不同照明方式的吊灯；室内的灯光设计在整体建筑具画龙点睛的效果，点亮了黑暗中的一盏明灯，犹如风神庇佑着信众。

	3
	4
1	2	5

1 订制宫灯
2 石钟鼓楼照明
3 庙宇外观全景：未使用一根钉子将灯具固定于建筑结构之上，以"减法设计"来延伸照明设计手法
4 庙宇手绘设计图
5 庙宇外观：采用了暖白色，色温在 2700K 左右的 LED 投射灯

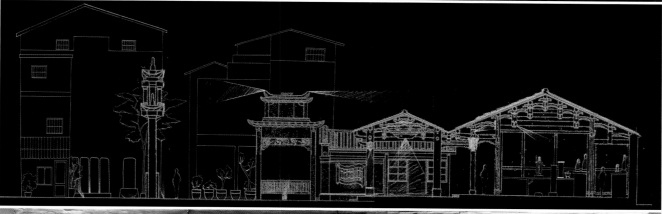

圣救世主教堂

THE HOLY REDEEMER CHURCH, LA LAGUNA/SPAIN

地理位置 _ **西班牙拉古纳**

业　主：圣救世主教堂
建筑设计：Menis Arquitectos—
　　　　　Fernando Menis

西班牙拉古纳圣救世主教堂，由建筑师费尔南多·门尼斯（Fernando Menis）设计，是一个利用天然光影响建筑的典型案例。它的设计理念涉及极简主义和自然，质感和光。门尼斯利用地形的天然条件来选择材料，这同时又作用于教堂的整体面貌。光是可以激发出建筑质感和品质的建筑元素。建筑师使用天然光、光色的细微差别以及它在一天中的运动轨迹来设计空间。

从外部看，教堂就像从采石场开凿出来的一块大石头，从相当高的高度坠落在西班牙土壤上，摔成 4 块。这 4 个空间互相依靠，运动不止，好像一个有力的猛推就能把它们甩向各个方向。外墙看起来非常有力，结实粗犷的混凝土显示了古老的表现力：富于感情，原始、自满。从触觉上会让人联想起每年一次从撒哈拉吹过来然后降落到特内里费北部的细尘，干燥、粗糙，令人不舒服。

但随后太阳升起并改变了一切。混凝土开始熠熠生辉，建筑没有一点粗犷的迹象了。沐浴在动态的太阳光辉中，石头好像也瞬间开始和光一起流动。石头失去了重量，它们变得轻盈、亲切。所有坚忍之物都变得充满活力。

教堂东向的墙壁有一条砍痕，黎明太阳升起时它首先映入眼帘。墙上的水平和垂直切口都很深，深至室内。它们形成了对十字架的艺术渲染，在一天中的特殊时间，光像瀑布一样透过它们倾泻进室内。光线耀眼明亮，如同是超自然的力量，因此即使对于旁观者，也息息相关。

教堂内部空间被分隔开来，但又互相连接，通过裂痕接收光线。光影在墙壁、天花板、地板上交织，在庭院里作画，将走廊渲染得雪白，投射出深深的阴影，让空间更加开阔，创造一些角落，指示出前行的新道路。以前感觉像一个修道院的地方被转换成了一个潜力无限的空间，空间内的气氛扩大了内部可举行的活动范围。

建筑师费尔南多·门尼斯因"轻裂缝"（grietas de luz）而闻名，这是一种通过有目的的引入入射光来重塑室内空间的日光开口。为了达到效果，他的设计初始阶段会包括对太阳运动路径的分析。在圣救世主教堂这个案例中，他涉及到了 7 个圣礼和圣经式的从黑暗（无知）到光明（信仰）的转变。

夜晚，室内黑如洞穴。当第一束光到达十字形裂口洒入室内时，此种情景让人联想起基督复活的故事。光束在空间内移动，到达洗礼盘，这是新生儿洗去原罪之地，标志着基督教的曙光。中午时分，阳光直接落在圣坛上，使圣坛成为整个仪式的焦点。在一天将要结束的时候，光线落在忏悔室上方。圣经意义上的路径与自然中的太阳运行轨迹一致。随着夜幕开始慢慢降临，最后一抹光束落在教堂内部与文化中心之间，挽留着做完礼拜的信徒们，也可以提醒晚到的来访者们教堂内部活动仍在进行。

1 从外部看，教堂就像从采石场开凿出来的一块大石头，从相当高的高度坠落在西班牙土壤上，摔成 4 块

2 通过墙壁上十字形开口投射进入室内的光线，用一天的运动轨迹讲述了一个故事

3,4,5 正午的阳光穿过单个建筑之间的空间，产生了引人注目的图案。与人工光相比，天然光的优越性显而易见。一部分楼梯使用天然光照明，而其它部分使用荧光灯照明

6,7 单个混凝土建筑之间互相依靠，就像用空间作为建筑元素围合成了建筑，中间的空隙可以让日光穿过。射入的阳光定义了建筑内部空间，而缺口又具有象征意义

8 从外部看十字形切口

历史宗教

HISTORICAL & WORSHIP

圣佛洛里亚诺教堂

SAN FLORANO CHURCH , GAVASSA/ITALY

地理位置 _ **意大利嘎瓦萨**

＋
业　　主：圣佛洛里亚诺教区委员会
建筑设计：x2 architettura 事务所
照明设计：x2 architettura 事务所
产品供应商：
荧光板：Ideallux

在早期的基督教教堂中，光已经扮演了重要的角色。这些神圣的建筑有许多窗户和开孔允许太阳光倾泻而入。并且这也确实是我们今天所发现的，更准确的说是在意大利北部嘎瓦萨小镇的圣佛洛里亚诺教堂里发现的。为了抹灭岁月的痕迹和提供额外的空间，这座老教堂被翻新和扩张。意大利雷焦艾米利亚 x2 architettura 事务所的两位建筑师，索菲亚·欧娜斯瑞（Silvia ornaciari）和马尔斯·赞博尼（Marzia Zamboni）设计了一个由日光，清晰的线条，信仰和现代技术组合而成的方案。

这两位建筑师选择在教堂的北侧增加一个略成椭圆形的侧翼，来保护建筑的基本结构和外观，并使教堂内部的空间功能可以被重新安排。圣佛洛里亚诺教堂已经在扩建，然而入口仅可以进入建筑已经存在的部分。建筑旧和新的部分通过 3 个开放的入口连接，引导去做礼拜的人通过被光照亮的大门进入新侧翼。进入有光照的地方会使人联想到进入天堂。新侧翼部分几乎仅由日光照亮，通过对窗洞和天窗位置的巧妙安排达到近乎完美的效果。后者位于教堂北立面上，从而增强了教堂正厅的线性几何体感。

光照突显了石材的纹理，从而产生一种仿佛墙体自身在发光的效果。天窗的边框在教堂内部是不可见的，由此模糊了天花板与外墙的界线。多亏了建筑设计中嵌入式天窗的设计，在圣坛后方墙上，阳光得以被集中控制形成几何形状的光束。对于信徒来说，在此空间里这种光效象征着与上帝的联系，而日光扩大了此空间的尺寸。

新的侧翼里，唯一的人工照明被设在祭坛的后面。它的光色与日光形成了鲜明的对比。有趣的是，光色的并置没有破坏空间里的整体和谐，相反会引发人们的好奇心。隐藏在大理石覆层的 18 张 35W 荧光板，与圣坛后侧的 14m 长的大理石长凳完美呼应。发光板被安装成平行的两排，以确保光线均匀连续。

除了这些荧光板，在这个做礼拜的地方没有安装筒灯、吊灯或是其他现代照明设备。这个地方用自然光照明是最完美的选择，也是最纯粹的形式。天黑之后，牧师用传统蜡烛照明而不是拨动开关。

光决定了空间的质量，营造了氛围并满足了做礼拜的需求，谨慎的同时也沉浸在优雅的美学中。通过阳光与建筑形式的相互作用，索菲亚·欧娜斯瑞和马尔斯·赞博尼把握住在物质和非物质层面需要用什么为这座建筑提供照明。

内部空间易受气候变化的影响，相应地，也影响照明。照明依时而变——体现着生命的无常与光的永恒。

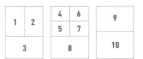

1　用现代化的方案为做礼拜的地方设计一个具有启示意义的照明，通常会有用灯过度的风险。在这个项目中，设计师清楚地考虑到了谦逊，结果是设计虽不引人注目，却令人印象深刻

2,3　光决定了空间的质量，营造了氛围并满足了做礼拜的需求，谨慎的同时也沉浸在优雅的美学中

4　新侧翼部分几乎完全仅由天光照亮，通过对窗洞和天窗位置的巧妙安排达到近乎完美的效果

5　建筑设计中嵌入式天窗的设计，阳光得以被集中控制形成几何形状的光束白天和天气条件，伴随着光和色温，

6　使得建筑呈现非物质性和物质性从教堂内部看，天窗的边框是不可见

7　的，天花板和外部的墙的结合点模糊了边框
唯一的人工光源被安装在祭坛的后

8　面。隐藏在大理石覆层的 18 张 35W 荧光板，与 14m 长的大理石长凳完美呼应
教堂的北侧增加了一个略成椭圆形的

9,10　侧翼，来保护建筑的基本结构和外观

种子教堂

THE CHURCH OF SEED, HUIZHOU/CHINA

地理位置 _ **中国惠州**

+ 建筑设计：O Studio Architects
项目建筑：广州市建工设计院
总承包商：茂名市建筑集团有限公司
摄　　影：Fai Au，Iwan Baan

种子教堂位于中国七大道教名山之一的罗浮山中。这个教堂不仅为基督教徒提供了朝拜和冥想的地方，也为周围村民提供了娱乐和聚会的场所。不过这里并没有激进地宣传宗教教义，所有的交流都很隐性地通过建筑的光影传达了出来。

种子教堂是用天然的材料建造的，由现浇混凝土和竹制模架构成。留在水泥表面上的竹子的质地减少了水泥墙面带来的沉重感，使它和周围的树木还有绿色的景致和谐相生。

教堂的面积是 280m²，可以容纳 60 人。面向东南墙体引入十字形开洞，早晨那里有阳光可以照射进来。通常，在基督教堂里十字架一般位于圣坛的后面。这里的光十字架也位于圣坛后，仿佛上帝作为一位静默的观察者在俯瞰一切。和建筑概念相同，这个十字架不是突起的而是镶嵌在环境里的。圣坛另一侧墙面上的落地窗和光十字架一起，使高坛完全笼罩在光芒里。光十字架和窗外的景色一起展现了上帝的牺牲与他福泽人间的完美平衡。

阶梯式的屋顶是半玻璃质地的，可以让北面的漫射光照进屋内，并且在阴天的时候也会有相同的光进入。屋顶是从 3m 升到 12m 高，从进入这个空间朝圣坛看去时，会发现人的尺寸产生了很有意思的变化。参观者可以沿阶梯式屋顶走到屋顶花园，在观景台眺望远处的山水，让人类在上帝的创造面前更显谦逊。与之对比，教堂上透明的窗户和门意味着与外界世界的隔离。

尽管种子是这个设计的初始概念，教堂的建设并没有想直接展现种子的形状。设计通过光影和材料质地的互相作用表现出教堂抽象的样子和形态。这个建筑不仅仅注重了建筑物的形状，也表现出了对自然环境和当地人文环境的尊重。

1　教堂透视图

2　面向东南墙体引入十字形开洞，早晨那里有阳光可以照射进来

3　光十字架和窗外的景色一起展现了上帝的牺牲与他福泽人间的完美平衡

4　种子教堂由现浇混凝土和竹制模架构成，留在水泥表面上的竹子的质地减少了水泥墙面带来的沉重感

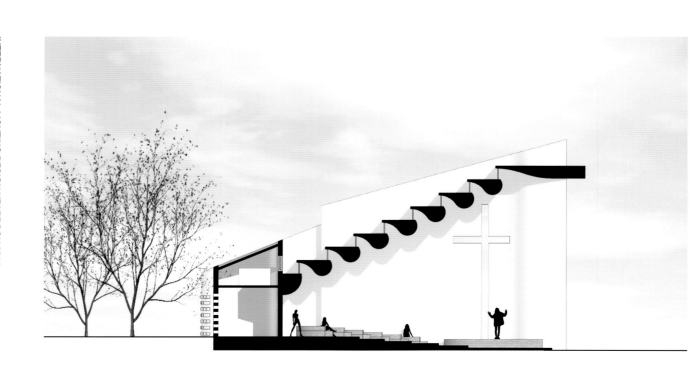

北极光大教堂

THE CATHEDRAL OF THE NORTHERN LIGHTS, ALTA/NORWAY

地理位置 _ **挪威阿尔塔**

业   主：阿尔塔市政府
建筑设计：Schmidt hammer lassen,
          Link Arkitektur
工 程 师：Ramboll AS
主要承包人：Ulf Kivijervi AS
艺术设计：Peter Brandes
摄   影：Adam Mork

对于有着不同背景的作家、诗人、艺术家、作曲家以及信仰者，北极光依旧是他们灵感的来源。在一个距离北极圈大约 500 km，在定期出现北极光现象的世界最北部的一个小镇建造一座建筑物的机会是不容轻视的，2001 年，诸多公司宣布竞标申请阿尔塔北极光大教堂的设计项目。最终的中标人是丹麦建筑设计公司 Schmidt Hammer Lassen 的建筑师 Aarhus 以及 Link Arkitektur。

阿尔塔市政府希望这座建筑不仅仅是一座新教堂。他们希望这座建筑物被设计成一个可以突显阿尔塔（一个可以观察到北极光现象的城市）的建筑地标。

北极光大教堂的设计构想来源于周围的自然环境和当地文化，并且通过建筑表现奇特的北极光现象。John F. Lassen，丹麦建筑设计公司 Schmidt Hammerlassen 的合伙人，他指出：这座大教堂真实并且隐喻地反应了北极光的飘渺、转瞬即逝，诗意和美丽。它似乎是一座与壮丽大自然互动的独立雕塑。

教堂盘旋上升的钟塔的塔顶距地面 47m。钛金属覆盖的教堂表皮反映了北极圈漫长极夜时期的北极光，并且突出了自然现象的特征。

教堂的内部是安静平和的，可以容纳 350 人，与不断变化的外部形成鲜明对比。教堂内部的材料——墙是原生态混凝土材质，地板、嵌板以及教堂顶部是木质材料，更加突出了挪威的特征。阳光穿过高、窄、不规则的窗户洒进教堂，天窗的设计也使得光覆盖了圣坛后部的整面墙，创造了一种独特的氛围。

1 北极光大教堂不仅是一座教堂，而且是一个可以观察到北极光现象的城市建筑地标

2 教堂内部，墙是原生态混凝土材质，地板、嵌板以及教堂顶部是木质材料

帕农哈尔马修道院

ARCHABBEY OF PANNONHALMA BASILICA,PANNONHALMA/HUNGARY

地理位置 _ **匈牙利帕农哈尔马**

业　主：匈牙利本笃会帕农哈尔马
修道院总院牧及其社区人
员
首席建筑设计：John Pawson
Architects
执行建筑设计：3H Architecture &
Design
照明设计：Speirs + Major (Mark
Major and Philip Rose)
执行照明设计和系统集成商：
Belight（Belight）
主要供应商：Belight, Sky,
Deltalight, Helvar,
Glassworks Novosad &
Son

通过在不同层级提供可以单独控制的层次照明，教堂的气氛可以进行轻松的调整，以适合不同的礼拜活动。光和影敏感微妙的相互作用和形式、空间的逐渐展开以及从东面看过来时的建筑细部是这个设计的关键部分。人体尺寸和人的注意力是两个需要考虑的关键因素。一个基本共识是光线要柔和、温暖、暗淡，而且要不惜一切代价避免任何可能对建筑风格造成的重大改变。所有现有的照明被替换为（或翻新，如果具有历史意义的话）更为节能、使用寿命更长、具有更好光学控制的离散配件以减少眩光。

受早期建筑中烛光所营造氛围的启发，较低水平层面上的灯光装置所提供的局域照明被重新用来提供大量的工作照明。这种方式既能满足礼拜仪式所需要的灯光，又符合人体尺寸并突出周围石雕作品的温馨。为此，约翰·帕森（John Pawson）和 Speirs + Major 以特殊铸造的玻璃罩烛灯作为灵感，以暖白光 LED 灯作为光源专门设计了一组照明设配。这组设备包括落地式、壁挂式和隔间式以及侧廊悬挂式几个版本。

一些具有特殊意义的东西需要突出，例如祭坛、神龛和讲坛，需要由一定数量的小聚光灯照亮。这些小灯通常被隐藏在低水平层次配件的基座上，或者是安装在墙上，这样的话只有从东面才能看得到。

1　从南侧廊望向圣拉斯洛（St Laszlo）
小礼拜堂方向，可以看到走廊内悬挂
的和牧师席位安装的"蜡烛式"灯具
2　教会在进行礼拜仪式
3　牧师席位所安装的"蜡烛式"灯具的
设计意图
4　墙上安装的"蜡烛式"灯具的设计
意图
5　悬挂式"蜡烛式"灯具的设计意图
6　白天教堂向游客开放时的照明
7　晚祷（夜晚）仪式中使用的照明
8　教堂大厅举行音乐会时所使用的照明

塔下中殿里，一组下照灯和落地"蜡烛式"灯具放在西门两侧的任意一侧。落地灯具位于西门的侧面，照亮台阶，同时在大门敞开的时候尽可能降低室内内外亮度的鲜明对比。主要用于阅读的下照灯光由固定在天花板上的两个灯具提供。一个额外的灯具被嵌在石拱门的最顶端。每个灯具都包含若干个可调灯，从而尽可能扩大覆盖的区域。此外，两个中央神龛的石凳后面都有线性上照灯，可以充当补充性光源。

中殿和讲坛中，彼此分开的吊杆每个上面有 4 个灯饰配件。这些围杆被放置在主石柱的东侧，以实现当从中殿下方的主要视角望向玫瑰窗时这些杆是被尽可能的隐藏起来。照明吊杆上稍低一些的 3 个灯具向下照，顶部的上照灯照亮对面临近的穹顶。在某些特定位置，其中一个下照灯会被用做聚光灯，照亮祭坛和讲台等物品。牧师席周围有来自特殊玻璃"蜡烛式"灯具提供的低位照明。它们被安装在讲坛两侧的前排席位后，为僧侣们的个人礼拜提供一种非常私密的分区照明。

在圣堂里，照明吊杆被隐藏在拱门东侧，每个吊杆上放置 5 盏灯。同样，每个吊杆的 3 盏低位灯向下照明，而顶部的两盏上照灯照亮拱腹部位。高高的祭坛和末世空间在一些特定的礼拜仪式上需要重点突出。隐蔽的聚光灯向上打亮高高的祭坛穹顶，形成一道柔和的金色光芒。额外的聚光灯将神龛突出出来，使穹顶下的司仪神父光彩熠熠。

走廊里，沿着两个过道，悬挂式的玻璃"蜡烛式"灯具提供氛围照明。教堂穹顶基底部分的每个角落都隐藏有微型聚光灯将穹顶照亮。

光源方面，低压生态卤素灯被用于高位照明，以便此后阶段将光源升级为 LED 改装型灯具。其他所有的照明都使用暖白色 LED。照明控制系统确保照明电路可以调光和轻松保存和调用预设照明状态。控制面板位于 4 个位置。由一个单独按钮组成的小板，放置在教堂的南入口处。这样，导游在入口处就能根据情况选择合适的光线。其他小板放置在圣本笃祈祷室和圣母玛利亚祈祷室入口里面，这些地方的人可以根据要求打开或者关闭电源开关。第四组控制面板稍微有点大，它位于教堂大门附近的巴洛克圣器收藏室。这为教堂提供了主要的照明控制。人们可以针对每个礼拜仪式轻松地选择适当的照明状态。

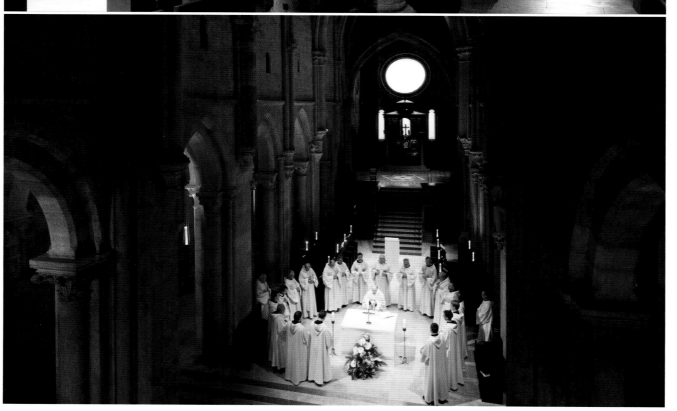

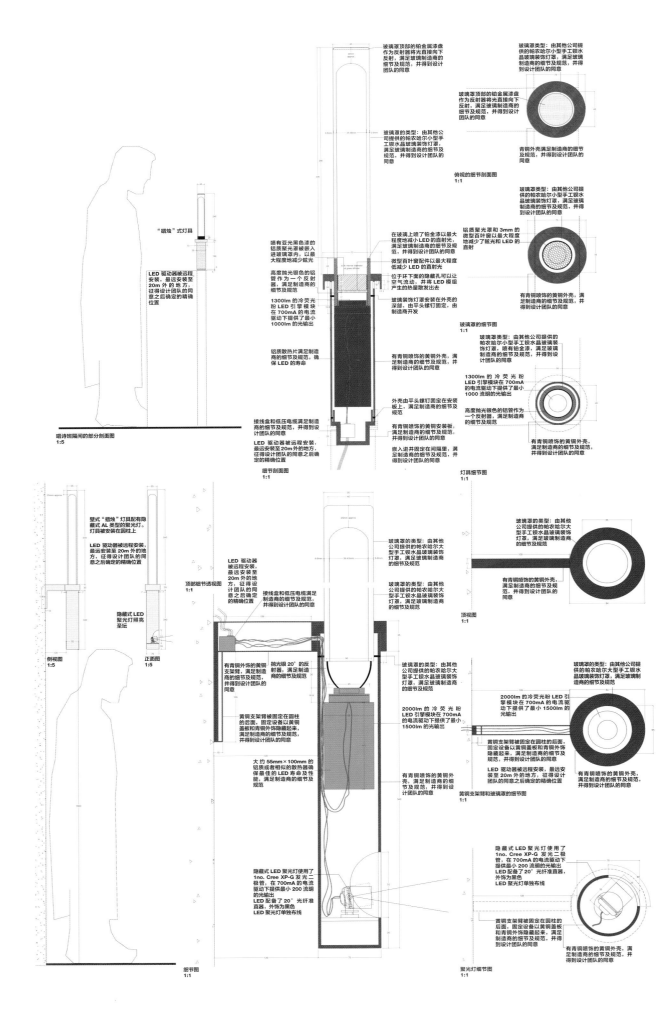

"蜡烛"式灯具

LED 驱动器被远程安装,最远安装至20m 外的地方,征得设计团队的同意之后确定的精确位置

唱诗班隔间的部分剖面图
1:5

壁式"蜡烛"灯具配有隐藏式 AL 类型的聚光灯。灯具被安装在圆柱上

LED 驱动器被远程安装,最远安装至20m 外的地方,征得设计团队的同意之后确定的精确位置

隐藏式 LED 聚光灯照亮圣坛

侧视图
1:5

正面图
1:5

细节图
1:1

喷有亚光黑色漆的铝质聚光罩被嵌入进玻璃罩内,以最大程度地减少眩光

高度抛光银色的铝管作为一个反射器,满足制造商的细节及规范

1300lm 的冷荧光粉 LED 引擎模块在 700mA 的电流驱动下提供了最小 1000lm 的光输出

铝质散热片满足制造商的细节及规范,确保 LED 的寿命

接线盒和低压电缆满足制造商的细节及规范,并得到设计团队的同意

玻璃罩顶部的铂金属漆盘作为反射器将光直接向下反射,满足玻璃制造商的细节及规范,并得到设计团队的同意

玻璃罩的类型:由其他公司提供的帕农哈尔小型手工银水晶玻璃装饰灯罩,满足玻璃制造商的细节及规范,并得到设计团队的同意

在玻璃上喷了铂金漆以最大程度地减少 LED 的直射光,满足玻璃制造商的细节及规范,并得到设计团队的同意

微型百叶窗配件以最大程度低减少 LED 的直射光

位于环下面的隐藏孔可以让空气流动,并将 LED 模组产生的热量散发出去

玻璃装饰灯罩安装在外壳的深部,由平头螺钉固定,由制造商开发

外壳由平头螺钉固定在安装板上,满足制造商的细节及规范

有青铜喷饰的黄铜外壳的铜制安装板,满足制造商的细节及规范,并得到设计团队的同意

LED 驱动器被远程安装,最远安装至20m 外的地方,征得设计团队的同意之后确定的精确位置

嵌入并固定在石间隔里,满足制造商的细节及规范,并得到设计团队的同意

细节剖面图
1:1

顶部细节透视图
1:1

LED 驱动器被远程安装,最远安装至20m 外的地方,征得设计团队的同意之后确定的精确位置

接线盒和低压电缆满足制造商的细节及规范,并得到设计团队的同意

有青铜外饰的黄铜支架臂,满足制造商的细节及规范,并得到设计团队的同意

抛光银 20°的反射器,满足制造商的细节及规范

黄铜支架被固定在圆柱的后面,固定设备以黄铜盖板和青铜外饰隐藏起来,满足制造商的细节及规范,并得到设计团队的同意

大约 55mm×100mm 的铝质或者类似的散热器确保最佳的 LED 寿命及性能,满足制造商的细节及规范

玻璃罩的类型:由其他公司提供的帕农哈尔大型手工银水晶玻璃装饰灯罩,满足玻璃制造商的细节及规范

玻璃罩的类型:由其他公司提供的帕农哈尔大型手工银水晶玻璃装饰灯罩,满足玻璃制造商的细节及规范

2000lm 的冷荧光粉 LED 引擎模块在 700mA 的电流驱动下提供了最小 1500lm 的光输出

有青铜喷饰的黄铜外壳,满足制造商的细节及规范,并得到设计团队的同意

隐藏式 LED 聚光灯使用了 1no. Cree XP-G 发光二极管,在 700mA 的电流驱动下提供最小 200 流明的光输出。LED 配备了 20°光纤准直器,外饰为黑色。LED 聚光灯单独布线

细节图
1:1

玻璃罩顶部的铂金属漆盘作为反射器将光直接向下反射,满足玻璃制造商的细节及规范,并得到设计团队的同意

青铜外壳满足制造商的细节及规范

俯视的细节剖面图
1:1

玻璃罩类型:由其他公司提供的帕农哈尔小型手工银水晶玻璃装饰灯罩,满足玻璃制造商的细节及规范,并得到设计团队的同意

铝质聚光罩和 3mm 的微型百叶窗以最大程度地减少了眩光和 LED 的直射

有青铜喷饰的黄铜外壳,满足制造商的细节及规范,并得到设计团队的同意

玻璃罩的细节图
1:1

玻璃罩类型:由其他公司提供的帕农哈尔小型手工银水晶玻璃装饰灯罩,喷有铂金漆,满足玻璃制造商的细节及规范,并得到设计团队的同意

1300lm 的冷荧光粉 LED 引擎模块在 700mA 的电流驱动下提供了最小 1000 流明的光输出

高度抛光银色的铝管作为一个反射器,满足制造商的细节及规范

有青铜喷饰的黄铜外壳,满足制造商的细节及规范,并得到设计团队的同意

灯具细节图
1:1

玻璃罩的类型:由其他公司提供的帕农哈尔大型手工银水晶玻璃装饰灯罩,满足玻璃制造商的细节及规范,并得到设计团队的同意

有青铜喷饰的黄铜外壳,满足制造商的细节及规范,并得到设计团队的同意

顶视图
1:1

玻璃罩的类型:由其他公司提供的帕农哈尔大型手工银水晶玻璃装饰灯罩,满足玻璃制造商的细节及规范

2000lm 的冷荧光粉 LED 引擎模块在 700mA 的电流驱动下提供了最小 1500lm 的光输出

黄铜支架臂被固定在圆柱的后面,固定设备以黄铜盖板和青铜外饰隐藏起来,满足制造商的细节及规范,并得到设计团队的同意

LED 驱动器被远程安装,最远安装至 20m 外的地方,征得设计团队的同意之后确定的精确位置

有青铜喷饰的黄铜外壳,满足制造商的细节及规范,并得到设计团队的同意

黄铜支架臂和玻璃罩的细节图
1:1

隐藏式 LED 聚光灯使用了 1no. Cree XP-G 大型手工银水晶玻璃装饰灯罩,满足玻璃制造商的细节及规范

黄铜支架臂被固定在圆柱的后面,固定设备以黄铜盖板和青铜外饰隐藏起来,满足制造商的细节及规范,并得到设计团队的同意

有青铜喷饰的黄铜外壳,满足制造商的细节及规范,并得到设计团队的同意

聚光灯细节图
1:1

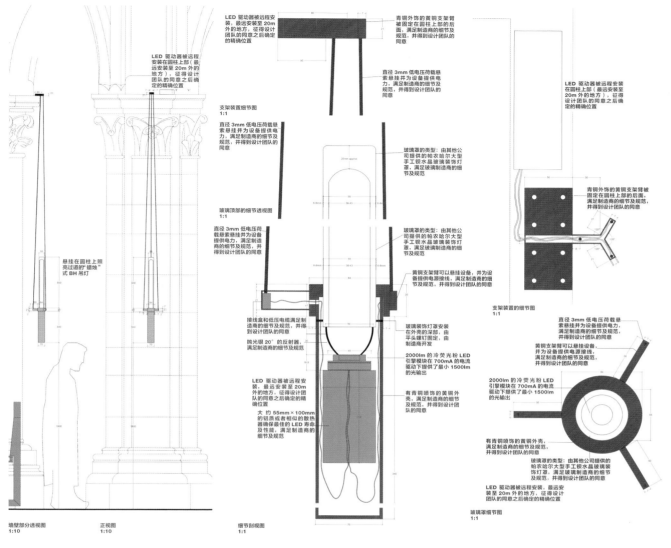

LED 驱动器被远程安
装，最远安装至 20m
外的地方，征得设计
团队的同意之后确定
的精确位置

青铜外饰的黄铜支架臂
被固定在圆柱上部的后
面，满足制造商的细节及
规范，并得到设计团队的
同意

直径 3mm 低电压荷载悬
索悬挂并为设备提供电
力，满足制造商的细节及
规范，并得到设计团队的
同意

支架装置细节图
1:1

LED 驱动器被远程
安装在圆柱上部（最
远安装至 20m 外的
地方），征得设计
团队的同意之后确
定的精确位置

LED 驱动器被远程安装
在圆柱上部（最远安装至
20m 外的地方），征得
设计团队的同意之后确
定的精确位置

直径 3mm 低电压荷载悬
索悬挂并为设备提供电
力，满足制造商的细节及
规范，并得到设计团队的
同意

玻璃罩的类型：由其他公
司提供的帕农哈尔大型
手工银水晶玻璃装饰灯
罩，满足玻璃制造商的细
节及规范

玻璃顶部的细节透视图
1:1

青铜外饰的黄铜支架臂被
固定在圆柱上部的后面，
满足制造商的细节及规范，
并得到设计团队的同意

直径 3mm 低电压荷
载悬索悬挂并为设备
提供电力，满足制造
商的细节及规范，并
得到设计团队的同意

玻璃罩的类型：由其他公
司提供的帕农哈尔大型
手工银水晶玻璃装饰灯
罩，满足玻璃制造商的细
节及规范

悬挂在圆柱上照
亮过道的"蜡烛"
式 BH 吊灯

黄铜支架臂可以悬挂设备，
并为设备提供电源接线，
满足制造商的细节及规范，
并得到设计团队的同意

接线盒和低压电缆满足制
造商的细节及规范，并得
到设计团队的同意

抛光银 20°的反射器，
满足制造商的细节及规范

玻璃装饰灯罩安装
在外壳的深部，由
平头螺钉固定，由
制造商开发

2000lm 的冷荧光粉 LED
引擎模块在 700mA 的电流
驱动下提供了最小 1500lm
的光输出

支架装置的细节图
1:1

直径 3mm 低电压荷载悬
索悬挂并为设备提供电力，
满足制造商的细节及规范，
并得到设计团队的同意

黄铜支架臂可以悬挂设备，
并为设备提供电源接线，
满足制造商的细节及规范，
并得到设计团队的同意

2000lm 的冷荧光粉 LED
引擎模块在 700mA 的电流
驱动下提供了最小 1500lm
的光输出

LED 驱动器被远程安
装，最远安装至 20m
外的地方，征得设计团
队的同意之后确定的精
确位置

大约 55mm × 100mm
的铝质或者相似的散热
器确保最佳的 LED 寿命
及性能，满足制造商的
细节及规范

有青铜喷饰的黄铜外
壳，满足制造商的细节
及规范，并得到设计团
队的同意

有青铜喷饰的黄铜外壳，
满足制造商的细节及规范，
并得到设计团队的同意

玻璃罩的类型：由其他公司提供的
帕农哈尔大型手工银水晶玻璃装
饰灯罩，满足玻璃制造商的细节
及规范，并得到设计团队的同意

LED 驱动器被远程安装，最远安
装至 20m 外的地方，征得设计
团队的同意之后确定的精确位置

墙壁部分透视图
1:10

正视图
1:10

细节剖视图
1:1

玻璃罩细节图
1:1

伊斯兰公墓

THE ISLAMIC CEMETERY, ALTACH/AUSTRIA

地理位置 _ **奥地利亚塔奇**

业　主：The Initiative Islamic
　　　　Cemetery Dornbirn
建筑设计：Arch. Di Bernado
　　　　Bader, Sven Matt
祈祷室艺术家：Azra Aksamija

在伊斯兰公墓中，光在某种程度上将不同文化的人们在生命最脆弱的时刻聚集到了一起。这个墓地由奥地利建筑家伯纳多·巴贝（Bernado Bader）和艺术家阿茨拉·阿斯卡米·亚（Azra Askamija）（沙拉热窝、玻利维亚）合作设计，通过一种敏感的方式将穆斯林传统与奥地利建筑结合在了一起。

2003 年年初，在最初讨论关于在奥地利建立第二个伊斯兰公墓的想法之后，这个计划最终历经了 9 年的时间才形成，计划是要去修建一个明亮而极简，装饰有藤蔓花纹的公墓。

最初这个建筑家和他的顾问们想把公墓建成一个原始花园，这是很多宗教传统中经常采用的一个主题。巴贝对于花园的解释是，这是一个被一片有着美丽的草地净土围绕着的草甸。淡红色的格状系统暴露了有着不同高度的混凝土墙为坟墓围和出一个独特的空间。细长如手指形状的墓地考虑到了分期入墓的情况，也考虑到了朝着圣城麦加祭拜的正确方向。8000m² 的公共墓地大约能容纳 700 座坟墓。

公墓的主入口垂直于一面很长的外墙。墙里有一个装饰性的窗洞，欢迎来访者的到来。这个窗洞装有具有伊斯兰八角形几何特点图案的木质格架。

伊斯兰教禁止去创造可以代表任何世俗或联系到人类形态的和真主安拉类似的伪神。神以一套基于特定数字与形状的原则为代表，隐藏在形式或几的原则当中。八角星是伊斯兰艺术和建筑中古老而流行的标志，代表着神远远大于其愤怒的仁慈。伊斯兰教的教徒相信有 7 个地狱和 8 个天堂。

跨过门槛进入公墓，你就会进入一个部分有屋顶的空间，光与影在空间内相互作用，产生美妙的效果。这种作用可以模糊任何清晰的身影，背景、框架或事物。那种有光和黑暗相互作用所形成的蔓藤花纹被看作是真主的创造，仁慈而永恒。这堵墙一直延伸至太平间和洗礼间旁的祈祷室处。

当地的材料比如木瓦，是用来塑造祈祷墙（麦加朝向）和壁龛（小拱门：米哈拉布）的，它们包括风格元素和三维饰品（壁龛），是典型的伊斯兰建筑。阿茨拉·阿斯卡米·亚的设计包括雪白的墙壁，墙的中间有一扇窗。另外还有 3 个不同距离，平行于墙和窗户的窗帘。两个横向部分，位置都接近室内空间和一个靠近窗户的中央截面。

这种设计你也可以在传统的清真寺里面看到，其安排暗示着圣地麦加。朝向风墙是以 3 个不锈钢丝网窗帘做成的，连接在一列木板瓦上，也朝着麦加的方向。

由于木瓦和窗是垂直的，来访者就可以清楚地看到外面和墓地周围的公园，这又象征性地重申了神龛米哈拉布的含义：通向来世的大门。一眼望去，一列镏金的瓦，紧凑的排着，用库法体拼出了题词"安拉"和"穆罕默德"的字样。朝向风墙（米拉伯）融合了象征主义、宗教、传统工艺和灯光：由于瓦窗帘也可以作百叶窗来用，它们同时折射光线，使得光更加戏剧性，也更加夺目。

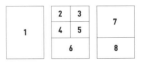

1,2　木头的使用与拉尔堡当地传统的建筑材料有着直接的联系。在入口处用以装饰的木屏朝西南方向开口，促使更多光线通过装饰屏的八角星形状，产生光与影相互作用的效果。向参观者们传达着伊斯兰传统和奥地利建筑的联系，一种光与影、生与死的联系

3,4,5,6　进入祈祷室，可以看到祈祷墙的全景。由木板瓦建成的神龛米拉伯，与拉尔堡当地的建筑传统建立了联系。木板瓦在今日仍然是当地非常普遍的建筑材料。鎏金瓦上的阳光衬托出了墙上"安拉"和"穆罕默德"的库法体题词，强调了一种其作为通向来世之门的印象

7　总平面图

8　模型，整个公墓大约可以容纳 700 个墓地，有一个洗礼室，一个亲友用以祭奠的大厅，和一个小的祈祷室。整个墓地的布置都考虑到了与指向麦加的正确方向相符

1 过道
2 墓地建筑
3 墓地
4 停车场

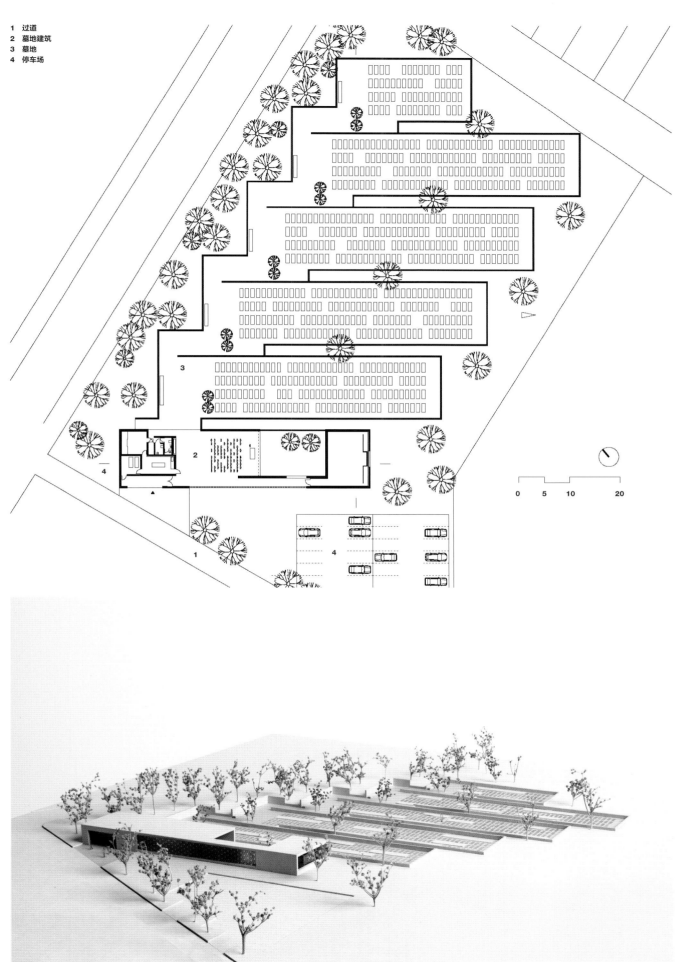

耶路撒冷古城照明总体规划

THE LIGHTING MASTERPLAN FOR THE OLD CITY OF JERUSALEM/IL.

地理位置 _ **以色列耶路撒冷**

业　主：耶路撒冷开发局 -
　　　　Reuven Pinsky
客户项目管理：Ariel Municipal
　　　　Company - Eduardo
　　　　H ü bscher
照明规划：Concepto - Roger
　　　　Narboni, Melina
　　　　Votadoro
枷法门建筑项目：Ga Igra
电器工程：EECC

规划由 Concepto 首席设计师罗杰·纳尔博尼（Roger Narboni）带领其团队设计。耶路撒冷被一条绿化带所包围，绿化带沿袭此处两条河流走向，开分不够充分。设计经分析挖掘绿化带暗区潜质，从而突出并强调与城墙内明亮景观的对比。

就像碧玉作为一种石头有不同的分层色带一样，照明理念可以展示出组成耶路撒冷古城风貌的不同层面：城周景观、古城墙、建筑及街道、绿植、竖断元素及散布城中的圆顶。分层照明为城市构筑颇具特色的夜晚景观，打造令人印象深刻的玉石光带。

经 Concepto 团队实验，所有的内部街道采用暖白光（2800K~3000K）以提供更好地显色性，灯具则选用无眩光吊灯或安装在建筑外立面的壁灯。夜景照明强调对大量建筑细部（拱门、窗、阳台、花雕门、喷泉）的渲染，而装有滤镜的彩色吊灯只安装在主街区使游客和市民能够更深刻理解古城的层次。吊灯标记出古城的两条主轴线，东西向 Decumanus 大街以及南北向"cadro-both"大街。沿轴线发展出的四个区域，分别是穆斯林、东正教、亚美尼亚以及犹太教区四部分。根据四区相对太阳的位置以及日出与日落时的光谱色组成，照明设计为四区的吊灯配备了不同光色——北方为蓝色、东方为绿色、南方为黄色、西方为红色。在街道照明设计项目中 Concepto 故意忽略私人与商业空间照明部分，取而代之以最新的概念和全球化的方式，通过对商店立面和遮阳篷的新设计与研究，为店主制定一系列新规范与规则。

尽管古城中不乏古建筑和历史纪念碑，但只有一小部分被照亮而且在夜间很难突出出来：圣岩清真寺金顶、阿克萨清真寺圆顶、大卫塔、圣萨瓦尔多教堂。唯有冲破城市天际线的圣岩教堂金顶相对耀眼，与平台广场的高压钠灯相争辉。

西部新城靠近老城的街道，在桅杆上安装了高亮的高压钠灯。同样的设计运用在北部，路灯和壁灯相得益彰、互相争辉。古城周围的主要街道与城墙相邻，街道照明的高压钠灯常常直接照向外部，从而产生了很多眩光。Concepto 为城墙开发的理念是，采用在某一个角度高密度布灯的手法打造金色灯列。这种手法将在创造城市的夜景形象时发挥关键作用。金色光有条理地从墙边的地上发出，以强调墙的纪念性并展示出它的纹理。洗墙光亮度由下至上逐渐减弱，使城墙整体展示免受垂直灯杆干扰。

周边橄榄山坡上的犹太公墓，用安装在柱上的冷白光色探照灯完成泛光照明，引导游客登到橄榄山顶欣赏墙城美景。不足的是，当游客在橄榄山顶上漫步并欣赏城墙内城市的美丽景观时，这些装置会产生很多眩光。东部城墙边上的穆斯林公墓同样用安装在柱上的冷白色探照灯完成泛光照明。这种照明方式，因为光源与被照明区域有一定的距离，当从东方望向城墙时会受到干扰，同时耗电量很大。

尽管大门是构成一些主要景区的要素且是进入古城的要地，大门却并未特别进行强调。Concepto 团队选取金色光在大门内侧和外侧进行强调。采用上照灯对细节及材质进行了强调。西面有名的大卫塔内墙运用相同手法勾勒古城轮廓。

1 耶路撒冷历史中心区整体照明印象
2 Concepto 绘制的山谷效果图。光点定义了空间，并提供了背景意义，关键特征得以强调以增强趣味性
3,4 历史中心区狭窄街道的白天和夜晚
5,6 历史中心城区的白天景观，可以看到前景里圣墓教堂的两个圆顶
7,8 无眩光街道照明方案，采用酒店立面照明装置以及地下上照灯打亮城墙。图 7 提供了使用灯杆装置的备选方案

新加坡滨海湾花园

GARDENS BY THE BAY, SINGAPORE

地理位置 ＿ **新加坡**

业　　主：新加坡国家公园局
总体规划 / 景观设计：Grant
　　　　　　　Associates
建筑设计：Wilkinson Eyre
　　　　　Architects
照明设计：Lighting Planners
　　　　　Associates
其　　他：CPG Consultant
摄　　影：Lighting Planners
　　　　　Associates, Toshio
　　　　　Kaneko

完工日期：2012 年 6 月

"滨海湾花园"坐落于滨海湾金沙酒店的荫影下。金沙酒店拥有三座 55 层高的酒店大楼，屋顶上距地面 190m 的天空露台将这三座大楼连接在一起，这条空中走廊即著名的"金沙空中花园"。来自日本的 Lighting Planners Associates（LPA）被委托设计照明，他们制定了一个基本概念："有机照明的娱乐天地"。

热带和非热带植物生长在生物群落中，这里的温度和湿度都是经过特殊设定的。晚上从外面看，这些巨大的人造生态系统从"花顶"里的花坛和"云雾森林"的雾气腾腾中焕发出温柔的光。当游客进入这里，他们就开始体验微妙的色彩变化序列，这些序列的透明度也不同。支撑玻璃的肋架被柔和地洗亮，并且将建筑结构突出来。亮度自北向南逐渐减少，以免与花园中央部分的光线冲突。富有表达力的支撑结构是由一系列配备有管状眩光盾的对称投影仪来强调，从而确保光被引导到恰好需要的地方并且避免溢光。

"花顶"面积 1.2hm²，高 38m。它被设计为可容纳来自地中海、南非和美国加州的植物的苗床。天黑后，花坛的照明会产生有趣的效果，会与散步的游客产生互动。照明中高效的夜间设置、优雅的对比和空间的节奏渲染，通过使用杆状灯、短柱灯和只供指引方向的细小元素来实现。来自非洲的猴面包树和瓶子树出现在光影之间，光和自然的结合产生了一个精致的夜间体验。

第二个生物群落"云雾森林"稍小一点，面积为 0.8hm²，但最高的高度达 58m。这个生物群落的核心是"雾山"，它被蕨类植物和各种各样不同颜色的鲜花所覆盖。这里真正吸引眼球的是 35m 高的瀑布。六个粗壮的防护等级 IP66、DMX 控制、光束角为 6°的 RGB LED 灯具安装在瀑布上方。水流闪耀着光芒，细细的喷雾从落下的水中升起，捕捉着光线。围绕"雾山"有两条长长的走道。连续的 LED 灯带沿着人行道的边缘安装，在夜间标示着走道的形状。叶子的鲜绿色被自然结合在一起的光与影柔和地照亮。

花园中的主要景点是由 Grant Associates 设计的 18 棵"超级树"。这棵超级树由 4 部分组成，建造工程是由 Atelier One 的工程师们协作完成。内侧部分包括一个混凝土柱，它起到一个烟囱的作用，可以使热空气从温室中排出。围绕这支土柱有一个在顶部开口的钢结构，如同从内吹到外的一把伞。安装在表面上的太阳能电池板可以吸收阳光存储能量，而这些能量可以用于天黑后的电力照明。超级树的独立部分被组装在地面上，并使用液压设备升高到相应位置。最后，树之间被插满热带花卉和蕨类植物。白天，超级树提供阴凉和保护；黄昏，当灯被打开，他们就"活"了过来。隐藏在结构内白天看不到的 6 个照明系统，由一个中央智能控制系统控制，可以呈现编程内的各种动态照明场景。垂直结构用位于每个超级树基部的、配备 250W 金属卤化物灯的投影仪照亮。垂直结构上穿过膜的光是经过编程的，所以在夜间会有缓慢的颜色变化。

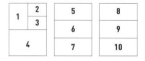

1 总平面图

2 "云雾森林"生物群落的核心是"雾山"，它被蕨类植物和鲜花所覆盖

3 围绕"雾山"有两条长长的走道。连续的 LED 灯带沿着人行道的边缘安装，在夜间标示着走道的形状

4 在果园和花园中，埋地线性灯洗亮了环绕花园的巨型释义墙

5,8 超级树

6 支撑"花顶"玻璃的肋架，被柔和地洗亮，突出了建筑的结构

7 在 22m 的高度，超级树之间有一长 128m 的天桥，人们可以在此欣赏花园的壮丽景色

9 空中走廊的照明由一系列定位在桥面上的扁平式灯具提供，以避免干扰景色

10 "云雾森林"最高处高达 58m。这个凉爽而潮湿的环境模拟的是热带高原气候

Ishøj 车站广场

FORECOURT OF ISHØJ STATION, ISHØJ/DENMARK

地理位置 _ 丹麦 Ishøj

业　　主：Ishøj 市
项目团队：Arkitema Architects,
　　　　　Via Trafik, Atkins,
　　　　　Dines Jørgensen & Co.,
　　　　　Gimsing & Madsen
照明设计：ÅF Lighting
面　　积：8330 m²
完工日期：2013
摄　　影：Martin Kristiansen

Ishøj 市位于丹麦哥本哈根市西南方向 20km 处，因其海洋环境和方舟现代艺术博物馆（Arken Museum of Modern Art）而闻名。在对 Ishøj 车站广场和其临近区域大规模翻新的过程中，ÅF Lighting 被委托为此区域设计一个整体照明解决方案，从而将专业功能性照明和场景照明结合在一起。ÅF Lighting 想到了一个将艺术和水结合在一起的出色主题。

当地的火车站靠近市中心，对于公共交通网络的日常使用者和博物馆的参观者来说，这是一个重要的交通枢纽和会面场所。由于住宅区靠近火车站，Ishøj 市政当局指出此地的新照明必需以高度的视觉舒适感和安全感为基本目标。同时，要优先考虑设计一个可以突出当地独特特色的照明概念，从而将车站广场从一个中转站变成一个视觉刺激点、一个引人入胜的城市空间。照明任务包括道路、公共汽车站、人行道和自行车道的功能性照明、场景照明以及和空间照明要素相连的娱乐区域。

ÅF Lighting 为此区域所开发的照明理念是基于对水元素的艺术性解释。这个主题与 Ishøj 的海洋环境和方舟现代艺术博物馆之间建立了视觉联系，将方舟的艺术轴线延伸至此车站。水成为了创意的出发点，是色调在建筑照明背景上的表达内容，而且投影图片讲述了故事并创造了一个独特的氛围。

车站广场不同的高度都与"水"这个主题建立了对应的视觉联系，因此为此区域创造了一个连贯的却又多样的光环境。地面的状态是"在水面之上"，因此它由一个定制的、图案投影机投影出白色和蓝色的水环，创造出一种扔石头产生水晕的幻觉。

当通过斜坡时，情况又变成了"与水面平行"，这是地面和车站下方地道之间的过渡区域。在缓慢上升的斜坡墙壁上投影的水波一路伴随着起伏的人行道和自行车道。

沿着地道墙壁布置的发光气泡标示了这里是"在水面以下"。由于预算限制，这里的照明方案仍待实现。

一些被选定照亮的树突出了这片水的世界，自行车棚被照成了蓝色和绿色为此地的景色更增添了视觉深度。

此区域的功能性照明包括公共汽车站、出租车停靠点、人行道、自行车道、楼梯、斜坡以及地道等。对于业主来说，此区域可以作为一个城市空间而不是一个交通枢纽而存在是至关重要的。另外，照明必须可以支持广场的不同功能，并且创造一个具有良好视觉舒适度的明亮、安全的环境。为了满足这些要求，设计师决定使用城市照明设备而不是典型的道路照明灯具。选择的顶柱灯有 4.5m 高，而且因其现代而永恒的设计非常自然地符合了这一新城市区域的特色。为了实现此区域的统一性，在自行车道和人行道上也使用了同样类型的顶柱灯。在公共汽车站的等待棚内以及楼梯和斜坡的沿途，通过嵌壁式灯具和相应的护柱增加了额外的功能性照明。

专业的功能性照明和场景照明之间的均衡组合，为 Ishøj 车站创造了一个特色的、统一的照明，解决了此区域内交通和功能需要，同时为众多日常使用者提供了一个独特的视觉体验。该项目获得了 Ishøj 市的 2012 建筑奖。

1,2　水面之上——地面上的图案投影，被照亮的树木，背景区域的功能性照明
3　全景——斜坡和地面上的投影，树木照明，自行车棚照明
4　全景——斜坡上的投影，树木照明
5　功能照明——自行车道和人行道
6　水面平行——斜坡上的图案投影
7　全景——斜坡和地面上的投影，树木照明，功能性照明
8,9　投影图案——地面，水面之上
10　投影图案——斜坡墙壁，与水面平行
11　功能照明——公共汽车站
12　整个区域的可视化照明规划

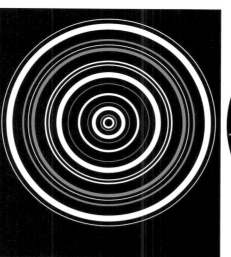
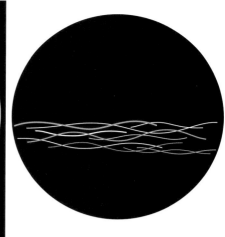

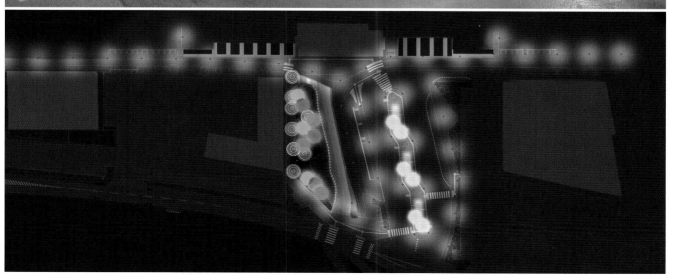

圣约翰城堡

FORT SAINT JEAN MARSEILLE /FRANCE

地理位置 _ **法国马赛**

项目业主：法国文化部
项目经理：Agence aps (agent)，
　　　　　Sitétudes
投标过程：Public consultation
运行成本：不含税 600 万欧元
照明设计：Régis Clouzet and
　　　　　Sylvain Brcesson

圣约翰城堡和欧洲和地中海文明博物馆都是马赛日常文化生活的重要部分。作为"马赛 2013，未来欧洲文化之都"项目的一部分，Agence Lumière 被委托为此城堡和博物馆花园设计照明。事实证明最后的设计是可持续精密规划照明的结果，以复兴马赛历史遗产的吸引力。

此项目旨在夜幕降临时让参观者们获得一个兼具审美与功能性的高品质体验，让圣约翰城堡成为散步者或夜晚参观的游客眼中的一个引人入胜之地。

由文化部部长宣布的方案强调了圣约翰城堡独特特征中的文化和欢乐因素。照明布景以一种均衡的方式让圣约翰城堡不管是近看还是远观都能从周围环境中突出出来。

照明设计的目标之一是尽可能的隐藏所有的技术设备。照明必须完全整合到一起，才能满足场地上的各种功能需求，同时也能尊重城堡的历史因素。

入夜，照明配景让城堡进入了一个崭新时代。设计中包括 3 个主题：历史照明，这个部分主要突出历史建筑的某些部分，以在入夜后展示象征性的元素；景观照明，此部分通过策略性的照亮植物（除了贯穿城堡的一个新的小路）衬托出周围的景观特色；场景照明，为了展示城堡和海洋的象征性意义，此部分的照明环境可全年提供富有变化的夜间艺术。

俯瞰马赛港，圣约翰城堡的花园部分成为欧洲和地中海文明博物馆的延伸，成为直接连接马赛和马赛历史的纽带。

我们使用可持续、策略性安装的照明将花园的自然特性衬托出来，让城堡在马赛的夜间环境中扮演一个重要角色。移民之园吸引着游人进入城堡，通过一系列在地中海发现的图像向他们展示各种文化交融的成果。

项目的主要目的是为游客开启一个充满魔力和神秘的夜间海滨，同时能完全符合该位置的历史特性。该场所的初始照明为城堡的新的夜晚生活增添了一份神韵和灵魂。

作为"马赛 2013，未来欧洲文化之都"项目的一部分，这个新的规划，让城堡淹没在可以呈现地中海盆地的植物历史的自然背景中，让游客以新的眼光重新发现城堡。多亏这精心设计的灯光！马赛将再次充当欧洲的一个重要的文化枢纽，同时为马赛居民提供一个享受夜间散步的新场所并让他们引以为傲。

	2
	3
1	4

1 照明突出了历史建筑的某个部分
2,3 花园照明为游客开启一个充满魔力和神秘的夜间海滨图
4 照明布景以一种均衡的方式让圣约翰城堡不管是近看还是远观都能从周围环境中突出出来

马赛老港

THE OLD PORT OF MARSEILLE, MARSEILLE/FRANCE

地理位置 _ **法国马赛**

业　　主：MPM Marseille Provence Métropole
建筑设计：Foster and Partners / Tangram architects
景观设计：Michel Desvigne
照明设计：YannKersalé–AIK
电气工程：Ingérop Conseil et Ingénierie
电器安装：Citeos / Cegelec
Selux 产品：Olivio Floracion, Sistema, Candelabra

作为"2013 欧洲文化之都"，马赛已投资约 660 万欧元用于一个新的文化基础设施的建设，并且在城市形象方面已经有了一些持久的变化。作为旧城中心，马赛老港出台了一系列减少交通的措施，现在该地已经成为市民休闲漫步、享受周边环境、观赏风景的场所。照明理念源于设计师亚讷·凯尔萨雷（Yann Kersalé）。Selux 公司已开发并实现了技术上高度复杂的照明解决方案。

2600 年前，远航的希腊人在此抛锚并建立了他们的殖民地"Massalia"，最近，经过大规模的翻新后，该地已变成一个引人注目的城市空间。由景观设计师米歇尔·戴斯威纳（Michel Desvigne）来自与 Foster and Partners、Tangram 建筑师事务所的团队对整个 10 万 m² 的区域进行了重新设计和改造。曾经古色古香的老港区已经变成一个拥有多车道的交通要道，当然，人们再不能仅把此地当成休闲之地了。

海港周围的环行路规模缩减，码头区域变成了一个可以散步和举行活动的大广场，这是一个现代意义上的遮阳蓬，并被命名为"Ombrière"。Foster + Partners 在伦敦的设计负责人斯宾塞·格雷 (Spencer de Grey) 将该项目描述为"邀请马赛人民在这个广阔的空间再次登上舞台、欣赏活动，举办集市和庆祝节日"。

由亚讷·凯尔萨雷开发的照明理念为空间增加了一个新的维度。17 个 16.5m 高和 8 个 23.5m 高 Olivio 系列的定制柱灯定义了空间结构，同时照亮了广阔的长廊区域，一直延伸到水的边缘。超高、超细的柱子使人联想到帆船上的桅杆。

这些灯具配备了 90W 或 140W Cosmopolis 灯，根据大小型号分组，并螺旋状地分布在柱子的上方。这种天然、有机的设计与步行广场的几何布局形成了微妙的对比。

亚讷·凯尔萨雷的照明设计的主要组成部分是一个 2.5m 高的"LED 外壳"：超平坦，激光切割表面的反光不锈钢，并配备 RGB LED。它们覆盖在港区中央的 8 个较高的灯杆上，类似于树干上的树皮。由此产生的无固定形状的表面可以用作 LED 屏幕，播放由亚讷·凯尔萨雷为该位置专门创作的视屏艺术作品。

不同的录像在每年特定的时间或特殊的场合播放。里面的图像和图案会让人们联想起淙淙流水——流水强调了城市和大海的错综复杂的关系，反映了马赛公民所拥有的悠久历史以及他们与地中海的联系。

1,2　灯杆 16.5m 和 23.5m 两种高度，灯具配备了 90W 或 140W Cosmopolis 灯，根据大小型号分组，并螺旋状地分布在柱子的上方，这种天然、有机的设计与步行广场的几何布局形成了微妙的对比

3,5　2.5m 高的"LED 外壳"覆盖在 23.5m 高的灯杆上，类似于树干上的树皮，可以用作 LED 屏幕，播放视屏作用

4　夜晚的马赛老港

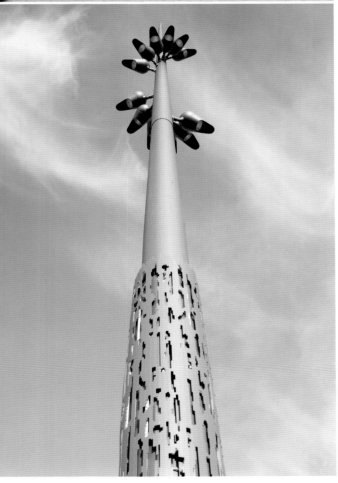

日内瓦圣热尔韦区

THE SAINT-GERVAIS DISTRICT, GENEVA/SWITZERLAND

地理位置 _ **瑞士日内瓦**

+ 照明设计：LEA，les éclairagistes
    associés
西蒙－古拉特及其周围的设备安装：
    Atelier Descombes
    Rampini SA
圣热尔韦安装：Atelier ASDZ
贝沙湾安装：Atelier ASDZ
费　用：
西蒙－古拉特及其周围的环境安装：
    约 17.55 万欧元
圣热尔韦安装：15 万欧元
贝沙湾安装：31.25 万欧元

圣热尔韦是日内瓦最古老的街区之一，在罗马时代就已经建城。在很长一段时间里，圣热尔韦只是一个拥有两座喷泉和一棵市中心大树，被川流不息的车辆包围的普通小岛。至于贝沙湾，很长一段时间是日内瓦最主要的交通枢纽之一。西蒙 - 古拉特广场创建于 1956 年，直到 1962 年一直作为停车场使用。

2011 年，新的有轨电车线路开通后，圣热尔韦被重新规划设计。公共卫生间和广场上的技术设施在 2013 年被重新修整。广场新增加了步行街，并且种植了 3 棵不同高度的树。如今的广场看起来很像一个巨大的黑色水泥平台，被一堵矮墙环绕，并有一些楼梯向罗纳河方向延伸开来。

贝沙湾是跨越罗纳河桥梁的主要组成部分。它在有轨电车路线开通后也被重新设计规划了。新建的公车等候站在中心广场的两侧，这给游览中心塔提供了很好的视野。

新的照明系统在设计上维持了西蒙 - 古拉特、圣热尔韦和贝沙湾之间的统一性。这是日内瓦"照明计划"的一部分。

西蒙 - 古拉特广场及其周围的环境中，公共照明被翻新，翻新后的照明设施更符合日内瓦"更多灯光，更少消耗"的"照明计划"。照明系统被安装在悬索上以求令广场空间最大化。3 盏由 LED 装配的灯组成的枝形吊灯照亮了广场的中心位置。另外安装有两盏悬浮吊灯进行照明。得益于 LED 测光和镜片的精确性，这个 LED 系统为新设计的广场空间提供了精确的照明。

圣热尔韦的照明与广场的设计方案一致，照明也保持了 3000K 色温的简洁和朴素，以便让广场中心空间最大化。大部分灯都附着在广场周围的原有建筑墙面上。Seujet 大坝起点的高大酸柠檬树、大喷泉和骑马雕像也同样被照亮。这个广场把西蒙 - 古拉德广场和贝沙湾广场连接起来，同样，它还给圣热尔韦居民提供了穿行的空间，尤其是去 seujet 学校上学的孩子们。

在贝沙湾，每个能提供有效照明的三角电线杆安装在 9.5m 高处，在每个电灯杆顶部（约 10 到 11m 高处）装配了 3 个能提供 3 种颜色的荧光管。由于"贝沙湾"的风力强劲，这些荧光管由一个风速器控制，灯光师希望借此将风能转化成光。在强风天气时，电灯顶部的光会变成红色或粉色；在没有风的时候，顶部的灯会变成柔和的蓝色或者白色。

1　圣热尔韦
2,3　西蒙－古拉特广场
4　贝沙湾

罗纳河和阿尔韦河桥下通道及圣·琼修道院

THE PASSAGES UNDER THE RHÔNE AND ARVE RIVERS AND OF THE SAINT-JEAN PRIORY, GENEVA /SWITZERLAND

地理位置 _ **瑞士日内瓦**

在 Jonction 区，罗纳河和阿尔韦河两河交汇处的左岸和右岸有 4 条通道，行人和骑车者可以从 Saint-Georges 和 Sous-Terre 桥下的通道穿行，从而避开车辆。作为 2012 年完成的维修翻新工程的一部分，通道内部也被安装了新的照明设备，为穿行通道的行人和骑车者提供了更加舒适和安全的照明环境。

颜色方案是这个项目的基础：4 条通道主要有 2 个主色调，阿韦尔河这边的通道是一个色调，罗纳河这边的通道是一个色调。地面的颜色是由绿色的渐变色构成的，可以衬托出河水的颜色。阿韦尔河这边的地面是灰绿色的，到罗纳河这边就渐变成蓝绿色。为了突出这几条通道的自身特色，墙壁被刷成了白色，这样可供涂鸦大师们随意挥洒。通道顶也被刷成了白色（草纸白）。还有连接到阿韦尔通道的坡道和楼梯的墙面被刷成了硅石灰色，而在罗纳河通道那边的墙面则被刷成了深水泥灰。

因为通道会被全天使用，所以照明系统必须同时适应白天和夜晚的光照环境。通道顶上安有带有滤色片的灯管。灯光色调随着白天和夜晚的变化而自动调节：外面比较黑的时候，灯光会更亮。尽管 4 个通道里的照明系统是一样的，但每个通道里营造出的氛围却各具特色。连接 Quai des Vernets 和 Péniches 路的通道内的主色调是橘色和黄色，而相反方向通道的主色调是红色和橙色。在罗纳河那边，红橙色和黄色的混合色调渐变成蓝色和绿色色调，在另一边的左岸通道内颜色则更深。

照明设计师提出了一个可以增加通道内部视觉舒适度的方案。选择的材料具有防撞击，易保养，并节能的特点。最后的难度是如何设计出与墙壁涂鸦相协调的灯光效果。墙壁上的涂鸦是涂鸦大师们应日内瓦市政之邀来完成的。在前几期的绘画活动中，一些画师们就很神奇的选择了和照明灯光颜色相近的颜色！在 Saint-Georges 桥下的左岸通道里有四位涂鸦大师共同完成的主题为"绿色通道"的壁画。"绿色通道"指的是日内瓦市政计划为城市建设的，可供行人和骑车者通行的通道。

圣·琼修道院位于 Sous-Terre 桥上游通道的出口处。它位于连接市中心和日内瓦东北部居民区的几条交通要道上，同时也位于通往罗纳河沿岸的优美的小径上。这个区域里主要有一座古老修道院遗迹，以及一个拥有儿童娱乐区的小公园。在进行照明系统翻修的时候也要考虑到该区域具体的地貌特征，也就是要考虑到小径的坡度。小径上安装了配备了间接反射器的 LED 路灯，为的是降低光源的直射效果。选择这种灯的原因是因为这种灯半透明的部分可以形成垂直视觉定向。这样会让使用者在视觉上更舒适。修道院建筑则被周围安置的投射光照亮。

为了增加该地趣味性，该项目还在儿童娱乐区旁边的建筑物墙面上投射出了月亮和星星的样子。

业　　主：日内瓦市，
照明设计：François Gschwind
通道建筑翻新设计：David Reffo
摄　　影：Alain Grandchamp /
　　　　　 Ville de Genève

	2	
	3	4
1	5	

1　阿尔韦河桥下通道的照明
2　通道在河面上的倒影
3,4,5　圣·琼修道院的照明

海伦芬北部中心

CENTRUM NOORD, HEERENVEEN/NETHERLANDS

地理位置 _ **荷兰海伦芬**

照明设计，项目实施：Richard
　　　　　　　　　　Boerop，飞利浦照明
照明设计：Dick Rutten，飞利浦照明
项目可持续发展规划：Rixt Muller
项目准备，民用工程设计：Jan
　　　　　　　　BakkerHenk Kuyper
民用工程项目实施：Henk Kuyper
公共照明新建设，管理：Jan de Jong
部门设施：Sjoerd van der Meer
总 预 算：95，000 欧元
安装设施：Sander Van Geffen

荷兰海伦芬北部中心区域由 5 个街道构成，是荷兰最主要的娱乐中心。从计划阶段到实施阶段，设计公司和餐馆老板，商店老板以及当地的居民都进行了广泛的交流。根据餐饮行业的调查，餐饮公司的需求也要包括在照明设计的调整之内。此外，该项目的成功之处还在于低耗能和可再生能源。这个照明也和市政厅的一个低压电网连接，所用能源都是由市政厅顶楼的太阳能电热板所提供。

为了保证街道的空旷整洁，Urban Sky 吊坠 LED 灯只用于功能性照明。由于飞利浦 Urban Sky 灯灯光黯淡而低调。灯杆就只装在住宅区，使用飞利浦 City Soul 灯具。市政厅前的广场只装 2 个 20m 高的灯杆，这样，广场就有大部分的场地去举办年度的音乐节。即使与荷兰的标准照度（7~7.5lx）相比，这里的照度也相对较低。即使这样，在凌晨之后，功能性照明还会继续变暗。

酒吧和餐厅的外墙装的都是小型的 LED line2 LED 泛光灯，着重突出多元建筑中反复出现的元素：外墙里要装小而高的窗户。这个简单效果就把不同的外墙协调成了统一环绕着城市中心的亮丽外墙。为了在傍晚的时候把氛围变得更加温馨，功能性的吊坠灯照明会调暗 10%。这样一来，外墙的照明就主导了整个区域的氛围，而酒吧和餐馆也更加各具特色。

设施的安装是由先进的 Star Sense/City Touch 通讯管理系统控制，这种系统能在必要的时候立即调整照明的强度。为了防止意外情况的发生，照明强度可以在数秒内提高。除了傍晚的舒适照明和意外照明外，也会用到夜景：外墙以及树上的装饰性照明在凌晨关闭，功能性照明在酒吧和餐馆区域开启，照明强度约 3lx。

在剧院的附近，该区的入口，Urban Scene 投影大屏幕用于吸引更多人前来参观。虽然这只是照明计划的一小部分，但却足够让那些特别的景点熠熠生辉。Amelia van Oenema 公园里有海伦芬历史上第一座教堂的遗址，同时这里也正是海伦芬建立的地点。为了把公园融合进去，只需要用 Deco Scene LED 隐藏式泛光灯点亮几棵大树就可以吸引到人来参观这个历史古迹，但是灯光也暗得可以保持公园的静谧之感。

所有安装的组件都很低调，整个氛围也正是像所要求的那样促进了"公共客厅"的建设。通过利用通讯管理系统和 LED 照明灯具这些先进的技术，也达到了节约能源和减少光污染的目的。

1,2 酒吧和餐厅的外墙装的都是小型的 LED line2 LED 泛光灯

3 白天的街景

4,5 外墙里装小而高的窗户，这个简单效果就把不同的外墙协调成了统一环绕着城市中心的亮丽外墙

6 外墙以及树上的装饰性照明在凌晨关闭，功能性照明在酒吧和餐馆区域开启

7 市政厅前的广场只装 2 个 20m 高的灯杆，这样，广场就有大部分的场地举办年度的音乐节

光之堡垒

BASTIONS OF LIGHT, BADAJOZ/SPAIN

地理位置 _ **西班牙巴达霍斯城**

照明设计师：Cesar Rodriguez
　　　　　　Arbaizagotia
项目合作方和供应方：飞利浦，
　　　　　　Proelectrosonic
项目宣传：Baluartes de Luz Badajoz
执行总监兼协调者：Manuel J. Guerra
合作方兼安装公司：GrupoE4

巴达霍斯城是西班牙边陲军事重镇，但如今的巴达霍斯城已经成为一个宜居的城市，人们可以在此享受生活。好战的过去与现在的宜居合二为一，使巴达霍斯城成为了"光之堡垒"——这个具有艺术性的照明项目，以整座城市为背景，展现城市最具代表性的六大空间景致。这个杰作满足了这个现代新项目"节能"的要求，采用了 LED RGB 技术，使音乐也能随着灯光的改变而改变。

洛佩·德·阿亚拉剧院是城市文化和表演艺术真正的中心，这正是利用壮观的 RGB 外观照明去展示它新的面貌，吸引更多的游客前来参观。这里是美丽的巴达霍斯城旅途的起点，这条传统与现代结合的路线产生了一种和谐的景象，欢乐的弗拉明戈探戈舞蹈欢呼声，现代化休闲的夜生活，以及色香味浓的美食交汇在一起，其乐融融。

为了公众的娱乐，阿尔塔广场现在已经完全修复。我们的项目包括利用一个多媒体展示能让广场上所有的拱桥都能通过 LED RGB 技术亮起来，并且能配合我们熟知的 José Salazar Molina（人称 Porrina de Badajoz，是有名的弗拉明戈歌手）优美的嗓音。他的生命和艺术都是和阿尔塔广场紧密相连的，就像很多来巴达霍斯周边的吉普赛人一样，设计师选择他作为多媒体展示的主角。

阿尔卡萨瓦城堡庄严地矗立在很多餐馆的中央，这些餐馆所提供的美食让人们对传统的饮食有了新的认识，夏日美丽的星空下，这些餐厅的露台也格外美丽。城堡的围墙向人们展现了伊比利亚半岛穆斯林王国昔日的光辉荣耀。

就在城堡之上，中世纪建筑的一个小小的"宝石"也被纳入了计划中。古老的穆迪哈尔人的房屋现在也成了游客接待中心，华丽的柱廊用 LED RGB 点亮，变幻无穷。

蓬帕尔马斯桥，再一次展示了它完美的圆形拱状结构。由于新型照明，拱桥倒影在瓜迪亚纳河里，与它的溢洪道相连，形成了环环相绕的情景。这座桥拥有千百年的历史，它是巴达霍斯热诚的守护者，守护着进入城中心的通道，现在它是进入这座现代温馨城市的门户。

普恩特雷阿尔桥是城市告别过去走向光明的象征。坐落在城市刚刚建成的部分地区，它是新的国家图书馆和金融机构的总部形成的一个新锐建筑整体的一部分。这个宏伟的桥梁支柱有一个有机的，五彩的外观。这也得益于 RGB 在它们身上产生的效果。桥，整合并扩展了我们的物理边界，是城市愿望的真实反映。

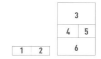

1 阿尔塔广场
2 阿尔卡萨瓦城堡
3 洛佩·德·阿亚拉剧院
4 穆迪哈尔人的房屋
5 蓬帕尔马斯桥
6 普恩特雷阿尔桥

中野中央公园南

NAKANO CENTRAL PARK SOUTH,TOKYO/JAPAN

地理位置 _ **日本东京**

+
照明设计：Uchihara Creative
Lighting Design Inc.

中野中央公园南是一栋集办公和商业为一体的建筑，坐落于一个城市公园的南侧。它与临近的公园一起被开发，并尽可能多的保留原来周围的大型树木。这个办公大楼有着全东京数一数二的自然风景。为了打造一种全新的办公风格，舒适并且光怪陆离的夜间照明为创意工作者们提供了让人着迷的工作环境。两座新的大学建筑将在公园周围建成，未来生活在此的人们可以在绿意盎然的环境中享受夜色。

公园与大楼间没有用围墙分离，这样看起来该大楼好像是公园的一部分。之前就存在的具有象征意义的大樟树被楼顶的灯光打亮，垂直的灯光让从车站里走出的人们感到非常舒适。

与规模庞大的建筑相对比的是，室外地面照明使用 2W 的上照灯就达到了亮度的平衡，只消耗了极少的电力。

多层的灯光环绕在大楼入口的树木上。建筑顶部投光产生的阴影与地埋灯穿过树叶产生的怀旧的灯光，一起创造了一种艺术性的灯光。埋地灯被布置在 6 棵树的周围，看上去就像光穿过树木时洒下的光斑。尽管它们看起来是随机的，但实际上设计师很仔细地设计了 3 种形状来与镶嵌的石头轮廓相对应。一个 LED 光源通过光纤把光分别传送到 11 片玻璃上。

LED 面板组成的吊灯照亮了办公大楼入口，同时这个空间也使用了垂直照明。左侧绿色的陶土墙以竹子为主题，辅之以浓烈的日式气息。嵌板的色彩按照巴赫的一首咏叹调中的固定原理排列。可调节的垂直光线的"音高"按照咏叹调音符的长短和表述音乐的不同节奏倾斜地流动着。陶土墙贯穿到外部。吊灯光线的反射是有意而为之的。

电梯厅的照明包括一个 3000K 色温的间接照明，以与微红的木质墙面相配。陶土墙后面的上照灯色温为 3500K，而陶土墙表面的可调节灯色温为 4200K。LED 吊灯色温为 6500K。根据空间的大小和人们的活动性质布置了不同的色温。能够将空间和不同材料效果进行最大化的色温选择将会制造出一种愉快活泼的感觉。

	2	
	3	4
1	5	6

1 在一个办公人员休息的露台，LED 被安装在长椅下方，间接照明被安置在平台的缝隙间

2 电梯厅的照明包括一个 3000K 色温的间接照明，以与微红的木质墙面相配

3 公园与大楼间没有用围墙分隔，这样看起来大楼好像是公园的一部分

4 LED 面板组成的吊灯照亮了办公大楼入口，左侧绿色的陶土墙色彩按照巴赫的一首咏叹调中的固定原理排列

5 光与影形成了强烈的对比，埋地灯的三种形状与镶嵌的石头轮廓相对应

6 室外地面照明使用 2W 的上照灯就达到了亮度的平衡

东京晴空塔

TOKYO SKYTREE, TOKYO/JAPAN

地理位置 _ **日本东京**

建筑设计：Nikken Sekkei Ltd—Tad.
      Kamei，Shigeru Yoshino
      Tetsuo Tsuchiya
照明设计：Sirius Lighting Office
      Inc—Hirohito Totsune,
      Kanae Sukegawa, Shuh
      Kobayashi Nikken Sekke
      Ltd—Kouichi Kaihou,
      Naoko Shinohara
室内设计：Nikken Space Design Lt
艺术指导及展示：Nomura Co Ltd
Super Craft Tree 墙面艺术作品：
      Hashimoto Yukio Desig.
      Studio Inc
摄　影：Toshio Kaneko

曾经是世界第一高的日本晴空塔高度为 634m，其照明设计的灵感来源于日本富士山顶部的残雪逐渐融化渗透到地表。基于东京的美学精神衍生出的两个照明主题 "Iki"（复杂与动态）和 "Miyabi"（雅致）在每天夜晚交替呈现。

夜晚在 2000 个 LED 灯的照射下，塔身呈现典雅的水蓝色。晴空塔位于墨田老区，周围是稠密的居民住宅区，这决定了晴空塔的照明必须是收敛、含蓄的。主体照明以水色和蓝色为主，透露出沉静、雅致的光与色。设计者的理念是在尽可能减少光亮的同时，展现符合东京标志的美感，即尽量减少能耗，来获得舒适的生活。

在结构设计中，对于有机形态和轻盈形体赋予了特别的关注。塔体外围由钢结构组成，其内部有一颗 "中央巨柱" 贯穿上下，巨柱为现浇混凝土结构，直径 8m，其内部是一部疏散楼梯。外部钢结构和内部巨柱核心筒属于相互分离的结构体系，两者之间相互独立，并且可以允许一定的自由位移。当地震发生，两个方向的地震荷载可以通过游行阻尼器相互消减，从而将由地震引起的塔身摇摆幅度减少至 50%。这一结构系统是对传统结构系统的现代改良，而这种传统结构来自于矗立几个世纪之久的古代宝塔，这无疑又是另外一项历史文脉的传承。

整个设计团队注重日式风格的设计并通过运用蓝色和紫色的光与影使功耗降到最小。所有的光源均为 LED。

1 天花板上是最具日本特色的元素，常见于和服上

2 所有的光源均为 LED，可以实现变色

3 主体照明以水色和蓝色为主，在尽可能减少光亮的同时，展现符合东京标志的美感

4 空中走廊

火焰塔

FLAME TOWERS, BAKU/AZERBAIJAN

地理位置 _ **阿塞拜疆共和国巴库**

业　主：Azinko Development
　　　MMC
建筑设计：HOK Architects
结构工程：Balkar Mühendislik
照明设计：Francis Krahe &
　　　　Associates，Inc.
产品应用：
LED 灯具：Traxon Technologies
灯光控制：e:cue Lighting Control
　　　　Engine fx (LCE-
　　　　fx) running Emotion
　　　　& Video Micro
　　　　Converters (VMCs)

巴库的火焰塔高达 190m，在一群中层高度的历史建筑中非常明显地矗立着。它们坐落于里海附近的山顶，人们可以在上面俯瞰整个巴库湾和老城区中心。其中 39 层楼高的住宅楼——3 座楼中最高的一座坐落于南面，它可以容纳 130 套能够观赏到极美景色的豪华公寓。酒店高楼位于整个地块的北面角落，其层高为 36 层共包括 318 个房间，坐落于综合体的西侧。而办公楼提供了超过 33,000m² 的灵活的商业办公空间。

Francis Krahe & Associates, Inc. 被委托设计照明。动态的立面照明系统因此被安装在建筑窗户的后面并通过灯光传达出巴库对火的崇拜的历史、其丰富的天然气资源及其充满活力的未来。定制的 LED 照明系统用于展示动态的色彩和图像，其能耗维持在最低状态并能够拥有 15~20 年的使用寿命从而减少了维修。灯具外壳在设计上为了易于安装到幕墙系统中，可以从建筑物内部进行安装。整个照明系统由安装在外部玻璃幕墙间的 LED 光带组成（灯具与窗框之间的最大间距小于 15mm），光带间距约为 1.2m。每个 LED 光带长度为 4×300cm，其颜色和变化可以被单独控制，营造出一种三维的照明。反光的灯具外壳，在设计和安装时是为了对外突出其灯光效果，从室内并不能看到其反光效果并且不会干扰人们欣赏城市的风景。

该建筑独特的曲线形式及其多样的窗户尺寸，需要精确的计算和灵活的安装解决方案，导致所呈现画面的多样性减少到 16 个不同的长度尺寸。安装在三座塔楼的 10,000 个 LED 单元由一台中央计算机控制，投射出的 mpg 或 avi 文件格式的动画图像遍布整个建筑表皮。每一个单独的 LED 单元与超过 25 km 长的数据电缆以联网的阵列形式相互联系，指出了每个 300mm 像素点的位置并把这些像素点映射到一台中央处理器，从而独立控制每一个塔楼的照明效果或者呈现一种画面和声音一致的同步效果。预编程效果——典型的燃烧火焰图案——具有特定的时间间隔用于表明一天的某个时间或者标志重大节日和庆祝活动。定制的 LED 电路板填充着红色、绿色及蓝色和红色、绿色及琥珀色的二极管，即使透过高反射率的有色玻璃观赏时，也能呈现丰富的色彩。由此产生的系统可以呈现平稳流畅的动画，使得任何形式的媒体的使用都能够被转换至整个投影系统中。整个 3 座塔楼的装置由一个中央控制室调控。

巴库的居民理解的火象征着积极。从历史角度来看，火经常被视为一个具有保护性的元素，而现在它传播着一种乐观主义的态度。他们把火焰的图像与阿塞拜疆的天然气储存量联系在一起，这意味着整个国家经济的未来发展。

1 这座标志性的建筑综合体的照明改变了整座城市的天际线并发扬了其历史特性。照明系统完美地与曲线的建筑外形融为一体，传达出整个建筑的透明性并在夜晚将其塑造成发光的灯笼

2 设计细节图

1 – 挤压形成的外壳
2 – 端盖 (绝缘)
3 – 终端 (绝缘)
4 – 安装支架
5 – 印刷线路板 / 两极管
6 – 电力供应
7 – 反射器
8 – 电线
9 – 数据驱动器
10 – 扁平快速连接终端
11 – 玻璃垫片
12 – 光学系统 / 镜头

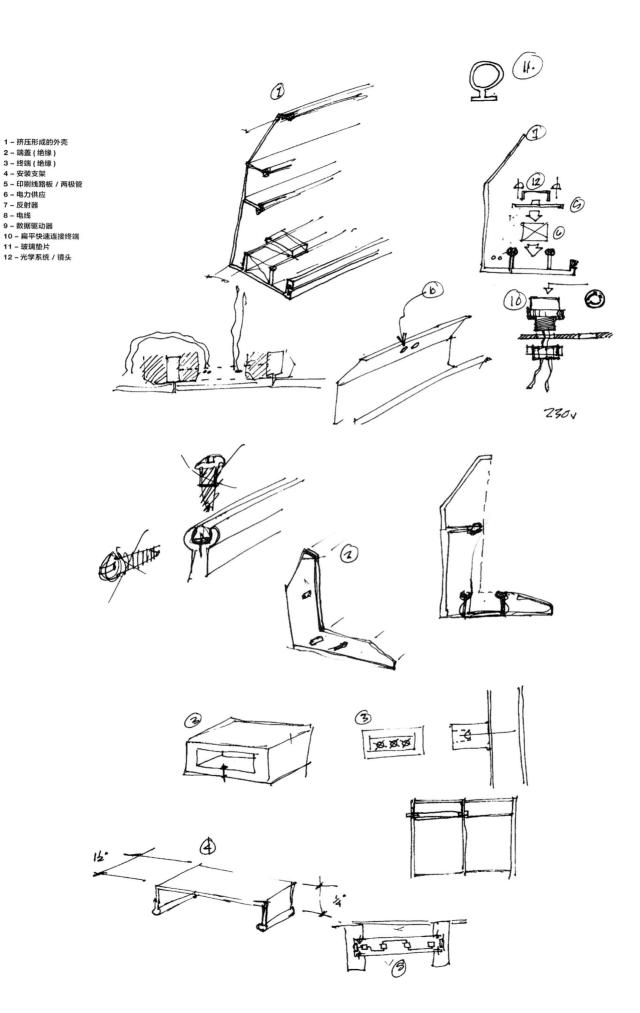

提门多夫海滩

TIMMENDORFER BEACH, TIMMENDORFER/GERMANY

地理位置 _ **德国提门多夫**

业　主：Klapper & Niethardt
　　　　Partnerschafts-
　　　　gesellschaft
景观建筑师：Klapper & Niethardt
　　　　Partnerschafts-
　　　　gesellschaft
照明设计：Studio DL
项目合作伙伴：Leipziger Leuchten

在 2011 年,提门多夫当地政府联同宁多夫的度假管理办公室决定为该区域的旅游观光中心投资新的概念,包括宁多夫长廊的翻新。"一丝灯光——光景宁多夫"的概念是面向景观建筑师 Klapper & Niehardt 所发展的设计。新开发的长廊已经被分成清晰界定的灯光区域:与海滩毗邻的跑步道路,行人和自行车骑行者们的长廊,作为中央集会点且被适宜地命名为"海滩包厢"的广场,和作为主要吸引点的海滩自身。

这些灯光区域每个都依据其各自用途而使用不同的色温来进行照明。照明被纳入一波美化景观的概念,创建了一个线形元素,目的在于对长廊的有机波浪形边缘提供平衡,从而实现创造性的顺序感。灯具沿着防洪墙布置,形成一条清晰的光带,突出强调了布置在地面上并引导向广场的石膏波浪图案。波浪在广场上达到高潮,而由"Poa Lumina"定制 LED 灯具所支持的概念则以草地的植物学术语——poa(早熟)而命名。

"海滩包厢"已经变成了一个舞台,在这里片片绿草作为小镇度假胜地形象的标志而骄傲挺立。4 套最大的灯具以 16m 高度耸立,即使从很远的地方也能被水中游客看见。

在所谓的清晨时分,海滩上精巧的照明有助于展示最精彩的部分。照明海滩的目标并不是人工延长日光时间。而焦点是在生态和经济因素上。因此,照明设计师们选择了高能效的 LED 技术。更进一步的是,一个照明控制系统按要求调节沿着海滩的灯光水平。从黄昏开始到自然黑夜点,有大约 2 小时的主要开关时间。从那时起,灯光水平降低至只有一些闪烁的微光能被海滩自身所探测到。最晚到了午夜,整个装置系统会被关闭。精巧的海滩照明仍然允许进行游戏、体育活动和其他在超过黄昏时分继续的活动。

灯杆由热镀锌钢管构成,在极端高温条件下向一个点弯曲并锥形收口。不锈钢接地线作为避雷导线,从而满足公共场所电气设备的安全要求。照明技术植入灯杆的上面 1/3 部分,由为该项目所特殊开发的高效 LED 模组组成。灯杆高度加上放置在模组顶部的特殊透镜,为广场传输出柔和、均匀且无眩光的照明灯光而没有光逸散。在宁多夫的室内海水游泳池和观光中心之间的延伸区域,总共安装有 24 套灯具:18 套在 6.5m 高度,2套在 10.5m 高度,还有 4 套在 6.5m 高度。

为了突出强调广场作为沿着长廊的中心且最重要的区域,3 组灯具被布置用于展现沙丘植被的有机生长。LED 技术允许无级调光,设计师们推荐在正常运行模式下将调光灯具至 60%,在夜间调至 40% 以减少能耗。为特殊活动,可能把照度提高至 100%,这样就通过灯光来突出强调场合的重要性。

一个特殊的特性,只有在看第二眼时才会真正变得引人注目,那就是 2 种不同色温融入了最高的灯杆中。不同光源可以分别控制。6000K 冷白光被选择来匹配沙滩的颜色,3000K 暖白光则用来支持广场上的氛围并邀请游客们在此消磨更长的时光。这就产生了2 种清晰定义的灯光区域,不同地加以使用并突出强调景观设计概念。

1
2

1 在灯杆灯具设计开发的不同阶段。不寻常的、赢得奖项的灯杆灯具被设计为触发与沙滩植被的关联。由在海风中被吹动的滨草所激发灵感,设计始于由 3D 可视化跟踪的简单草图,创建一个高度经久耐用的灯杆可以和移动的概念相联系

2 定制的 LED 模组提供了高效率,并使灯具设计可以和谐融入自然景观中

灵感　　　　　　　　设计草图　　　　　　　三维数字化图示

五店市传统街区

TRADITIONAL BLOCK IN WUDIAN, JINJIANG/CHINA

地理位置 _ **中国晋江**

业　　主：福建·晋江五店市建设领导
　　　　　小组
建筑设计：清华同衡建筑设计有限公司
照明设计：福大·博维斯照明设计中心
照明设计师：吴一禹，韩磊，陈以德，
　　　　　　林栅

晋江五店市传统街区坐落在泉州晋江老城核心区，总面积约 8.33hm²，包含闽南风貌的古典建筑 100 多栋。街区以全面的文化遗产保护为基础，通过修复，迁建等方式，集中展示了闽南传统古典建筑风貌及邻水而居的闽南传统村落聚集形态。

针对五店市特点，在设计定位阶段以"家"为依托，还原并丰富闽南村落的夜晚光环境，并最终确定以"闽南人家"主题思想，希望通过夜间灯光的渲染唤起人们对于"闽南"，对于"家"的亲切的回忆。

闽南传统古典建筑整体形态舒展，细节刻画丰富，因此就要求在景观照明设计中，既要考虑整体效果，又要体现精致细节，把握照明取舍的"度"。从建筑的构造组成的角度考虑，设计中将传统闽南古典建筑的夜间形象划分为 3 个层次：

第一个层面——屋面，作为建筑的"第五立面"，闽南传统古典建筑的屋面主体由屋脊，彩塑，瓦面构成，屋脊与瓦面组成了曲度柔美的屋面整体印象，色彩艳丽做工精致的彩塑则成为屋面的点睛之笔。在具体的照明手法上，设计中通过在屋面两端接近滴水的位置设置中光束的投光灯具，用最简洁的方式表达曲度屋面的整体形象，另外在燕尾脊的正面和侧面分别设置小型投光灯具，对细节进行刻画。值得注意的是，屋面照明的灯具色温选择，因为传统古典建筑除部分高制式建筑屋顶瓦面会采用色彩较为艳丽的琉璃瓦面外，大部分古典建筑瓦面较为素静灰暗，因此瓦面的照明适宜选取较低色温的光源进行表达，但闽南古典建筑的屋面有许多色彩艳丽的彩塑，其特殊性要求照明效果具有较高的显色性，一般要求显色性达 75% 以上，故对照明灯具的就已提出了既要满足瓦面着色，又要符合彩塑色彩还原的要求，即照明灯具需符合低色温，高显色的技术要求。

第二个层面——柱身，闽南传统古典建筑的的屋面檐下的构件如斗、拱、瓜筒、狮座等雕刻十分精美繁复，并赋予彩绘，彩雕结合。镜面（建筑主立面）的装饰除斗拱的雕刻彩绘，还有基座的石雕，砖雕相辅相成。对该层次的照明主要选取暖白光色，与屋面有所区分，突出建筑的层次感。由于柱身与观赏者的尺度最近，设计中特别注意灯具的防眩和隐藏，通过抱箍，卡扣的方式避免对木构产生机械性损伤，另外，由于闽南传统古典建筑的彩绘众多，设计中特别注重适度照明的原则，一方面符合宁静淡雅的"家"感觉，一方面避免过度照明彩绘和木结构等的伤害。

第三个层面——山墙，闽南古典建筑的山墙造型富于变化，出砖入石，出砖入砖的砌筑方式，营造出不同肌理，富有韵律与层次美感。由于山墙本身的砖石肌理十分丰富，在照明手法上就不宜采用较大面积的泛光还原日间的景象，而选用控光角度精确的照明灯具，自然随意的表达墙面的层次，以形式被净化的少换来百看不厌的多，通过对连绵的山墙与屋面的燕尾脊的局面照明勾勒出"闽南人家"舒缓轻盈的天际线。

	2	3
		4
1		5

1,4 由于山墙本身的砖石肌理十分丰富，采用控光角度精确的照明灯具闽南传

3 传统古典建筑整体照明效果

2,5 闽南古典建筑的屋面有许多色彩艳丽的彩塑，其特殊性要求照明效果具有较高的显色性，故对照明灯具提出了既要满足瓦面着色，又要符合彩塑色彩还原的要求

城市景观

CITYSCAPE

南京门东历史文化街区
NANJING MENDONG HISTORICAL DISTRICT, NANJING/CHINA

地理位置 _ **中国南京**

业主单位：南京城南历史街区保护
建设有限公司
照明单位：浙江城建园林设计院光环
境所　　　　P348
设计人员：沈葳、余小燕、叶成敏
摄　影：安洋

南京门东地区因地处中华门城堡以东故称"门东"，是由中华路、长乐路、边营、江宁路四面合围而成的一个完整的明清时期江南市井文化的历史空间。项目总用地约15hm²，由三条营历史文化街区、体验式酒店、南京书画院、金陵美术馆、城南记忆馆、沿城墙景观带及箍桶巷步行街区等组成，是一个集观光、购物、娱乐、休闲、餐饮功能于一身，具有浓厚历史文化氛围的景区。

门东地区，是南京城市文化的"根"。如何用灯光来更好地表达这些南京城市文化的"根"是我们对门东历史街区灯光的出发点。

整个光的平面布局形成一棵树的造型，由根系（古城墙）、主干（箍桶巷）、枝干（三条营、中营、边营等里弄）组成，整体呈现出生长的趋势，为"光的记忆树"。

根据光的记忆树概念，将门东历史街区平面布局设计成一个渐变的光布局。从外向内，由暗变亮，直至中轴线、城墙，其亮度逐渐变升高。最亮的地方是城墙根文化演艺广场和古城墙，然后是中轴线的箍桶巷，再是逐渐向两侧的里弄、街巷逐渐降低亮度。从心理学上呼应人的好奇心，使得更多的人想要去探究，从而那吸引更多的人进入街区，增加街区的人气。

该项目共分为两期实施，一期工程主要是针对箍桶巷步行街来展开。箍桶巷长约250m，宽约60m，是整个街区的中轴，是区域内最重要的一条商业街，以明清遗留下来的小尺度街巷体系、低层高密度的联立街道房屋和围合院落类型房屋为空间的基本特征。箍桶巷的照明策略是选择一些有特色的细部进行刻画，创造一系列细腻、柔和的灯光。再结合店面店招的商业照明，适当地表达了街区的商业氛围。建筑屋脊部分用了小功率的 LED 线条灯来刻画，光色为暖色调；马头墙的照法摈弃了常规的线性光效果，而采用了小功率的 LED 投光灯，将整个墙面泛出淡淡的光；建筑的檐口及砖雕部分均采用了 LED 线条灯，但两者光色相互区分，突出层次。

二期工程主要是指一些小尺度的里弄街巷，如三条营、中营、边营等等。对二期的灯光设计思路我们是想营造出"古朴、淡雅"的氛围，以反映历史文化内涵为主。相比于中轴线上的箍桶巷，这些里弄街巷的照明水平应有所降低，亮度等级应该是最低的，可以通过设置一些灯笼、壁灯和自然的室内透光来表现，将明清建筑的精髓与现代的简约相结合，赋予了历史商业街的生命力与创造力。建筑本身的影响，保持与明清历史建筑风格同一。

	3	5
	4	6
1	2	7

1,2,7 城墙灯光秀
3 德云社
4 入口街区
5 入口牌坊
6 三条营

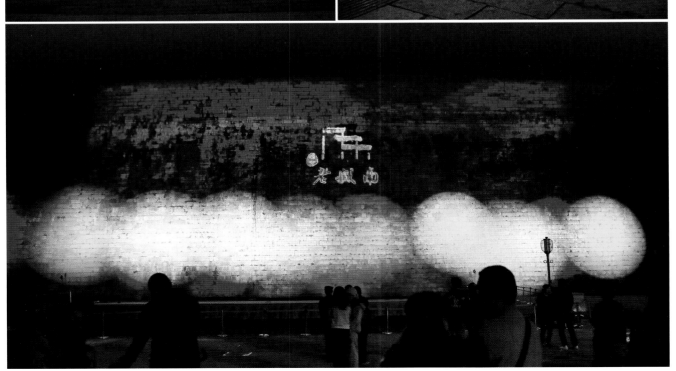

东京站 Marunouchi 建筑

TOKYO STATION MARUNOUCHI BUILDING, TOKYO/JAPAN

地理位置 _ **日本东京**

业　主：East Japan Railway
　　　　Company
建筑设计：JR East Design, JR
　　　　East Tokyo Electrical
　　　　Consultation and System
　　　　Integration Office
照明设计：Lighting Planners
　　　　Associates
完工日期：2012 年 10 月 1 日
摄　影：Lighting Planners
　　　　Associates, Toshio
　　　　Kaneko

最近几年，东京中心区域正在重新开发。被现代城市景观包围的这座具有 100 年历史的红砖建筑——东京站，最近经历了大量修复和保护性工作。因为东京站的历史价值会延续很多年，所以"和谐环境"的设计理念创造了一种自然、友好的夜景景观。照明设计关注细节，却没有因为在城市中创造一个舒适的避风港而显得古怪。照明包括了最新的技术，和上次更新相比，降低了 56% 的能源消耗。

在这座现代城市景观的中部，东京站的南北立面中间的距离绵延 400m 长，南北各端都有一个穹顶。两个穹顶都从 8 个位置被照亮，创造了一种壮观的 360° 景观。

人流拥挤的南部车站大厅。为了强化它的功能，立面照明是一个引人注目的设计。因为这是一个历史建筑，设计师要面对照明设计限制，结果是创造了一种从下到上的艺术性层次光。

四种主要的建筑材料是：红砖，白色花岗岩，铜片和天然板岩。设计师进行了一些模拟实验，以测试出每种材料最合适的色温。结果是：红砖 2300K，白色花岗岩 3000K，铜片 3500K，天然板岩 4000K。

为了在外立面上创造一种合适的对比度，在经历了无数次研究后，我们认为最具吸引力的亮度比是：中心区域：北 / 南穹顶：北 / 南建筑：中心区域 =7：10：5：3。

400m 长的立面上 6 个主要照明条目：红砖墙的照明，浮雕的上照照明，主拱的照明，穹顶的上照光，沿着屋顶的线性照明，窗户照明。

4 个主立面的建筑材料在美学上都需要不同的色温，因此都根据情况单独照亮。不同层次的光散发出温暖的光辉，从下到上照亮了建筑。从黄昏时开始，我们需要 2200K 的光作为立面照明的内部元素部分地照亮酒店客房和画廊帐幔。

穹顶上的操作系统。该部分的设计包括一个时间控制系统以适当地调暗灯光，以便柔和地转变照明，并尽可能地节能。从黄昏到熄灯会有 4 个场景变化，经过编程的照明会慢慢地变弱。模仿月光的蓝色光柔和地在穹顶上闪亮，从黄昏到夜晚照明会有变化。

从二楼的花房和三楼的酒店房间窗户都可以看到穹顶。防眩光装置被应用于此以实现观者友好型设计。

穹顶内部，我们小心地照亮了天花板，墙壁以及浮雕。地面上的照度水平被降低，但穹顶上的上照灯创造了一个明亮的氛围，中央的聚光灯创造了一个照明焦点，并突出了穹顶的"圆"。同样，照明集中在入口、出口、售票机和检票口处，从而清晰地标识出交通流。白天，穹顶上的照明是 5000K，黄昏后降至 3000K。

1 六个主要的照明条目
2,4 穹顶上的操作系统
3 建筑材料的必需光
5 南部穹顶景观
6 400m 长的建筑全景
7 穹顶内部
8 北部穹顶景观
9 俯视图
10 仰视穹顶天花板

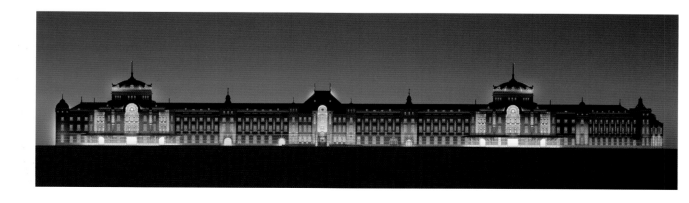

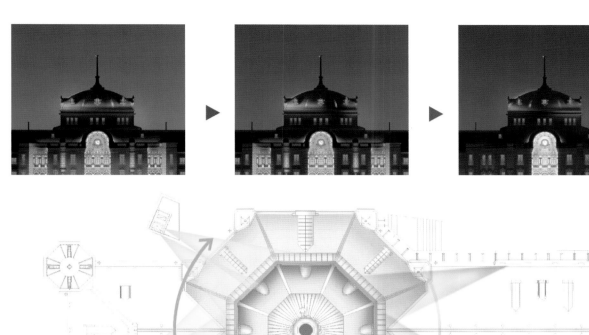

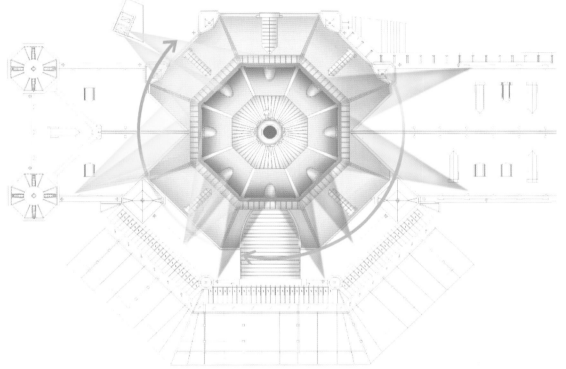

建筑材料的心需光

材料	色温					
	2300K	3000K	3500K	4000K	5000K	6000K
红砖						
白色花岗岩						
铜片						
天然板岩						

⬚⬚⬚ 每种材料最合适的色温

东京国际机场

TOKYO INTERNATIONAL AIRPORT, TOKYO/JAPAN

地理位置 _ **日本东京**

照明设计：Uchihara Creative
Lighting Design Inc.

设计师试图打造一个空间，让这个空间的氛围符合日本国门的定位。在这里，人们能够感受到日本的文化，并对这个国家产生温暖的感觉。这个照明环境在节能的同时，又让每位身处其中的旅客充分体验到日式的殷勤款待之道。

出发区的色温是 3500K，到达港的色温是 3000K。这个色温的设置是根据日本"调和"（日式和谐，"wa"）的建筑理念设计的。

"卷云"是该建筑宽阔的天花板上具有象征意义的图形，为了表达其阴柔的形态，使用了水平出光的间接照明。

在到达大厅，一个光源在满足拱形结构向上照明的同时将地板洗亮，并高效地提供了环境光和功能光。

出入境检查区前方象征主义艺术作品上，使用了无反射玻璃薄膜，从而将其他光源在其身上的反射达到最小。

商业区重建了江户时代的城市风貌。为了保持整个空间的统一，每家商铺内的色温都有明文规定。

为了表现商业区域"活跃的气氛"和该区域"日式情感氛围"的理念，使用了很多高度较低的灯笼。

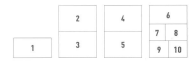

	2	4	6
			7 8
1	3	5	9 10

1 照明环境在节能的同时达到又让每位身处其中的旅客充分体验到日本文化

2 在机场大厅一侧，用于重点照明的灯具箱被安置在室内，为了便于日常维护使用了光纤

3 在整个江户风格区域的中心，具有高显色性的金卤灯生动地展现了日本传统的红色

4 重现江户时代风貌的商业区，每家商铺内的色温都有明文规定

5 "卷云"是天花板上具有象征意义的图形，使用水平出光的间接照明

6 出入境检查区前方象征主义艺术作品

7 出发区和到达港的色温设置是根据日本"调和"的建筑理念设计的

8 高度较低的灯笼符合商业区域的活跃氛围和日式情感

9 到达大厅，一个光源同时满足了环境光和功能光的需求

10 美丽和谐的侧景，不同功能空间和不同照明环境相交互的空间

交通设施

TRANSPORTATION

托莱多地铁站和迪亚兹广场
TOLEDO METRO STATION AND PIAZZA DIAZ, NAPLES/ITALY

地理位置 _ **意大利那不勒斯**

业　主：那不勒斯市市政当局
建筑设计：Oscar Tusquets Blanca
项目管理：Giovanni Fassanaro
照明设计：AIA
艺术家：William Kentridge, Bob Wilson, Achille Cevoli

地铁站不寻常的深度以及其几乎一半位于海平面以下的事实启发建筑师奥斯卡·图斯克茨·布兰卡（Oscar Tusquets Blanca）把地铁站内部在海平面之上的部分设计成看起来犹如从岩石中开凿出来一样。较高部分的地面和墙壁都覆盖上了天然石材，同时售票大厅内所发现的阿拉贡地区壁画遗迹加强了想要呈现的挖掘效果的画面感。"海平面以下"区域完全被蓝色的玻璃马赛克覆盖。在地面上，所有装饰是土质且无光泽的，而地下的世界则是蓝色的、华丽的和充满活力的。

这种二分法的设计通过两位艺术家的作品得到进一步加强：来自南非的艺术家威廉·肯特里奇（William Kentridge）运用石材马赛克设计了两幅那不勒斯主题的壁画，呈现出地铁站内"开凿"区域粗糙、远古的特征；而来自美国的艺术家鲍勃·威尔逊（Bob Wilson）在地铁站内的"水下"区域安装了两个长条的呈现海滨景色的装置，当人们沿着走廊行走时，装置里的波浪会微妙地移动。

鲍勃·威尔逊也在地铁站内部照明问题上担当了一个重要角色。阳光会透过顶部的开口渗透进地铁站内，可是白天之后其内部需要电气照明。从顶部照射进来的光线可能会对站台的乘客造成眩光，而从下面投射出的上照光可能会对从街上进入到地铁站内的乘客产生同样的负面效应。该建筑师的想法是把 LED 矩阵嵌入到整个锥体结构的表面，这样将照亮内部所有的区域。鲍勃·威尔逊还研发出了一套随着时间推移能够协调每个 LED 的颜色和亮度的程序，因此乘客在每次乘坐地铁时将欣赏到不同的画面展示。

自然光通过 3 个天窗渗透到地铁站内的夹层区域。其前厅区域的天花是黑色的。这些天窗为室内提供了照明，并且能够让乘客在匆忙中欣赏一眼阿拉贡地区和肯特里奇的壁画。

除了地下的设计工作外，建筑师和他的团队还在 Via Diaz 路的末端设计了一片区域，这片区域现在已经成为宽阔的步行广场，人们在繁忙穿行于 Via Toledo 路时能够在此处享受片刻的休息。3 个采光井中的两个为地铁站内夹层区域提供照明，它们坐落于通往 quartieri spagnoli（那不勒斯市的部分区域）的小型街道上。树木种植在道路北侧的小部分未挖掘区域，而在道路南侧，成组的遮阳伞保护着沿着人行道随意散布的街边小摊。所有的遮篷以叠加"花瓣"的形式设计而成。它们为人们遮阳避雨并保护着道路底侧嵌入的光源。尽管地铁站建在地面以下很深的位置，建筑师仍坚持自己采用天然光的方案。

1 遮阳伞的设计用于保护街头摊位，为他们遮阳避雨。"花瓣"的下方融合了嵌入式下照灯

2 托莱多地铁站拥有令人震惊的视觉体验。用现代术语来形容，有人会谈到像素阵列。传统意义上而言，这些微小的点状物实际上是马赛克瓷砖

3 地铁站的街道空间。使天然光渗透进地铁站的开口相对地不显眼

4 地铁站内部的壁画

5,6 地铁站内部空间

7 决定地面 30m 以下的地铁站入口处氛围的两方面因素：第一，精细的马赛克墙；第二，大量的锥形漏斗联系着站内空间和街道空间

8,9 连接地铁站和 Largo Montecalvario 的道路在特征上看似简单朴素但实际上是高品质的设计。选择蓝色是出于心理学的考虑

10 从设计的角度来看，地铁站建造在 3 个层面上：街道空间、地下空间以及海平面以下空间，这也激发了不同层面的配色方案

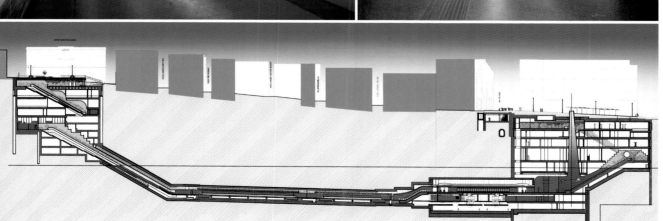

港口新城大学地铁站

"HAFENCITY UNIVERSITÄT" UNDERGROUND STATION, HAMBURG/GERMANY

地理位置 _ **德国汉堡**

+

业　　主：Hamburger Hochbahn AG (Hochbahn)

建筑设计：Raupach Architekten GbR

照明概念：Pfarré Lighting Design

照明设计（技术规划）：d-lightvision, Erwin Döring, Dagmar Consolati, Toralf Patz

LED 技术安装和照明控制：Weckmer, Licht und Medientechnik

光箱设计和施工：Stauss & Pedrazzini Partnerschaft (2006 - 2007), Stauss Grillmeier Partnerschaft (2008 - 2013)

产品应用：

光　　箱：LEDs, 280 pcs, Philips Luxeon Rebel RGB 7.6 watts 700 ma, DMX-controlled

站台照明：16 x T8 荧光灯，36 watts 并配有低损耗镇流器（安全等级 II），无散光器

楼梯和夹层入口：定制设计的凹槽型照明系统，d-lightvision，线性荧光灯

港口新城大学地铁站位于德国汉堡，因为旧港口的废弃，这里也变得毫无生气。2006年，为"港口新城大学站"的设计举办了一场比赛，Raupach Architekten，Pfarré Lighting Design 以及 Stauss & Pedrazzini Partnerschaft 设计事务所胜出。

在新的照明设计中，站台被照的很亮，在整个空间中突出出来，12 个明亮的光箱被悬挂在站台上，因其内在的光品质创造出一个引人入胜的景象和一个迷人的氛围。光箱下侧如同一个光滑的白色桌面将光均匀地散播出来。均匀的白色光被站台明亮的彩色表面所反射，沿着整个站台长度创造了一条光之路，这种效果通过与地面上较暗区域的对比得到加强。光箱的尺寸是 650×280×280cm，与一个标准的集装箱相同。光箱的结构采用了钢架的形式，并配有夹层安全玻璃。它们重 6t，维护时可以进入内部，每个光箱配有 280 个 RGB LED。照明概念将地铁站的天花板和墙壁设计也包括其中：6500m² 经过特殊处理的钢板将 LED 发出的光反射出去，在站台上创造了一种不同寻常的整体氛围。

真正的挑战在于技术实现。最后的结果看起来干净而完美—好像它背后的技术方案非常简单，没有什么与众不同之处。事实上远非如此。光箱的下部距离地板是 4.8m，上部和天花板之间的距离是 1.7m。光箱的垂直面上覆盖着 2 个 10mm 厚的夹层安全玻璃窗格。每个光箱上共安装了 280 个 RGB LED，这些 LED 灯分成 15 排，在光箱的四个面上排列成 40×40cm 的正方形轮廓，与玻璃相距 40cm。哑光面的铝板位于 LED 的正后方，提高了利用效率。

300×150cm 的钢板在视觉上会让人联想到造船的原材料：氧化钢的表面有一层淡淡的黑褐色涂层。挑战是将吸光表面转化为反射板。为了通过光箱上 RGB LED 的加色混合在具有发光颜色的墙壁上达到期望的反射效果，进行了很多实验和现场试验。解决办法在于表面饰层的化学成分：在分解过程的高级阶段氧化金属显示出无数的细微彩色颗粒，有蓝色、绿色、黄色、橙色、红色等，根据被照时的入射角产生动人的色彩交错。使用在硫精矿砂的基础上专门研发的化学碱液，从而得以在钢板表面上复制了氧化过程。将碱液手工擦在钢板上，之后再将钢板放在熔炉中烘烤。不同的颜色颜料，微小的颜色颗粒，就如同一个带阻滤波器，只反射从光箱中发出的颜色。

入口和流通路线通过一个凹型照明系统提供照明：线性荧光灯作为非直接光源在这些特殊区域照亮墙壁。一个凹型反射器由 d-lightvision 定制设计，提供给原本为中央通道规划的筒灯。整个区域实现了 150lx 的要求。配备 2 个 26W 紧凑型荧光灯的暗光筒灯，位置随机，齐平安装在钢质天花板上，为夹层和通往站台的楼梯上部提供了柔和的光线和令人愉悦的亮度，没有任何会破坏气氛的眩光。浅色石材地板将光反射回空间。向下通往站台的楼梯由配备 2 个 18W T8 灯和棱镜散光器并齐平安装在阶梯面板上的灯具提供照明。

1	
2	3

1　光箱的设计细节

2　光箱参数

3　每个光箱可以单独控制，或者通过一个计算机串联起来，使得它可以根据室外的情况动态的调整系统

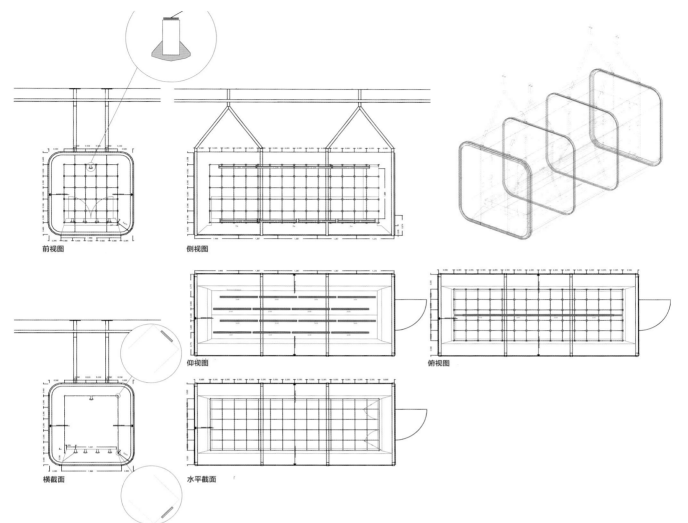

前视图

侧视图

仰视图

俯视图

横截面

水平截面

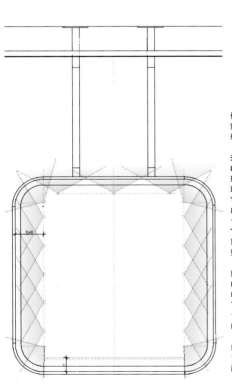

长：6.50 m
宽和高：2.80 m
悬挂高度：距地面 4.50 m

光箱建造配有夹层安全玻璃的钢筋架
LED 轮廓灯和线性荧光灯
玻璃外壳
玻璃类型：Optiwhite (2×8mm)
TSG
成份：喷砂，120 颗，扩散过滤器
1.5 mm，亚光白
TM：68%
第二个扩散过滤器 0.76 mm，无色
整体 TM：62%

照明效率：
LED 光源：每个光箱 260 个
RGB 3×1 watt，高压，
飞利浦 Lumiled Rebel
1000 mA
DMX 控制组

站台照明：
16×T8 线性荧光灯，单个 36W，并
配有低损耗镇流器（安全等级 II）

索文斯堡大桥

SÖLVESBORG BRIDGE, SÖLVESBORG/SWEDEN

地理位置 _ **瑞典索文斯堡**

业　　主：索文斯堡市政厅
项目团队：PEAB Sverige AB,
　　　　　Stål, Rörmontage A/S
照明设计：Ljusarkitektur—现已
　　　　　成为 ÅF Lighting 的一
　　　　　部分
项目范围：756m 长的自行车道和行
　　　　　人道
完工日期：2013 年
摄　　影：Olof Thiel

索文斯堡大桥被评为 2013 年世界上最有趣的十座大桥之一。这座大桥拥有欧洲最长的自行车道和人行道，并且在壮观的灯光设计上下足了功夫。

索文斯堡大桥穿过整个索文斯堡海岸，连接着这个瑞典小镇中心和一个新的居民区。由于它壮观的设计和灯光，索文斯堡大桥为索文斯堡居民和游客提供了一个全新的令人兴奋的休闲场所。人们散步或者骑自行车，停下来观察鸟类或者细数大桥上的刻痕，还有些人在那里钓鱼。换句话说，大桥作为连结城市生活和大自然的纽带——并且成了这个城镇新的地标。

这座桥包括由 3 个独具特色的拱顶组成的拱门，以及 1 个为行人准备的木质桥。由于大桥很长，整条路上时不时地会有被灯光装饰的自然景物，比如树木和芦苇。一侧扶栏上布满的灯具与栏杆融为一体。壮美的拱顶由彩色的灯饰点亮，桥下还有非常精细的灯光照映在水面上。

大桥周围的这片区域是一个有着丰富的鸟类活动的自然环境。因此灯光的明暗要求完全尊重鸟类栖息的习惯。灯光的设计也是受到了全年候鸟迁徙行为的启发。为了使大桥在夜晚更加特别，大桥使用了可变色的照明设备。为避免干扰栖息地鸟类的生活，灯光安置了可控设备，并且可使大桥整晚、全年变换风格。大桥有很多不同的场景设计都可用来适应城市的不同活动。

大桥的照明设计让其成为了城市的著名地标，同时也充分尊重了该区域特殊的自然环境。为了避免照明受到任何障碍物的影响，灯光装置被安装在大桥的外侧，并辅以防眩板隐藏光源。多种灯光情景设置让静止的大桥充满动感。大桥给造访者的感觉是动态的，像一个生物体，隐匿在周围的环境当中。

在 2013 年，索文斯堡大桥被《工业设计》杂志选为全世界让人叹为观止的大桥之一，不仅由于它独特的灯光设计，也因为它在一个城市所占的重要地位。

	3	4
1	2	5

1　紫色调的灯光突出了金属结构，与树木形成了鲜明的对比

2　当人们行走在大桥上时，树木从环境中突出出来，并创造了一种富有视觉感的氛围

3　灯光在全年不同的时期展现不同的颜色

4　光在大桥的木质部分和金属部分制造出一种有趣的对比

5　很远的地方就可以看到大桥，给夜里的城市塑造了一个独特的轮廓

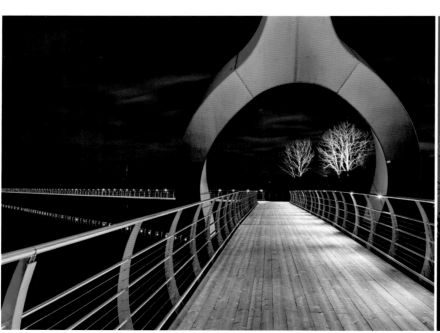

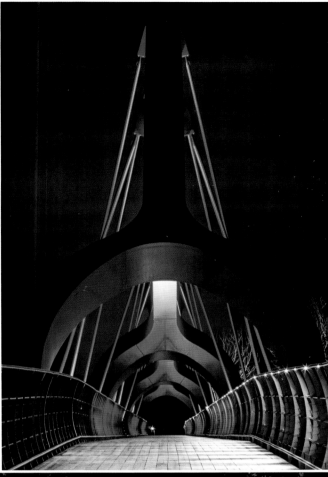

双帆大桥
TWIN SAILS BRIDGE, POOLE/UK

地理位置 _ **英国普尔**

业　　主：Borough of Pool
建筑设计：Wilkinson Eyre
照明设计：Speirs + Major
电气工程：Ramboll
主要承包商：Hochtief
　　　　　　Construction Ltd
电气承包商：IES
摄　　影：Dave Morris

1　大桥处于开放状态时——双帆亮起白色，与较暗的桥面形成对比

2　当大桥开放时，一条红光的"熔岩流"顺帆流淌下来，将人行道吞没在红色的海洋中

3　照亮大桥框架下方，在水面上产生了倒影，帮助人们理解桥的结构

4　大桥开放时，光之流渐渐的从帆上倾泻而下

此项目已经建成 30 年，普尔的公民领袖相信双帆大桥是城市获得新生的关键。当桥梁开放时，一个极富魅力的动画序列被激活，照明经过专门设计以鼓励人们在入夜后参与到这个美丽的城市风景中来。

在处于静态中时，大桥在水平方向上栩栩如生，精美如画，象征着大海、地平线和天空之间的联系。光通过突出结构框架强调了桥的跨度，反过来在水面创造了美丽的倒影。在桥梁开端处，桥面上的斜向连接点彼此分离，创造了两个帆状三角叶片。当夜幕降临，此开端充当了一个戏剧性的、明亮的、运动的转变节点。从"帆"的顶部开始，桥上人行道上的白色光开始变成红色，如同一股活生生的能量流从上方滚动下来，最终将人行道浸淫在红色灯光中。这个动画强化了人们对开端的期待，创造了一场壮观的事件，桥上的人是这场事件的见证者也是参与者。

"帆"本身被照成白色，与较暗的桥面形成了鲜明对比。桥梁开端处垂直方向上的突出重点是碳纤维桅杆，桅杆表面覆盖有磨砂亚克力，其中发光的一部分配有白光 LED。

奥罗拉桥

AURORA BRIDGE, HELSINKI/FINLAND

地理位置 _ **芬兰赫尔辛基**

奥罗拉桥是一条 165m 长的人行天桥，从交通方面来说，它是城市景观中的重要一环。附近有一所医院和一座儿童交通公园。它跨越一条交通繁忙的街道，连接了南边（运动区域）和北边（公园和医院区域）的公园区域。

桥的外观由两条白色钢质弧决定，这两条弧被照亮了。白色的弧形结构长度超过 50m，高度约 20m。5m 宽的人行道比通常的人行道更宽，因此它也可以用于滑雪道。另外，扶手的照明为桥梁使用者提供了无眩光、均匀的照明环境。

扶手照明以及被照亮的白色钢质弧一起为奥罗拉桥的使用者创造了一种独特的体验。从不同的角度望去，奥罗拉桥的结构外形呈现出不同的姿态，每一次它都能给人们创造惊喜。夜晚，桥梁结构有力地绘制在夜空中，从日常街头环境中脱颖而出，唤起人们的兴趣。

白色钢质弧被 10 个投影仪从 4 个不同的方向照亮。为了避免投影仪可能造成的眩光，特意选择了具备精确摄影技术的 Opticalight 图案投影仪。这让精确的定义光线只出现在需要的地方成为可能。光线被精确控制，只照在白色钢质弧上，将弧形结构作为一个美丽的客体突出出来。

每台投影机都配备了一个 150W 金卤灯。在规划设计过程中，曾经组织了一次现场照明演示，以确定弧形的合适亮度和最佳色温。当表面照度达到 30lx 时会达到最优亮度。因为周围环境中的黄色街道照明，为了达到均衡的对比度最佳色温是 3000K。灯具被安装在街道环境中 4 个不同的灯柱上。

人行道的照明被整合在倾斜的玻璃栏杆上。照明组件被很好的隐藏起来，很难被发现。扶手照明的设计如果仅仅使用市场上现有的产品很难进行。因此照明任务也变成了一项产品设计任务。扶手照明组件的设计使用了 Meltron LED 照明轮廓灯。LED 灯带结构由乳白石和坚固的聚碳酸酯构成。明亮的 LED 点光源在聚碳酸酯结构表面不会被看到。在没有任何奇怪阴影的情况下，乳白石机体在玻璃扶手和人行道上产生了一种光滑的光线。扶手照明的色温也是 3000K，整个 165m 长的人行道从两边被照亮，共使用了 226 件大约 1m 长的 LED 灯具。每个灯具能耗大约为 8W。所有的电缆和电源都集成在桥梁内部，它们都是不可见的且都防破坏。

所有的照明解决方案必须是防破坏的，它们必须确保能在不同的天气条件（零下 35℃ 到零上 35℃ 摄氏度）下经久耐用。

+

业 主：Ville Alajoki, Juhani Sandström, Pia Rantanen
室外照明：Helsingin Energia—Olli Markkanen, Aki-Pekka Tammilehto, Teemu Rinne
桥梁设计：WSP Oy—Sami Niemel, Ilkka Ojala, Antti Schwartz, Atte Mikkonen、Mikko Rikala, Tuomas Vuorinen
城市景观设计：WSP Oy —Terhi Tikkanen–LIndström, Satu Niemelä–Pirttinen
地质设计：WSP Oy —Kari–Matti Malmivaara, Laura Skogberg
照明设计：WSP Finland Oy— Tom Schneider；Pöyry Finland Oy—Teemu Skogberg
主要承包商：Lemminkäinen Infra Oy
分承包商：SEU, Jyri Rosenholm （电气和照明）, Rautaruukki Oyj（弧形结构）, Kalajoen Teräs Oy（栏杆）
摄 影：WSP Oy

1	
2	3
4	5

1,2,3 从不同的角度望去，奥罗拉桥的结构外形呈现出不同的姿态

4,5 人行道的照明被整合在倾斜的玻璃栏杆上

观音埔大桥

GUANYINFU BRIDGE,FUQING/CHINA

地理位置 _ **中国福清**

业　　主：福清市城建投资控股有限
　　　　　公司
照明设计：福大·博维斯照明设计中心
照明设计师：吴一禹

福清市观音埔大桥，位于福清市南部龙江干流，观音埔龙江公园段。观音埔大桥是横跨福清龙江两岸的第二座大桥，连接清盛大道、龙江路，是福清首座"斜塔斜索式"大桥。

设计师从交通优先原则考虑，照明设计以优质高效桥面功能照明为先导，在不影响车辆交通行驶的前提下，实施大桥的夜景亮化。

设计师从简洁，纯粹的原则出发，夜景照明重点强调斜塔拉索、桥梁、桥墩等建筑重要构件设计，通过色温对比，层次塑造，强调建筑的视觉中心，更加充分的表现桥梁建筑夜晚的结构美、纯粹美、建筑美、几何构图的结构张力。

为了与周边环境相协调，照明设计充分考虑了沿江两岸景观带夜景、桥面道路照明的协调性和大桥南北立交桥等夜景过渡与连接。

从经济性原则考虑，设计时充分考虑方案的经济性，在满足功能照明和设计效果的同时，综合权衡前期投入及后期运营管理费用，使夜景工程做到持续性。

从节能环保与安全原则考虑，设计师采用低功率、高光效、长寿命稳定成熟的照明设备；灯具选择和安装应充分考虑防震、防洪、防盗及方便维修更换等措施，尽可能减少后期运营管理费用。

观音埔大桥设计蕴含传统美学，它设计灵感源于桅杆，适当倾斜，富有力量和动感，与外张的拉索、梁体构成了整体，形似漂洋的船，蕴含着福清人的拼搏精神及侨乡文化，整个造型诠释了"开放融和、拼搏争先"的城市精神。

	2
	3
1	4

1,3,4 观音埔大桥夜色
2 观音埔大桥白天景观

华沙国家体育场

NATIONAL STADIUM, WARSAW/POLAND

地理位置 _ **波兰华沙**

体育场坐落在 Dziesiciolecia 体育场（十周年纪念体育场）原址上，位于维斯瓦河旁的一个公园里。一个历史悠久的坚固的天然石材地基与一个由钢材、玻璃、和 PTFE 膜组成的新结构形成了一个有趣的组合，两者的结合让整个足球体育场可以容纳 55,000 名观众。屋顶支撑结构是基于辐条轮的原理，但同时又做了进一步开发。

拉伸的金属板组成的外部编织状立面呈红色和白色，这也是波兰国旗的颜色，形成了体育场的主要特征。金属外立面注定要在大型节日活动中作为一个媒体立面来使用。以国旗的红白颜色呈现出来的金属幕墙立面元素设置成斜向状，并在光学上不断复制形成了具有代表性的编织物。在外立面的正后方是管理办公室以及一些公共流通区域。所以让这些区域接收到天然光是至关重要的。展开的金属板不但可以满足足够的透明度，而且可以反射光线，形成有趣的光影效果。

此项目的照明解决方案作为外墙施工的一个有机组成部分来进展。1500 多个线形 LED 灯具被整合进外部的柱和梁上，并安装在大型圆柱背部，从侧面洗亮金属板。为了决定什么样的发光颜色和透镜能达到最佳效果，设计团队进行了照明测试。体育场添加了一个"环形"的屏幕（144×11 像素），可以显示字母或者倒数计秒，并可以通过预编程的场景（例如：人浪）营造出反映场内情绪的气氛。

光从侧面照亮了 1584 块 6×2m 的经过拉伸的金属钢板。每个钢板都可视为一个独立可控的像素。红色的表面被配备的 2/3 白和 1/3 红的 LED 照亮。白色表面被 5000K 白色 LED 照亮。每个灯具尺寸为 1.6m，并配备了 36 个 1W LED，从而光学系统被调整成两个立面的几何形状。

另外，每个灯具都可倾斜，并配备了一个 1.8m 长的遮光罩防止直接看到光源。照明效果以及色温和光源系统的选择都在安装了原有几何形状板和拉伸金属板的一部分外立面上提前做了测试。灯具通过 DMX 512 控制。外罩、电源以及控制器都被纳入进灯具的基座里。使用标准的菊花链状布局，结合电源和数据电缆，Shield AC 系统简化了布线，降低了安装成本。

照明控制引擎位于建筑的中心。照明控制系统提供了一系列无源触点，可以根据中央设备管理系统的要求启动照明场景。对于外立面，设计师编程了 5 个动态的照明场景（包括星空、人浪、进球和动态字母）和 3 个静态场景。

业　　主：Narodowe Centrum Sportu Sp. z o.o.
建筑设计：gmp, von Gerkan, Mark + Partner
概念设计：Volkwin Marg, Huber Nienhoff, 与 Markus Pfisterer 合作
概念设计团队：Stephanie Eichelmann, Lars Laubenthal, Fariborz Rahimi-Nedjat
项目建筑师：J.S.K Architekci Sp. z o.o.
景观设计：RAK Architectura Krajobrazu
总承包商： : Konsorcjum Alpine Bau Deutschland AG, Alpine Bau GmbH, Alpine Construction Polska Sp. z o.o., Hydrobudowa Polska S.A. i PBG S.A.
照明设计：Lichtvision
项目负责人：Dr. Thomas Müller, Dr. Karsten Ehling
照明设计团队：Antje Leitenroth, Isabel Sternkopf, Sybille Herbert

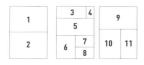

1 体育场外观

2 体育场前广场的照明布局以及通往入口的台阶，台阶上的照明灯具嵌入扶手中，将光精确地打到需要的地方

3 体育场内座椅设计成白色和红色，再次强调了立面的设计

4 总平面图

5 体育场外立面变化对比

6 对于外立面，设计师编程了 5 个动态的照明场景（包括星空、人浪、进球、动态字母）和 3 个静态场景

7 体育场内部照明

8 创新性的立面结构内部的线形 LED 灯具

9 台阶平面图

10 每个柱子上安装的灯具

11 细节展示了立面元素是如何固定成列，以及电线是如何排布的

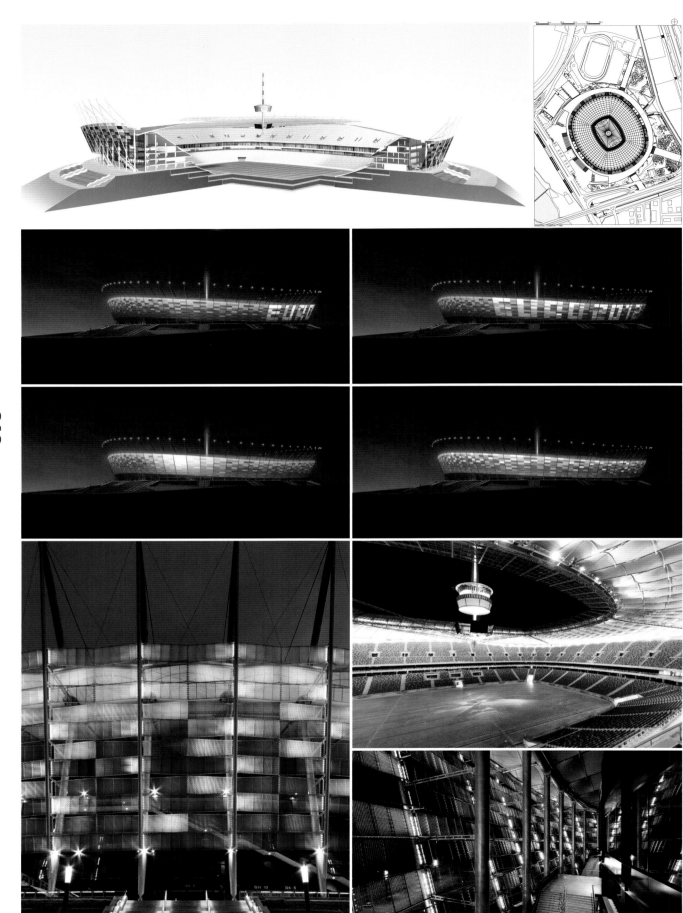

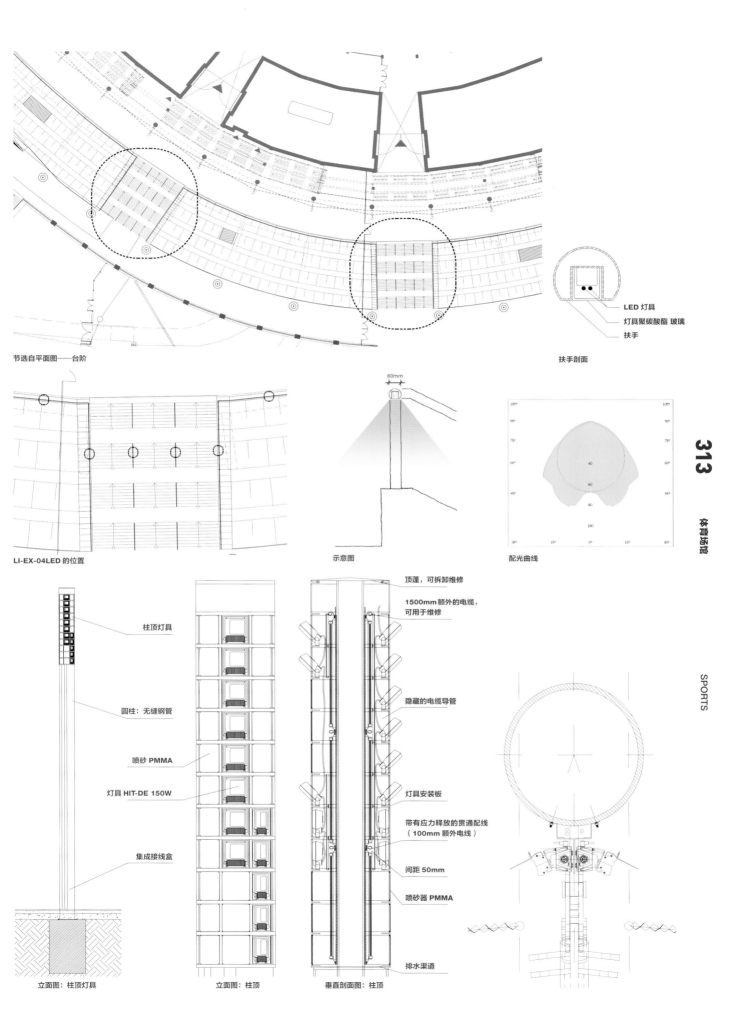

节选自平面图——台阶

扶手剖面

LED 灯具
灯具聚碳酸酯 玻璃
扶手

LI-EX-04LED 的位置

示意图

60mm

配光曲线

柱顶灯具

圆柱：无缝钢管

喷砂 PMMA

灯具 HIT-DE 150W

集成接线盒

顶蓬，可拆卸维修

1500mm 额外的电缆，可用于维修

隐藏的电缆导管

灯具安装板

带有应力释放的贯通配线（100mm 额外电线）

间距 50mm

喷砂器 PMMA

排水渠道

立面图：柱顶灯具

立面图：柱顶

垂直剖面图：柱顶

乌克兰基辅足球场
FOOTBALL STADIUM, KIEV/UA

地理位置 _ **乌克兰基辅**

业　　主：乌克兰国家体育中心
设　　计：Volkwin Marg,
Christian Hoffmann,
Marek Nowak
项目管理：Martin Bleckmann,
Roman Hepp
设计团队：Michael König,
Christoph Salentin, Olaf
Peters, Heiko Faber,
Sebastian Möller,
Roman Hepp
实施团队：Roman Hepp, Andreas
Wietheger, Clemens
Dost, Christiane
Wermers, Jonathan
Gerlach, Anke Appel,
Irina Stoyanova, Franz
Lensing, Jan Philipp
Weber, Dominik
Heizmann, Sebastian
Hilke, Irina Bohlender
与私人创意建筑设计研究
院 Y. Serjogin 有限责任公
司合作完成
照明设计：Conceptlicht, Traunreut

对于基辅奥林匹克体育场的改造设计尊重了原有的历史建筑结构。至于体育场的外观，设计团队的目标是想营造一个对于体育竞技场的清晰的整体印象。碗状的阶梯露台构成了体育场结构的核心。每一个在体育场内部的观众都能够清楚地看到这些露台，同时相应的照明强化了露台的形式和布局。整个照明勾勒出建筑特点并且强调出体育场的空间结构及构成，从而创造出有层次区别的意义。这自然意味着体育场避免了预期之外的影射并提供了视觉上不混乱的照明。因此，立面的柱子将不会被特别地突出并且光线将有目的地集中照亮以免溢到建筑中相邻的却不需要照明的部分。

体育场的照明提升了其从外到内的通透感以及印制花样的立面的识辨性。照明设计师通过照亮碗状体育场的底部从而营造出结构的漂浮感。而支撑的立柱没有被突出，否则将引起不必要的照明。来自内侧和外侧走廊的反射光使得柱子清晰可辨。外侧走廊被安装在外立面的矩形筒灯照亮。为了不破坏较低位置环形的流动感，灯具可以调节。筒灯的光束角经过计算来避免立面上的溢光以及立柱上不必要的照明。

薄膜屋顶成为体育场结构的一部分，并被均匀照亮。泛光照明的灯具融入到结构中。考虑到需要被照亮的表面区域大小以及与屋顶的接近程度，将需要两排连续的线条灯。不对称排布的灯具提供了大范围的光线扩散，从而确保了最外层的屋顶能够获得足够的照明。

整个照明系统也避免了安装支架被照亮。位于上层阶梯看台的观众决不会直视到光源，并且遭到溢光干扰的电视幕墙所形成的反差不会引起任何危险。屋顶上的开口外缘作为特色被重点突出。当暖色温的灯光照亮走廊和看台时，薄膜屋顶被中性白光照亮，清楚地与碗状露台区分开来。

体育场内部，圆形的卤素下照灯提供了 VIP 休息室的环境照明。暗灯槽照明以及 VIP 包厢后面的部分墙面照明引起人们的注目和兴趣。下照灯根据天花设计图的曲线进行轴向布局。标注的参考点便于灯具的安装定位以及把灯具融入建筑之中。会议室的照明基于同样的原则来设计。在这种情况下，线性轨道系统被嵌入到几何空间中。体育场的流通区域通过漫射光和聚焦光的结合进行照明。

尽管存在一些细节方面的典型问题，整个照明设计团队对结果还是满意的。设计团队对体育场的外部区域照明感到欣慰，因为他们成功地从屋顶结构边缘照亮整个空间，而并没有照到柱子上，否则将会对体育场的整体形象造成负面影响。

1 设计理念是通过光呈现出体育场的结构并使其流露出一种仅与力量相关的平静

2 台阶的照明使整个体育场看上去犹如悬浮着的运动的殿堂。其照明设计提升了它的立体质感

3 其结构被明亮地照亮，与城市夜景形成强烈反差。入口区域的照明仅限于重要的人群流通区域。薄膜屋顶被一系列的上照灯照亮。屋顶的开口让人们联想到章鱼胳膊上的吸盘

4 体育场前方区域的照明由不起眼的灯柱提供，呈现出迷人的灯光效果。球场本身的照明很大程度上提升了其附近的环境照明

6 剖面图：结构照明的设计理念

7 剖面图：体育场照明概述

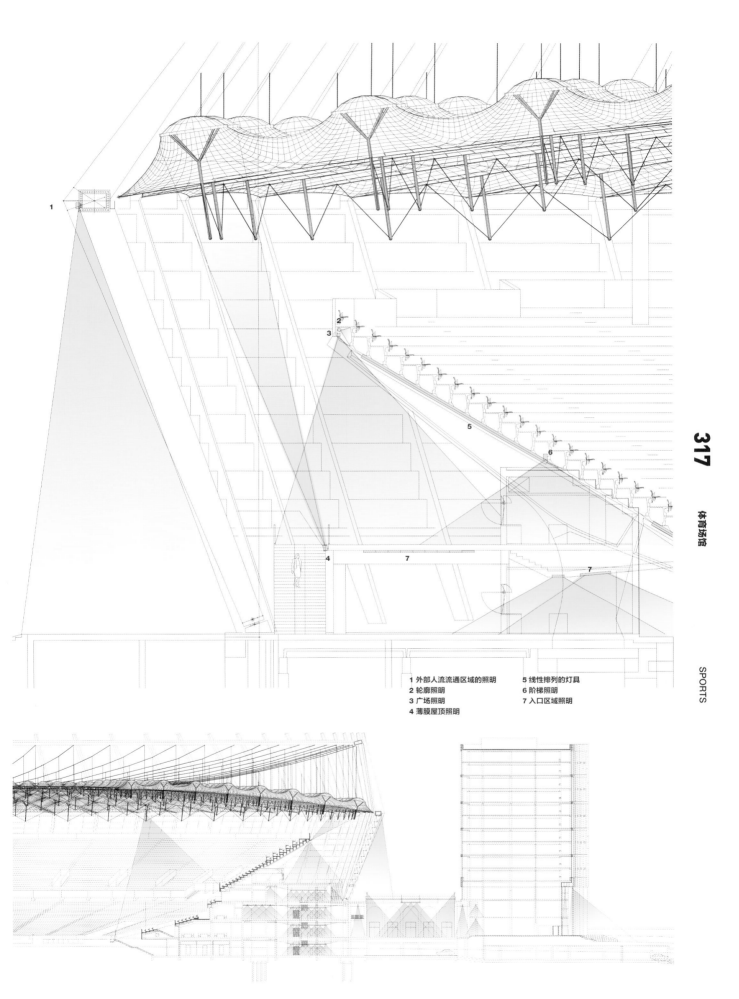

1 外部人流流通区域的照明
2 轮廓照明
3 广场照明
4 薄膜屋顶照明
5 线性排列的灯具
6 阶梯照明
7 入口区域照明

秘鲁国家体育场

NATIONAL STADIUM OF PERU, LIMA/ PERU

地理位置 _ **秘鲁利马**

照明概念设计：Claudia Paz, David
　　　　　　　Castaneda, Nick Cheung
交互式照明概念设计：Cinimod
　　　　　　　Studio - Dominic Harris
交互式照明方案实施：Cinimod
　　　　　　　Studio
项目管理：Arquileds
舞台照明：Luke Hall
编　程：Cinimod Studio - Andrea
　　　　Cuius,
　　　　e:cue - Christian Brink,
　　　　Arquileds - Cesar Castro
安　装：CAM
产品应用：Traxon, Griven, e:cue
　　　　　照明软件

由乔斯·本廷·迭斯·坎塞科（Jose Bentin Diez Canseco）提出的重新设计国家体育场的概念，他们的想法是赋予体育场一个现代而醒目的形象，同时又保留部分原有的元素，例如塔楼和体育桂冠。主要概念是将体育场用多层穿孔钢板包裹起来。新的外立面将被固定在体育场的结构上，形成一整张覆盖着合成材料涂层的表皮，高度甚至比看台还高。体育场的容纳人数在翻修后增加到 45,000 人，并增添了新的硬件设施，如疏散楼梯、升降电梯和通往高层空间的通道，这些高层空间设有 VIP 区、咖啡厅和新闻发布室。

他们的目的是运用灯光在球迷、球迷的热情、比赛和周围的城市景观之间建立起一种视觉上的联系。通过将创新科技和照明布局进行结合，体育场的外立面被注入混合的灯光，使得外立面成为人群情绪的一面"镜子"。

这一全新立面的照明设计采用了多层次的灯光效果，各层次的灯光能同时或单独亮起。这就提供了一种可能性，可以选择性地展现体育场的原有结构和新建结构。在环绕体育场的主要金属框架结构上，大多数的灯具都沿着球根形状结构向上布置，从而形成"火焰"的形状。在此结构背后，洗墙灯具营造了柔和的背光照明，与外层"火焰"形状的直接照明形成强烈对比，同时又突出了结构的曲面形体。立面顶部向外突出的绷紧的织物屋顶则用灯光间接打亮，在夜间形成了一个清晰的结构边缘。灯光通过编程能够变色并有序地运行。塔楼则用 LED 灯具以静态白光进行表达，以平衡周围的彩色光环境。

这个项目中采用了多种灯具：1450 套带磨砂漫射片的 RGB LED 灯具（每米 2 个像素点）嵌入立面结构上红色的穿孔单元内，创造出"火焰"的效果（直接照明）。灯具的嵌入式安装使其在白天不易被看到。144 套带透明漫射片的 RGB LED 灯具（每米 2 个像素点）置于顶部将屋顶照亮（间接照明）。255 套 RGB 洗墙灯安装在金属结构背后，将整个背衬表面均匀打亮。40 套白光 LED 洗墙灯强调了原有的塔楼建筑。10 套 RGB 洗墙灯为火炬结构提供间接照明，在动态变化中模拟火焰效果。8 套 4000W 的探射灯安装在拉伸织物雨棚的顶部，提供空中照明的效果。8 套带彩色滤镜的图案投射灯安装在通道的天花上，在球场上形成光影图案。

整个照明系统由 3 个主要部分组成：灯具、e:cue 控制系统和由 Cinimod 工作室开发的互动系统。三者组合起来，形成了目前世界上最大的人群控制的互动式照明装置。

1 体育场上总是充满着激情和欢乐
2 利马体育场外立面上的光波，根据观看比赛观众的情绪进行变化
3,4 技术方案：把观众的情绪转化为灯光效果

❶ 体育场地
举行足球赛时，观众的总体音量会被安装在天花板上的麦克风记录。信号被转换为一长串数据并实时发送到控制室进行处理

❷ 音控硬件设备
Cinimod 工作室修改了原本用于工业用途的麦克风和数据硬件设备。系统的可靠性和冗余性是设计系统时考虑的主要问题

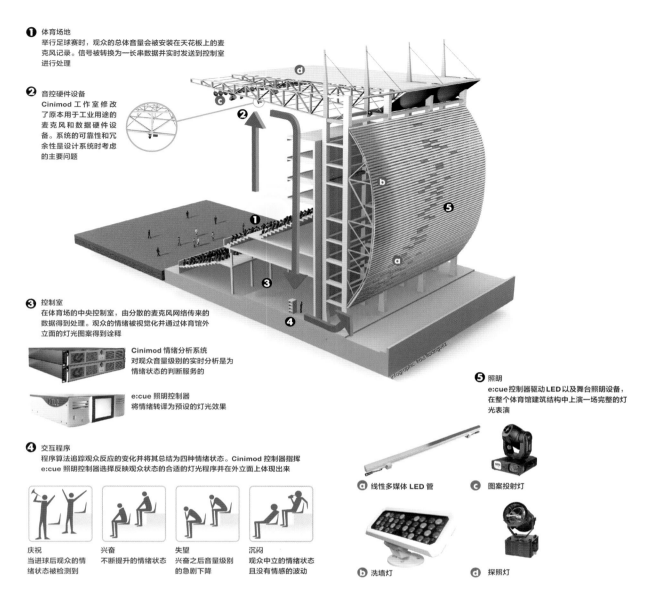

Infographic: Paul Rodriguez

❸ 控制室
在体育场的中央控制室，由分散的麦克风网络传来的数据得到处理。观众的情绪被视觉化并通过体育馆外立面的灯光图案得到诠释

Cinimod 情绪分析系统
对观众音量级别的实时分析是为情绪状态的判断服务的

e:cue 照明控制器
将情绪转译为预设的灯光效果

❹ 交互程序
程序算法追踪观众反应的变化并将其总结为四种情绪状态。Cinimod 控制器指挥 e:cue 照明控制器选择反映观众状态的合适的灯光程序并在外立面上体现出来

庆祝
当进球后观众的情绪状态被检测到

兴奋
不断提升的情绪状态

失望
兴奋之后音量级别的急剧下降

沉闷
观众中立的情绪状态且没有情感的波动

❺ 照明
e:cue控制器驱动LED以及舞台照明设备，在整个体育馆建筑结构中上演一场完整的灯光表演

ⓐ 线性多媒体 LED 管

ⓒ 图案投射灯

ⓑ 洗墙灯

ⓓ 探照灯

伦敦奥运会水上运动中心
THE AQUATICS CENTRE, LONDON/UK

地理位置 _ **英国伦敦**

业　主：伦敦奥运交付管理局
建筑设计：Zaha Hadid Architects
照明设计：Arup Lighting

　　伦敦奥运会水上运动中心由国际知名的扎哈·哈迪德建筑师事务所（ZHA）设计，其中容纳了两个 50m 长的比赛泳池、一个 25m 长的比赛跳水池、一个 50m 长的热身泳池和一个专门为跳水运动员设置的干燥的热身区域。对于奥雅纳（Arup）而言，为水上运动中心提供照明设计绝非易事，包括处理馆内的高湿度对灯具的影响以及满足高清电视（HDTV）设备转播的需求。

　　伦敦奥运会水上运动中心可以容纳 17,500 人，其壮观的波浪状屋顶长达 160m，宽至 80m。场馆的双曲线几何体形状创造出一个抛物线形的拱顶结构，形成了一个极具特色的屋顶。然而，流动的波浪形屋顶设计意味着没有用来固定灯具的支架，这给照明设计团队带来了一个大难题。而主泳池的照明不仅要避免给游泳运动员带来眩光，而且要符合严格的转播标准，并满足奥运会结束后场馆的使用。最终，设计团队提出一个充满智慧的"泡泡"系统用来提供照明。

　　设计方案的灵感来源于高端零售店面广泛采用的"泡泡"系统，设计团队提出在天花板采用椭圆形开口的方式，把 400W 和 1000W 的金卤投光灯嵌在其中，由于无法被直接看到，因此避免了多余的眩光。另外，照明方案使用了大量的灯具装置，也降低了闪烁率。

　　为训练泳池提供照明的灯具呈现出雕塑感——内凹的镶板内安装了荧光背光灯。奥雅纳全球照明设计业务负责人弗洛伦斯·兰（Florence Lam）说到："训练泳池是一体化设计的典范，其照明方案还包含了一系列定制灯箱，灯箱由能够扩散光线的纺织材料构成，不仅提供了一个'自然的'的光环境，而纺织材料还具备减少声学回响的功能。"当奥运会比赛结束后，临时的看台被移除，为了确保建筑内部保持良好的照明，照明设计师分析了带有图案的玻璃幕墙，保证其能很好地减少眩光。

　　另外一个需要重点考虑的方面就是竖向照明，主要满足电视转播的需要：照明对拍摄而言是一个重要的因素，奥雅纳需要评估相机三维视图的饱和度和精确的渲染效果。照明团队通过各种研究呈现出拍摄图像在竖向照明的层次和赛场的光影效果方面的差异。另外，一款基于游戏引擎的互动应用程序被开发从而探索在多种灯光场景下的泳池环境，并检验泛光灯具的反射状况。

　　此外，泳池的亮度分布经过了评估从而确保了摄像机能够拍摄出最佳的超慢动作影片，同时在白天为观众提供了舒适的观赛环境。整个设计还保证了阳光不能直射进入体育场馆。到夜晚时，看台的半透明纺织材料发挥作用，从外形上营造出发光灯笼的效果。

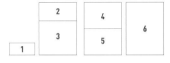

1　水上运动中心全景
2　流动的波浪形屋顶使得设计团队采用了"泡泡"系统来提供照明，400W 和 1000W 的金卤投光灯嵌入在天花上的椭圆形开口中
3　"泡泡"系统避免了多余的眩光，为运动员提供了舒适的比赛环境
4　俯瞰伦敦奥运会水上运动中心室内
5,6　流线型的跳水台与波浪型的屋顶相得益彰

深圳湾体育中心 "春茧"

SHENZHEN BAY SPORTS CENTER——COCOON, SHENZHEN/CHINA

地理位置 _ **中国深圳**

业　主：华润置地
建筑面积：约 26 万 m²
建筑设计：BIAD 体育工作室： 王兵 康晓力
照明设计：BIAD 郑见伟照明设计工作室：郑见伟，华婧
BIAD 1E1 电气设计工作室：汪猛，赵亦宁
灯具设计：BIAD 郑见伟照明设计工作室：刘洋，及维维
佐藤综合计画：大野胜，牟岩崇
照明顾问：Lighting Planners Associates——面出薰，田中谦太郎
照明工程：深圳创先照明科技有限公司
摄影师：黄早慧

这是世界上第一座将体育场、体育馆、游泳馆放在一个屋檐下，跨度达到 500m 的庞大体育中心。这个建筑像一张展开的大网，上实下空的结构，把 3 个体育场馆包围在一起，跨度达到 500m，形态有机而庞大，形似"春茧"。

照明设计通过组合投光展现建筑下部框架的光影关系；将 3000 个 10W 白光 LED 设置在建筑上部，既可以像星空一样眨眼，又可以像大海一样泛起阵阵波光，呼应天空和大海；大树广场透出的神秘色彩昭示城市的生命力。

曲面的网架结构缺少完整的光的承载面，缺少统一的反光方向，很容易出现散乱细碎的情景。而要大面积投光被载体接受的光束极其有限，既不出效果，也不节能，还造成光污染。于是光影与建筑结构相互编织逐渐在设计者的脑海中浮现出来。埋地灯具从地面向上投射，将弧面的底部照亮，与背景的黑暗形成对比，再往上网格梁柱渐暗，内部场景渐亮对比形式发生反转，再结合内面上部的下照灯，再形成一次对比的反转，从而形成建筑网格与对穿的光线相互穿插，相互交织的有趣景象。

展现这一形象所用的灯具主要包括：使用 160 套 70W ~ 150W 陶瓷金卤地埋灯，210 套 70W 陶瓷金卤壁灯，3000 个 10W 白光 LED 星光灯，300 个 30W LED 不变色 LED 投光灯，80 套 150W 变色 LED 投光灯。整体建筑面积约为 26m²，建筑外壳表面积约为 10 万 m²，建筑表面夜景照明功率密度值 LPD 为 0.85W/m²，远低于行业标准，达到了很好的节能环保目的。

大树广场位于项目中心，是建筑独创性的半室内空间，集公共连接性、聚会性为一体，是具有较高潜在利用价值的广场空间。广场中的灯柱从功能到形式都达到了与建筑的完美配合。为提升项目的功能和商业价值，照明设计选择了彩色 LED 投光灯对建筑结构进行染色，创造富于戏剧性的光影氛围和气质，让灯光与主题活动、品牌展卖、人们的心情产生联系。

大树广场的屋面结构复杂，面积较大，可视角度很多，如何能实现大树广场染色的效果，同时避免眩光，技术难度较大。设计师在树杈形式的支柱中心、照明灯杆顶部、大树根部、以及周边场馆顶部暗藏 LED 染色投光灯，综合布光，达到了预期效果。

1,2　建筑像一张展开的大网

3,4　增加了结构细部的丰富性，光影给予建筑结构以力道和肌理的美感

5　建筑网格与对穿的光线相互穿插，相互交织的有趣景象

6　大树广场位于项目中心，是建筑独创性的半室内空间

体育场馆

深圳大学生运动会体育中心

UNIVERSIADE 2011 SPORTS CENTER, SHENZHEN/ CHINA

地理位置 _ **中国深圳**

业　主：深圳市建筑工务署
设　计：gmp——曼哈德·冯·格
　　　康和斯特凡·晋茨以及尼
　　　古拉斯·博兰克
项目负责人：拉尔夫·齐伯
照明设计：Conceptlicht
幕墙设计：Shen and Partner
中方合作设计单位：深圳市建筑设计
　　　研究院（体育场），中国
　　　建筑东北设计研究院（多
　　　功能厅），中建国际设计
　　　公司（游泳馆），深圳市
　　　北林苑景观及建筑规划设
　　　计院（景观设计）
摄　影：Christian Gahl

2011 年大运会体育中心方案构想由周边绵延起伏的山地景观发展而来。体育中心基地内通过多层面的交通流线组织形式实现了对自然地貌的整合，这也是设计构思中的重要理念。一座人工湖连接了位于山脚下的体育场、北面的圆形多功能体育馆以及西侧呈整体呈矩形的游泳馆。通过一条被抬起的林荫大道，人们可从各个体育场馆到达位于基地中心的体育广场。

体育场规划设计为一座多功能的体育场馆，可举办各种地方的、国内以及国际性的体育赛事以及大型活动。体育场内分为三层的看台上总共可容纳 6 万名观众。

屋面结构由伸出的长 65m 的悬臂和以三角面为基本单位的折叠钢架空间结构构成。整个屋面纵向长 310m，横向长 290m。 室内体育馆为一个圆形多功能竞技场，可举行室内竞技项目、冰上运动以及演唱会、大型集会和展览。场内可容纳 18,000 名观众。

游泳馆是大运中心内第三个重要的体育场馆。其建筑设计充分考虑了这一类型建筑的功能要求以及体育公园整体的水晶体意象。总共 3000 个坐席分布在比赛馆内上下两层看台上。

2012 年 5 月 14 日，2012 年德国照明设计奖在汉堡颁奖。在"优秀国际项目"环节，"深圳大学生运动会体育中心"获得一等奖。项目的照明设计单位是来自 Traunreut 的 Conceptlicht GmbH 照明设计事务所。

建筑体在日间和夜间如同水晶般熠熠生辉。为了刻画建筑简洁鲜明的形象，设计者通过一层无色的织物赋予幕墙底色。夜间照明效果下，设置于钢结构上的光源为白色的 RGB LED 灯带，将白色织物部分打亮。此外还设有可调节的补充背景光源。如此一来，外部灯光效果可根据场合需要自由调节，降低了建筑运行成本。黄昏时刻背景光源将置于最高档位，随着夜幕的降临可逐渐降低照明强度。

当赛场内活动结束后，背景照明可以渐渐弱化，直到灯光在午夜之后慢慢熄灭。背景光源为隐蔽性安装，照明设备在任何角度均不可见。如果光源设备可见将会破坏简洁的钢结构形象，同时由于光源的重合将会失反射产生的照明效果。

2		5
	4	6
3		7
1		

1　一片人工湖连接了位于山脚下的体育场、北面的圆形多功能体育馆以及西侧呈矩形的游泳馆

2　建筑体半透明的外立面更突出了晶体形式的外观效果

3　体育场

4　体育场 – 波浪形的上层看台沿着回廊分布，可通过 12 座大型阶梯到达，在这里观众可欣赏精彩的屋面结构并享有眺望其他场馆的绝佳视野

5　屋面结构由伸出的长 65m 的悬臂和以三角面为基本单位的折叠钢架空间结构构成

6　游泳馆夜间照明效果

7　多功能体育馆是一座圆形综合运动馆，可举行室内竞技项目、冰上运动以及演唱会、大型集会和展览

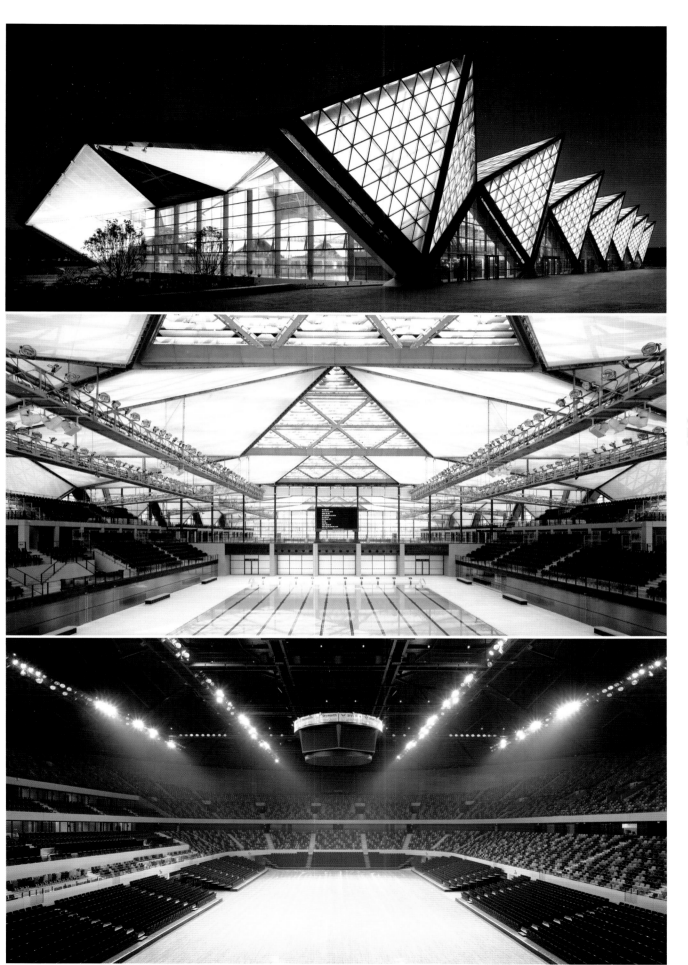

Skistar 滑雪场

SKISTAR SKIING RESORT , ÅRE /SWEDEN

地理位置 _ **瑞典 Åre**

照明设计：Ljusarkitektur——Kai Piippo、Paul Ehlert, JoonasSaaranen、LinaFärje、JanicaWiklander

开 发 商：SkistarÅre AB

业 主：Skistar, Åre; NiclasSjögren Berg; Carl-Johan Eckblom

控制、支持系统：Stockholm Lighting Company AB, Ian Fanning, RikardÅhlstrand

电力规划：Johnson's El AB Åre, Martin Lyren

文本、故事概念创作：Mathias Knave

照明设计理念并非紧紧是为一个滑雪场设计一个功能型照明方案，设计师更希望能把它设计成冬日里的一次伟大的冒险，希望凭借故事情节吸引更多的家庭和技术不是很好的滑雪者前来游玩。沿着 3500m 长的滑雪道旁矗立着闪着桔黄色光的滑竿，象征着火种和地壳下的熔岩，动态的蓝色环境光与月光和自然的景色相联系，营造出一幅迷人的山色。

现在所有的装置都可以通过电缆和远程登陆 DMX 灯光控制系统进行控制。主要装置建在一个均匀分布的网络终端上，这个终端由 63 个定制的灯杆组成。这些灯杆不但可以随意安装各种灯具设备，而且也为未来给整个照明系统升级提供了方便。

每个灯杆都可安装一个一般照明灯具从而确保滑雪者的安全，它主要满足人们对路面范围界定的需求。这些通过 2 个定制灯具 Lumenpulse Lumenbeam XL 和两个深蓝色、一个 4000K 白色冷光 LED 实现。这些完全模拟了月光环境——从冷白色到深蓝，然后是几乎黑蓝色—— 这也是景观和自然照明的主题概念。

带有线性镜头的 20° 的中度光点和 10° 的窄光点从不同的发射角度给自然风光和演出的需求带来各种可能性。此外，一个暖白色聚光灯——6° Lumenbeam M 提供了很窄的光线，为向下的滑坡指引方向，也和山上的火光及熔岩交相辉映。

滑坡上还添加了效果灯和特殊效果，使故事情节更具有连贯性。添加的位置取决于地理环境和已经存在的关键点如被命名的岩石和明显的连接点。为了达到预期效果，我们在立杆上添加了 Lumenbeam XL、RGB Lumenbeam L、RGB Lumenbeam M 以及白色色调，还使用了 Griven Gobo LED 80，Martin Exterior 400 和 1200 IP 的图像射灯，甚至还有一处使用了 Elvar UV 投光灯，这些都给滑雪者提供了与众不同的滑雪体验。

在新安装的照明项目的最后是一个通往巨人世界的通道。在这个通道里，只是通过利用雪地对灯光的强烈反射和通道的狭长，一些 10° 的窄光束 Lumenbeam M RGB 和线性镜片产生了令人惊讶的效果。Dicon 光纤强调了"隐藏在山间的宝藏"这种韵味。

控制系统是基于 KiNET/DMX 解决方案的。通过光纤主干每一个设备都可以得到独立控制，并且还可以通过这个系统登陆到声控系统上。现有斜坡照明区域的泛光灯通过 KNX 接口集成，然后连接客户终端网络。整个 RDM 系统可以远程登陆，并且允许运行动态装置，从而表现出大自然的多样性。

控制系统根据 RDM 系统进行监测，看看整套系统是否运行正常，当发生故障时它会自动发出失败报告。根据业主和电力承包商的长期经验，电力系统设计时考虑了环境的恶劣。

几乎所有的照明装置都垂直向下从而减少溢散光。大部分的泛光灯也界定在滑道的周围，只能让人们隐约看到周围。这样的控制方式大量节省了能耗。从技术角度讲，这样的设计可以轻易的进行改变或者添加装置，而不会对整体系统产生巨大影响。

1,2,4 通过控制系统，可以营造不同的照明场景

3 沿着 3500m 长的滑雪道旁矗立着闪着桔黄色光的滑竿，动态的蓝色环境光与月光和自然的景色相联系

5 照明项目的最后是一个通往滑雪道的通道

3 / FIELD RECOMMEN- DATION

专业推荐

CDN 西顿照明

全球五星级酒店灯光提供商

惠州市西顿工业发展有限公司

地址　广州省惠州市水口东江工业区西顿工业园
邮编　516005
电话　86-752-2308688
传真　86-752-2325688

现代商业活动对照明技术提出了更高要求，惠州市西顿工业发展有限公司顺应时代和行业的发展需求，将优化人类光环境、分享更多生活乐趣作为矢志不渝的事业，致力成为一家提供系统化照明解决方案的专业服务商。惠州市西顿工业发展有限公司强调以满足客户现有需求、引导未来应用趋势为中心，将产品的机能性、外观造型、品质作为一个整体有机结合，进行产品的系列化研发，以先进照明技术服务生活。

产品名称：CEJ71075
额定功率：1*9W
适用光源：LED COB(CREE)
安装方式：嵌入式
参考价格：咨询厂家

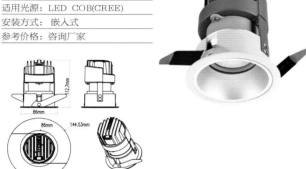

产品名称：CEJ72125
额定功率：1*18W
适用光源：LED COB(CREE)
安装方式：嵌入式
参考价格：咨询厂家

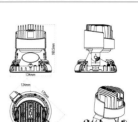

产品名称：CJT1075A
额定功率：50W
适用光源：GY6.35 低压卤钨灯
安装方式：嵌入式
参考价格：咨询厂家

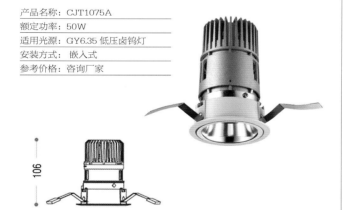

产品名称：CJT2150G
额定功率：70W
适用光源：G12
安装方式：嵌入式
参考价格：咨询厂家

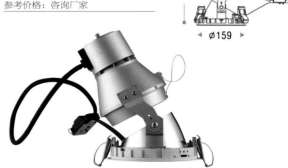

产品名称：CEL6266C
额定功率：1*35W
适用光源：LED COB(CREE)
安装方式：三线导轨
参考价格：咨询厂家

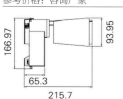

产品名称：CED51006
额定功率：15W
适用光源：LED
安装方式：明装
参考价格：咨询厂家

40 度遮光角防眩，打造无光眩区域。

引进符合人体工程学的设计，配有 40° 遮光角，避开视觉水平 35° 以上的眩光区域。精细的曲面设计有助于提高光效，灯头处的遮光帽则进一步排除眩光，特别是旋转光源时，可以防止来自光源中心点的强光干扰，符合光学原理设计。

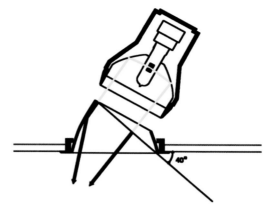

灯具的内罩可减少漏光，营造完美的光强分布方式。

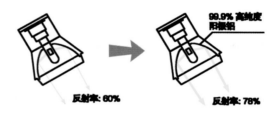

99.9% 高纯度阳极铝

普通铝材反射器　　反射率：60%　　西顿·巴赫高效率反射器　　反射率：78%

旋风散热™ 系统

铝合金压铸灯体，质量轻巧，散热性好。独有的三重通风口，可形成强劲的空气对流，有效延长光源的使用寿命，减少二次购买成本。同时可避免天花板因长期高温被烤黄，保持环境的整体美感。

安装简易：独有的活动搭扣安装，弹力强劲，相当于 6 个传统弹簧卡扣；安装稳固；拆卸时不破坏天花板。

安全：人性化接线设计，将接线端子内置于冷轧钢板接线盒，加置线位扣固定走线，更安全规范。部分采用陶瓷端子，避免传统 PC 端子被高温烤化带来的安全隐患。

前后换光源：独有的双向换光源设计，可脱卸式反射器，前后均可更换光源，满足不同空间安装维护需求。灯具后部有加长活动螺丝，轻松旋钮即可更换光源。

WAC LIGHTING
Responsible Lighting®

WAC Lighting 华格照明灯具 (上海) 有限公司

地址 上海市浦东新区张江毕升路 299 弄 14 号楼
邮编 201204
电话 86-21-33933558
传真 86-21-33621598

WAC Lighting (华格照明) 1984 年成立于美国纽约，创立以来一直专注于高端照明设备的研发与制造，在北美专业照明领域享有很高的声誉。产品广泛应用于高档酒店、别墅会所、博物馆、高端商业地产、展览展示空间等领域的室内及室外照明并获得好评，是众多建筑设计师，照明设计师选用的专业级照明品牌。同我

们合作过的客户如中国国家博物馆，中国国家美术馆，中华艺术宫，国家开发银行总部，深圳证券交易所，上海财富中心大厦，北京华润五彩城，沈阳、济南恒隆广场，上海文华东方酒店，无锡丽笙酒店，上海威斯汀大饭店，天津瑞吉金融街酒店，北京及上海兰会所，成都银杏金阁餐厅，Dior 与中国艺术家展，BMW 汽车展厅，哈雷戴维森摩托车展厅，成都东客站等对我们的产品和服务都予以肯定，并建立了长期合作关系。

WAC Lighting 销售网络遍布美国各州及加拿大、墨西哥等北美地区，并且业务扩展至欧洲、大洋洲、印度、东南亚和南非等地。在中国的上海设有亚太区总部，北京设有分公司，在广州、深圳、成都、武汉设有销售办公室。

产品名称：Reflex LED	
额定功率：17W，27W	
适用光源：LED	
安装方式：导轨	
参考价格：咨询厂家	

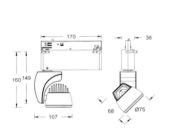

产品名称：Vamp LED	
额定功率：10W，17W，27W	
适用光源：LED	
安装方式：导轨	
参考价格：咨询厂家	

产品名称：LIGNE LED	
额定功率：15W～45W	
适用光源：LED	
安装方式：吊装、吸顶、嵌入	
参考价格：咨询厂家	

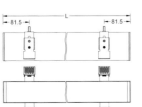

适用天花厚度：1～20mm。

产品名称：ELANA LED	
额定功率：7W～10W	
适用光源：LED	
安装方式：嵌入	
参考价格：咨询厂家	

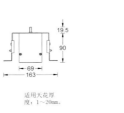
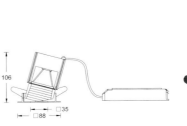

产品名称：PALOMA WALLWASHER

额定功率：10W~30W

适用光源：LED

安装方式：导轨

参考价格：咨询厂家

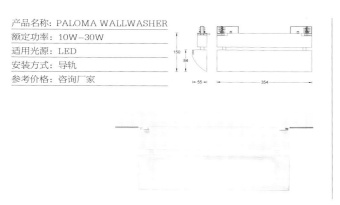

产品名称：LOGOS LED

额定功率：23W，40W

适用光源：LED

安装方式：导轨

参考价格：咨询厂家

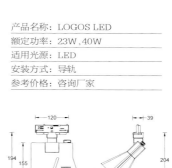

产品名称：SLANA LED

额定功率：10W~50W

适用光源：LED

安装方式：吸顶、壁挂、支架

参考价格：咨询厂家

产品名称：Panther

额定功率：35W~150W(HID)，

10W~50W(LED)

适用光源：HID，LED

安装方式：吸顶、壁挂、其它

参考价格：咨询厂家

产品名称：Beacon LED Strip

额定功率：

7W，14W，21W，28W，64W

适用光源：LED

安装方式：吸顶、壁挂、支架

参考价格：咨询厂家

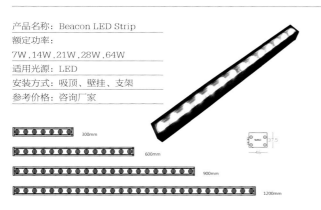

产品名称：InvisiLED

额定功率：7W/m~13W/m

适用光源：LED

安装方式：入墙、其它

参考价格：咨询厂家

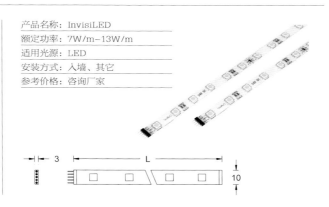

照明产品推荐

LIGHTING PRODUCT RECOMMENDATION

VAS 胜亚

广州市胜亚灯具制造有限公司

地址　广州市荔湾区花地大道南中南街赤岗西约 468 号
邮编　510388
电话　+86-20 8140-7699
传真　+86-20 8140-6663
网址　www.vaslighting.com

广州市胜亚灯具制造有限公司成立于 2000 年。以精致之光为信仰，以给与设计师完美支持为己任，以吸纳国际最优秀人才为核心，潜心于最专业的灯具制造。

"用心装备专业"，胜亚通过引进技术，引进国际团队，跨界融合，打造最完美的灯具产品堪称艺术精品。在 LED 技术大发展的今天，胜亚已经将在传统照明技术积累的控光经验和产品工艺成功转型到新型灯具开发中，并建立了完整的服务体系，创作着中国大地上的品质之光。

产品名称：留声机 541/542/543
额定功率：70W/55W 35W/30W 10W
适配光源：CMH-T/LED
配　光：蝙蝠弧 130°×90°
　　　　非对称 60°×52°×60°
高　度：3.5m/2.5m/1.4m

产品名称：罗庚 414
额定功率：1.92W/6.21W 3.5W
适用光源：单色 /RGB
角　　度：106°　/10°　/18°　/28°　/10°×37°

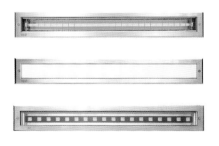

产品名称：罗庚 450
额定功率：T5 14W－54W
　　　　　LED 5W－28W
适用光源：单色 /RGB
角　　度：T5　69°×83°
　　　　　42°×80°×6°
　　　　　60°×90°×26°
　　　　　LED 120°　10°　/14°　/30°
控制方式：ON－OFF/DMX
长　　度：672mm/963mm/1263mm

CKLED®

杭州传凯照明电器有限公司

地址 杭州市西湖区留下工业园区 7 号 1 幢
邮编 310023
电话 86-571-88986198
传真 86-571-88985878

　　杭州传凯照明电器有限公司专业生产 LED 照明系统。是德国欧司朗（OSRAM）的授权代理商和 OEM 的授权商，绝大部分产品采用原装进口的 OSRAM LED. 2005 年在国内首次将 OSRAM 的大功率 LED 应用在建筑照明 ---- 杭州京杭运河的亮化工程。目前，已获得多项专利，专业设计的大功率 LED 灯具，能使任意一个 LED 的散热焊盘到外界流体的距离小于 4 毫米，具有十分优秀的散热能力；具有完全自主知识产权的 LED 灯光控制系统，全系列的 DMX512 控制系统产品，硬件和软件的研发全部自主完成，目前都在良好的运行。WIFI 无线控制的 LED 照明系统已多次应用。2012 年 8 月，由中国著名的照明设计师许东亮先生设计，杭州传凯照明电器有限公司制造的智能"光塔"，代表中国参加第十三届威尼斯建筑双年展。我们良好的研发及制造能力获得业内认可。

产品名称：钻石灯 22D84M12
额定功率：5W
输入电压：DC 24V
采用 LED：OSRAM 三合一 RGB
安装方式：不锈钢支架安装，或粘
　　　　　贴于玻璃，石材表面。

产品名称：抱柱投光灯 99D240W18
额定功率：27W
输入电压：DC 24V
采用 LED：OSRAM Golden
DRAGON Plus
安装方式：安装于直径 150–300 毫米
的柱子上．

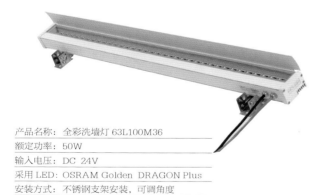

产品名称：全彩洗墙灯 63L100M36
额定功率：50W
输入电压：DC 24V
采用 LED：OSRAM Golden DRAGON Plus
安装方式：不锈钢支架安装，可调角度

产品名称：射灯 76D62W3
额定功率：6W
输入电压：DC 24V
采用 LED：OSRAM Golden
DRAGON Plus
安装方式：支架安装，可调角度．

产品名称：线条洗墙灯 32L100W24
额定功率：12W
输入电压：DC 24V
采用 LED：OSRAM DURIS E5
安装方式：不锈钢支架安装，可调角度

产品名称：洗墙灯 65L100W12
额定功率：24W
输入电压：DC 24V
采用 LED：OSRAM Golden DRAGON Plus
安装方式：不锈钢支架安装，可调角度

北京富润成照明系统工程有限公司

公司总部

公司总部 北京市朝阳区白家庄西里 2 号　　　F：+86 10 85952449

邮编：100020　　　　E：info@fortunelighting.com

T：+86 10 85952447　　　www.fortunelighting.com

关键人物

王林波 董事长

郑影　总经理

公司规模：122 人

公司简介

北京富润成照明系统工程有限公司（以下简称富润成公司）成立于 1997 年，具有城市及道路照明工程专业承包壹级资质，并通过 ISO9001、ISO14001、GB/T28001 认证，是具有国际专业水准的照明工程施工企业，拥有丰富的国内外大型项目施工经验。

公司拥有由高级电气工程师、智能电气系统工程师、建筑结构工程师等专业人员构成的技术管理团队，也有由国家一级建造师、国家二级建造师以及其它工程管理人员组成的项目管理团队。

自成立来，公司凭借着强大的技术实力和优秀的工程管理承接了一个又一个大型项目，包含公共设施、高档星级酒店、5A 级写字楼、精装公寓和别墅、大型综合商业空间，以及展览场馆、园林等众多类别。如国家级项目国家博物馆和国家大剧院，攻克了一个又一个超高层楼宇施工技术难关，如平安金融中心和广西金融广场等，在业界赢得了声誉。

富润成公司连续三年被中国建筑装饰协会评为中国照明工程百强企业，被联合信用管理有限公司认定为企业信用等级 AAA 级单位。富润成公司是中国照明学会及北京照明学会的团体会员单位，承接项目多次荣获中国照明学会和北京照明学会照明奖项。

分公司

◆ 上海市浦东新区杨新路 88 号骊湾 88 创意园区 1 号楼 402 室

　 T：+86 21 63219112　F：+86 21 63219102

◆ 重庆渝北区金山路 18 号中渝都会首站 2 号楼 1711

　 T：+86 23 67467120　F：+86 23 67467120

◆ 广东省深圳市南山区港湾丽都 4 栋 13C

◆ 河北省石家庄市桥西区中华南大街 585 号兰亭 2-1203

◆ 广西南宁市青秀区合作路 6 号五洲国际 E 栋 1002 号

　 T：+86 771 5349599　F：+86 771 5349599

◆ 天津市南开区万德庄大街 红磡花园 1-5-401

　 T：+86 22 24322873　F：+86 22 24322873

代表项目

深圳平安金融中心	北京金融街鑫茂大厦	北京望京银峰 SOHO
北京国家博物馆	北京金融街 B7 大厦	北京奥林匹克森林公园
北京国家大剧院	北京金融街威斯汀酒店	北京京澳中心
上海陆家嘴双辉大厦	天津圣瑞吉酒店	北京中关村文化商厦
天津津塔	宜兴万达广场	重宾保利广场
上海世博会沙特馆	沈阳奥特莱斯	赞比亚卢萨卡城市道
广西金融广场	北京北辰大厦	路照明
北京人民日报社	北京东方银座	
北京佳兆业广场	南京雨润国际广场	
北京万科大都会	大连凯丹广场	

1　沙特国家馆
2　圣瑞吉酒店
3　国家博物馆
4　津塔

同方股份有限公司光电环境公司

公司总部

北京市海淀区同方科技广场A座12层　　T：+86 10 82390600

邮编：100083　　　　　　　　　　　　F：+86 10 82390777

E：tfle@thtf.com.cn　　　　　　　　　www.tfle.thtf.com.cn

核心技术团队（拥有照明专业设计及产品配套开发人员40余人）

总工程师　张青虎		硕士学位　7人	
高级照明设计师　鲁晓祥 李荣		平均年龄　32岁	
中级照明设计师　8人			

公司简介

　　同方股份有限公司是由清华控股的高科技公司，于1997年6月27日在上海证券交易所鸣锣上市，目前旗下拥有半导体与照明、数字城市、物联网、计算机、微电子与射频技术、多媒体、知识网络、军工、数字电视、环境科技十大规模性产业。截至2012年，公司资产总额超过330亿元，营业收入超过220亿元，品牌价值超过800亿元，历年入选"中国科技100强"、"中国企业信用100强"，上榜"世界品牌500强"。

　　同方光电环境公司作为同方股份有限公司半导体与照明产业的骨干企业，依托同方的科研实力、人才资源，以"融合高科技、创造新环境"为宗旨，致力于向客户提供城市景观照明工程、水景艺术工程的规划设计、产品配套、项目管理一体化解决方案，具备城市与道路照明施工壹级、照明设计甲级、机电安装总承包壹级及水景设计、施工甲特级资质。

　　近年来，公司加大景观照明LED灯具开发生产的投入，确定了以"工程带动产品、产品推动工程"的发展方式，将半导体照明技术与景观照明工程结合，利用工程设计与产品开发的配合，推动LED系列景观照明产品的应用。此外，公司通过与众多国内外知名企业建立起多层次的合作关系，已将同方的新技术新产品广泛应用于数百项国家级重大工程。目前，同方照明灯具开发团队已积累丰富的经验，产业基地已具规模。

　　秉承清华同方"承担、探索、超越"的企业精神，同方光电环境公司将不断进取，发扬综合优势，坚持合作模式，践行科技服务社会理念，打造国内一流的城市照明系统服务商。

　　合志同方，共赢未来！

代表项目

青岛世界园艺博览会景区照明工程

洛阳龙门石窟照明工程

天津水上公园亮化工程

珠海歌剧院夜景照明工程

青岛市奥帆中心周边可视范围亮化工程

西安浐灞国家湿地公园照明设计

新疆库尔勒三河贯通照明工程

第七届中国（济南）国际园林花卉博览园照明工程

西安世界园艺博览会景区照明工程

第二十九届奥运会奥林匹克公园中心区龙形水系喷泉工程

北京奥林匹克森林公园南园照明工程

天津海河两岸夜景照明工程

无锡蠡湖地区夜景亮化工程

北京首都国际机场起降航线可视核心区夜景照明工程

新疆省乌鲁木齐维泰广场水景喷泉工程

大庆石油科技博物馆照明工程

1,2 青岛世界园艺博览会

3 天津水上乐园

4 洛阳龙门石窟

5 新疆库尔勒三河贯通夜景

6 新疆乌鲁木齐维泰广场喷泉

BPI 碧谱 / 碧甫照明设计有限公司

公司总部

302 Fifth Avenue,
31th Street, 12th Floor,
New York, 10001,
U.S.A

T：+1 212 924 4050
F：+1 212 691 5418
E：mail@brandston.com
www.brandston.com

分公司

上海市淮海中路
1273 弄 26 号
T：+86 21 5396 0327
F：+86 21 5396 1087
E：mail@bpi-cn.com

公司规模：80 人

北京市朝阳区通惠河北路 6 号
院，郎园 3 号楼 301 室
T：+86 10 8589 2467
F：+86 10 8589 2467-119
E：bj@bpi-cn.com

公司简介

bpi 是国际上最早成立也是最主要的灯光设计顾问公司之一。公司从 1966 年创始至今，一直活跃在照明设计领域。目前公司由 5 位合伙人、80 位专业设计师组成，在纽约及上海、北京、成都、深圳皆设有办公室。

在照明工程设计和项目管理领域，bpi 均有着卓越的经验，已经在世界各地完成了超过 5000 个工程案例。小到珠宝店、小型公寓照明，大到城区照明规划、城市综合体和交通枢纽照明，都包含在我们的服务范围之内。

从一开始 bpi 就备受公共事业、政府单位方面的客户青睐。这类项目（如自由女神像的照明改造，维吉尼亚州阿灵顿美国女兵纪念馆及华盛顿州国立印第安人博物馆）向来自各个城市地区的游人展现了这个国家重要且有趣的地方。此外，在传统艺术博物馆及特殊的科学方面的展馆照明（如纽约科学大厅，美国自然历史博物馆及数个水族馆）的工作中，基于建筑背景下的出于特殊展示目的的

照明方面，我们已经获得了广泛的专业经验及知识积累。

bpi 在 2003 年进入中国后，以国际先进的设计理念和服务意识，很快在中国照明设计领域确立了领导者的地位。先后参与了颐和园灯光规划、首都博物馆展示照明顾问等富有挑战性的项目。在商业地产领域，我们先后承接北京国贸三期（CWTC Ⅲ）、北京国际金融中心（WFC）、上海会德丰广场、上海中心（室内部分）、上海浦江双辉大厦等知名项目的照明设计和顾问工作。并完成了香格里拉、喜达屋、洲际、万豪、雅高等酒店集团旗下的众多五星级酒店的灯光设计，例如北京国贸三期国贸大酒店、北京索菲特大饭店、广州丽思·卡尔顿酒店、三亚瑞吉酒店。这些项目展现了我们在解决新问题方面从人文及设计角度出发，所展现出来的革新的设计理念和完善的解决方案。

bpi 的多年设计经验使我们能卓有成效地将我们的作品的建筑外观与它的设计完美融合，在过去的 40 余年里，我们的客户群体以及我们所获得的奖项可以证明我们所设计项目的成绩。这些奖项体现了专业人士及客户对我们的认可。

关键人物

周铼	总裁	Scott Matthews	合伙人
Robert Prouse	副总裁	Jungsoo Kim	合伙人
林志明	中国区执行董事		

近期客户

嘉里建设	富力地产	九龙仓
恒隆地产	恒基兆业	
华润置地	长江地产	

1　北京橡树湾五彩城
2　龙沐湾
3　上海静安嘉里中心

北京清华同衡规划设计研究院光环境设计研究所

公司总部

北京市海淀区清河中街清河嘉园东区
甲 1 号楼 B 座 22 层

邮编：100085

T：+86 10 8281 9436

F：+86 10 6277 1154

E：thzm@vip.sina.com

关键人物

荣浩磊　　所长

陈海燕　　副所长

梁威　　　主任工程师

公司规模：80 人

公司简介

　　北京清华同衡规划设计研究院有限公司成立于 1993 年（原北京清华城市规划设计研究院）。光环境设计研究所作为其核心所，以"用光创造价值"为使命，以使用者的需求为出发点，综合考虑美学、人文、经济、生态四大价值取向，坚持以人为中心的照明规划与设计。建所迄今，已完成了 300 多个重要项目，规划包括城市照明总体规划（如北京、广州、西安等）、照明详细规划（如天安门广场周边地区、广州新中轴与珠江沿岸、重庆渝中半岛等），是国家标准--《城市照明规划规范》的主编单位；设计包括景观照明设计（如奥体中心下沉花园 2 号院、广州花城广场、九华山佛教广场、龙门石窟等）、建筑及室内照明设计（如国家博物馆、广州亚运会开幕场馆、武汉东站等）。曾多次获得了国家教育部、国家级照明工程以及中国照明协会的照明工程设计奖项，并且建立了从宏观到微观，从理论到实践紧密结合的设计方法与体系。本所注重国际交流以吸收最新的理念与技术，与法国、德国、台湾、日本等著名照明设计事务所有着长久稳固的合作。

　　本所注重产学研合一，在通过研究提升设计内涵的同时，于 2011 年成立了照明技术中心，该中心为教育部生态城市与绿色建筑实验室——绿色照明实验基地，同时也是半导体照明联合创新国家重点实验室（筹）的组成部分之一。中心主要职能包含技术服务、培训活动、应用科研三大部分，可以为项目提供全面、中立的技术支持和检测平台，帮助设计师不断优化照明策略，帮助业主更全面地了解真实情况，保证最终项目实现预期效果。

近期客户

北京市政管理委员会

广州市照明管理中心

北京 CBD 管委会

西安市市政管理委员会

常州市城市照明管理处

代表项目

北京市中心城区照明总体规划

北京 CBD 景观照明总体规划设计

奥林匹克森林公园

2012 年文保区（中南海周边）环境景观提升试点工程——夜景照明工程（设计）

广州城市景观照明专项规划合同

广州市亚运场馆及设施夜景照明规划建设指引项目

珠江沿岸主要建筑物光亮工程升级改造工程项目设计

西安市城市照明总体规划

南昌一江两岸景观照明规划设计

常州市一路两区夜景照明控制详细规划

珠江两岸及海心沙

栋梁国际照明设计（北京）中心有限公司

公司总部

北京市海淀区

北洼路 45 号 5 层

邮编：100142

T：+86 10 88395071

E：Design@toryo.com.cn

www.toryo.com.cn

关键人物

许东亮 负责人

公司规模：56 人

分公司

上海栋梁　T：86-21-61732707 / 08　F：86-21-61732709

地址：上海市静安区淮安路 668 号 1E

南京栋梁　T：86-25-83112009　F：86-25-83112019

地址：南京市玄武区太平门街 6 号金陵御花园贵宾楼 603 室

合肥中铁院栋梁国际照明分院

T：86-551-2828356　F：86-551-2828356

地址：合肥长丰南路元一美邦国际 9 栋 203 室

近期客户

同济大学设计院	西安市市政局
中国建筑设计院	湖州市建设局
广州建筑设计院	华润地产
中铁合肥设计院	中信商业地产
联创国际	绿地集团
杭州市城市管理办公室	万达集团
南京市市政局	苏宁置业
郑州市规划局	万科地产

公司简介

　　栋梁国际照明设计中心是专门从事城市及建筑照明规划设计的专业团体，由热衷于探索光环境设计理念的设计师许东亮为代表主持由中外专家和设计师组成的专业照明设计师团队。

　　公司本着建立以"和谐为本"的企业文化，以"速度，简约，守信，发展"的经营方针为导向，培养并吸收了众多来自多方面专业背景的充满创造力的人才，现在由我们规划设计的作品遍布全国很多城市和地区，成为照明设计行业中的领军者，对推动照明设计行业的发展壮大起着积极的作用，深得学术界和社会各界的广泛认可。

　　公司同时配合大学照明方向的教学活动并指导毕业设计，接纳本科及研究生的实习以提高对照明设计的认知，同时，参与国家研究机构的标准编制，积极参与国内外的光环境学术交流。

　　栋梁国际照明设计中心关联设计机构：栋梁国际照明设计（北京）中心有限公司；上海栋梁照明设计有限公司；南京栋梁照明设计有限公司；合肥中铁栋梁照明分院

代表项目

成都华润东湖商业项目照明设计（建筑设计：RAD）

成都华润万象城办公及商业部分照明顾问（建筑及商业设计：美国凯利森）

大连高铁站房照明设计（建筑设计：同济大学设计集团）

成都 101 研究所照明设计（建筑设计：中国航空设计院）

天津北洋园体育中心照明设计（建筑设计：中国建筑设计院）

金泉广场商业酒店项目照明设计（建筑设计：日本菅原史郎事务所）

湖州仁皇山景区景观照明规划设计（景观建筑设计：杭州园林院）

广州高铁站广场照明规划设计（建筑设计：广州建筑设计院）

长沙中信商业项目照明规划设计（景观建筑设计：杭州园林院）

杭州黄龙洞景区项目照明规划设计、杭州武林商圈照明规划

郑州绿地站前广场项目设计（建筑设计：加拿大泛太平洋）

北京中间建筑项目照明规划设计（建筑设计：中国建筑崔恺工作室）

烟台天马栈桥照明规划设计（建筑设计：台湾薛晋屏建筑师事务所）

南京九华山城市风景带照明规划设计

万达集团商业项目照明设计（厦门，泉州，大连，宁波，沈阳等）

重庆万州体育中心（建筑设计：中国建筑设计院）

西安城市街道照明设计、南京市照明总体规划、昆明 1903 项目

常德老西门商业街、武汉万达瑞华七星酒店

1　工作室内部空间

2　101 研究所

3　大连高新万达

4　苏阳桥景观照明

5　杭州风景区内公园照明

6　伊金霍洛大剧院外观照明

7　西溪湿地

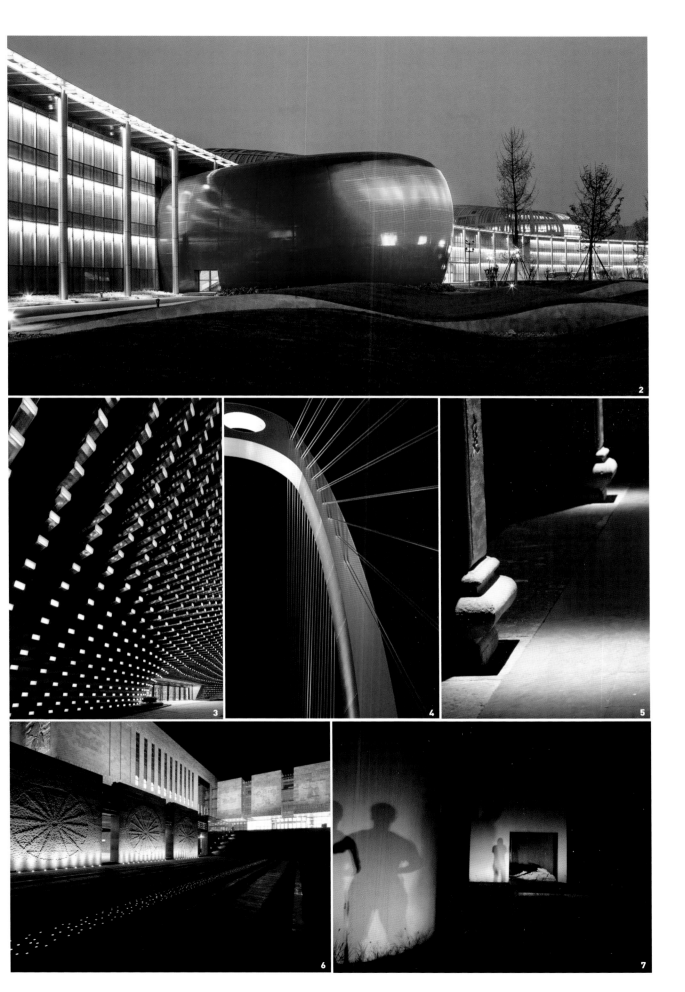

浙江城建园林设计院光环境所

公司总部

杭州市钱江路 58 号太和广场　　T：+0571 8651 1187
1 号楼 3 层　　　　　　　　　　F：+0571 8603 3789
邮编：310016　　　　　　　　　　E：a-t-gzs@163.com
　　　　　　　　　　　　　　　www.cjylsjy.com

关键人物　　　　　　　　　　　　　　　公司规模：20 人

沈葳　　副院长、光环境所所长

公司简介

　　浙江城建园林设计院有限公司具有建设部授予的甲级设计资质，下属光环境所是专业从事照明规划与设计的团队，创办至今已有十个年头，在全国范围内实施了成百个的成功照明案例。大至一个城市的照明规划，小至一幢小楼的照明设计。我们都以先进的照明设计理念，专业的设计态度，为广大业主提供优质、高效的服务，在城市照明规划、景观照明设计、建筑照明设计、道路照明设计、灯光秀等领域具有丰富的设计经验，得到有关领导、专家及广大群众的认可和赞誉。

　　公司同时注重学术交流与协作，致力于与业内业外著名设计院所、公司进行技术交流与合作。

1　杭州西湖国宾馆
2　安吉凤凰山
3　中华回乡文化园
4　杭州湘湖度假村
5　上虞人民大桥

近期客户

无锡市城区照明规划
秦皇岛市城区照明规划
金华市三江六岸照明规划设计
南京门东历史街区照明设计
杭州市创新创业新天地照明设计
无锡市惠山古镇历史街区照明
唐山市丰润区㳇阳新城照明规划
千岛湖华联进贤湾照明设计
永康市城区照明规划设计
庆元县城区照明规划设计
文成县城区照明规划设计
开化县城区照明规划设计
嘉兴中港城照明设计
安吉凤凰山照明设计

中央美术学院建筑学院建筑光环境研究所
央美光成（北京）建筑设计有限公司

公司分布

北京市朝阳区望京西路

48 号院金隅国际 G 座 1003

邮编：100102

T：+86 10 8766 6900

+86 10 8472 5964

F：+86 10 84725964

E：muhongyi72@163.com

关键人物

常志刚　　副院长

牟宏毅　　执行所长

张亚婷　　设计总监

公司规模：20 人

公司简介

中央美术学院是中国顶尖的艺术院校，拥有中国最深厚的视觉艺术资源与人文传统的优势，并且拥有相关的设计学科，包括建筑设计、室内设计、景观设计、视觉传达、工业设计、摄影、数码媒体等专业。

中央美术学院建筑光环境研究所有四项职能：教学、科研、设计和研发，央美光成（北京）建筑设计有限公司作为对外实体公司，负责其中的设计和研发。

依托中央美术学院浓厚的艺术氛围，公司注重国际和国内交流，与国内外相关高校和设计单位有广泛的合作，在城市照明规划、建筑与景观照明设计等领域具有强大的设计实力。

公司提供建筑照明、室内照明及景观照明设计、城市照明规划、照明灯具设计、建筑及环境设计，并提供咨询、方案设计、深化设计、灯具选型、现场调试等服务。

照明与空间设计实验室不仅是技术设备先进的实验室，更是国内一流的照明设计教学、科研、光艺术创作和国际学术交流的基地。实验室总面积约 260m2，设备总投资超过 200 万元，配备了世界顶级的灯具、光源和照明控制系统、照明设计软件和电脑投影设施。实验室划分成若干空间，可模拟多种室外、室内场景，还制作了多种建筑材质和建筑表皮装置，用于进行专题设计研究。

1　创意点亮北京艺术节作品：困石
2　淮安中华文字艺术园夜景照明设计
3　北京国子监夜景规划设计
4　天津文化中心夜景照明规划设计
5　东华门大街夜景照明设计
6　中央美术学院照明与空间设计实验室

大观国际设计咨询有限公司

公司分布
北京·深圳·成都

北京市朝阳区农展馆南路 13 号
瑞辰国际中心 815

邮编：100125

T：+86 10 6503 2556

F：+86 10 6503 2686

E：grandsight@gd-lightingdesign.com

www.gd-lightingdesign.com

关键人物

王彦智　董事长 / 主持设计师

吴云　　执行董事 / 高级照明设计师

黄新玉　设计总监

任慧　　技术总监

公司规模：40 人

公司简介

　　大观国际设计咨询有限公司（GD-Lighting Design），由主持设计师王彦智先生于 2004 年在香港成立，是一家专业从事室内外照明设计的独立机构。GD-lighting 汇集了来自台湾及中国大陆等亚洲多位照明领域的专家级设计师，在大型商业综合体、高端五星级酒店、公共空间、交通空间等相关领域积累了丰富的设计以及实践经验。

　　GD-lighting 热衷于为每个照明专案提供独一无二的解决方案，并且着力通过团队自身对材料、设备、技术等的研究与测试，以及专业有系统的工程监督与服务，将创意有效的完善与实现。经过多年的努力，GD-lighting 从 2005 年开始至今在北京、深圳、成都均设立了分支机构，致力于为大中华以及亚洲区域提供专业的照明设计服务。

　　GD-lighting 勇于接受无限创意的实现挑战，努力为空间带来令人惊叹的视觉体验。

　　GD-lighting 同样注重环保与经济效应，用理性的分析与思考，提供可持续的解决方案。

近期客户

泛海建设集团

华彬集团

金地集团

鲁能集团

莱安地产集团有限公司

苏宁置业集团

卓越集团

成都乔治希顿房地产开发有限公司

成都泰信建设有限公司

中国保利地产

1　北京金地广场
2　第 26 届世界大学生夏季运动会体育场主赛场
3　北京康莱德酒店

北京光景照明设计有限公司

公司分布

北京市朝阳区
大羊坊路 77 号
邮编：100122

T：+86 10 6503 2556
F：+86 10 6503 2686
E：grandsight@gd-lightingdesign.com
www.gd-lightingdesign.com

分公司

香港北角健康东街 39 号柯达大
厦 2 期 2203 室
T：+852 3118 4939
F：+852 3747 1606
E：hongkong@lightandview.com

广州市天河区广园快速路 563
号广之旅大厦 20 楼 B
T：+86 20 8759 9039
F：+86 20 8759 9183
E：guangzhou@lightandview.com

公司规模：40 人

关键人物

安小杰　　首席设计师
颜荣兴　　总工程师

公司简介

光景照明设计有限公司是一家由中外照明界资深人士合作创建的专业照明设计公司，其总部位于北京市，在香港、广州等地设有分支机构。光景在北京总部建设有占地约 1000m2 的照明实验室，拥有行业领先的照明环境体验、照明及控制系统实验、灯具产品检验评估等相关的场所和设施。光景实验室还是照明界进行学术交流、技术培训的理想场所。光景拥有一支优秀的照明设计及服务专业队伍，他们分别来自建筑设计、艺术设计、产品设计、电子及计算机等相关行业。这是一个严谨而又充满活力的团队，他们为国内外众多客户提供着高效、优质的服务。光景的服务包括：照明设计与规划、照明器具研发、照明控制系统研发、节能新技术研究等四大方面，覆盖照明工程领域照明技术与照明艺术的大部分需求。

光景是一个开放的企业，与国内外知名建筑师、照明设计师以及设计单位有着广泛的合作关系。近年来，光景先后承担了广州新白云机场、广东省博物馆新馆、北京奥林匹克中心区、国家游泳中心（水立方）、广州歌剧院等一系列优秀项目的照明设计任务。光景在设计过程中的出色表现，得到了合作方和业主的充分肯定。

注：光景™ 和光景设计® 为北京光景照明设计有限公司注册商标。

代表项目

北京奥林匹克中心区	北京中成天坛假日酒店
北京国家游泳中心（水立方）	北京将台商务中心酒店（颐堤港）
广州新白云国际机场	内蒙古霍林郭勒城市照明规划
广州歌剧院	成都珠江新城国际
新广州火车站（广州南站）	广东博罗县体育中心
广东省博物馆新馆	北京金长安大厦
重庆市照明规划	上海世博会航空馆
青岛浮山湾及奥帆中心	武汉中山舰博物馆
广州亚运城综合体育馆	成都喜年广场
北京新三里屯时尚文化区	厦门汇金国际中心
北京西三环国际财经中心	北京镜湖俱乐部
北京颐和安缦酒店（AMAN Resorts）	石家庄东方银座
北京中关村皇冠假日酒店	深圳卓越时代广场 II 期
北京中关村凯宾斯基酒店	

1-3　广州南站

北京远瞻照明设计有限公司

公司分布

北京市海淀区
成府路华清嘉园
16 号楼 207 室

T：+86 10 8286 3386
F：+86 10 8286 3603
E：lighting@zdp.cc
www.zdp.cc

公司简介

远瞻设计创立于 2003 年。主要从事城市照明规划和设计、建筑外立面照明设计、景观照明设计、室内照明设计、采光设计、光表演设计、室内设计、产品设计。

近期客户

中国国家博物馆，北京

南京市夫子庙 - 秦淮风光带管理办公室，南京

江苏省美术馆，南京

北京润泽庄苑房地产开发有限公司，北京

SOHO 中国，北京

广州昊和置业有限公司，广州

宁夏中房实业集团股份有限公司，银川

融侨集团股份有限公司，福州

大同市阳光嘉业房地产开发有限责任公司，山西大同

融科智地房地产股份有限公司，北京

青岛中金渝能置业有限公司，山东青岛

自贡市城乡规划建设和住房保障局，四川自贡

代表项目

公司规模：11 人

中国国家博物馆部分展厅室内照明设计，北京

故宫保和殿东庑展厅室内照明设计，北京

广东科学中心建筑外立面、景观、室内部分空间照明设计，广州

光与时光展厅室内设计，北京（获得 2011 年度 Idea Top 奖）

光华国际建筑外立面、景观、室内公共空间照明设计，北京

中石化大厦建筑外立面照明设计，北京

中石油大厦建筑外立面、景观、室内公共空间照明设计，北京

融科置地烟台牟平项目示范区建筑外立面、景观、部分室内空间照明设计，山东烟台

广州银行广场建筑外立面、景观、室内公共空间照明设计，广州

光华路 SOHO2 建筑外立面、景观、部分室内空间照明设计，北京

青岛威斯汀酒店室内照明设计，山东青岛

杭州市城市照明总体规划，杭州

郑州市城市照明总体规划，郑州

王府井地区照明规划和设计，北京

自贡市城市照明详细规划，四川自贡

自贡市 2007 年度城市光表演设计，四川自贡（与 CITELUM 合作）

夫子庙 - 秦淮风光带景观照明设计 2010，南京

西塘永宁桥段景观照明设计，浙江嘉善（获得 2010 年度中国照明 10 年奖）

詹庆旋　徐冰　齐洪海　尹思谨　刘敏　高超　郝增瑞　于跃　吴淑岚　段造　郑铮

光与时光 展厅

福大·博维斯照明设计中心

公司总部

北京市朝阳区
大羊坊路 77 号
邮编：100122

T：+86 10 5166 3933
F：+86 10 8737 8474
E：beijing@lightandview.com
www.lightandview.com

关键人物

公司规模：50 人

吴一禹　高级照明设计师、注册高级策划师、高级环境艺术师、福建福大建筑设计有限公司城市照明设计研究所所长、福州博维斯照明设计有限公司 高级照明设计顾问、福建省照明学会副理事长兼秘书长

近期客户

万达商业规划研究院有限公司
融信（平潭）投资发展有限公司
正荣（南平）置业发展有限公司
福建恒力商务地产发展有限公司
晋江阳光城房地产开发有限公司
晋江五店市开发建设有限公司
福建永嘉投资有限公司
福建世欧投资发展有限公司
福建恒成房地产发展有限公司
福建同元文化古镇旅游开发有限公司
福建锦福房地产开发有限公司
立洲（福建）弹簧有限公司
泉州东海开发有限公司
福建景隆房地产开发有限公司
福建五环实业有限公司
福建万业房地产开发有限公司
福建永硕房地产开发有限公司

福州高新区投资控股有限公司
长乐市建设局
闽清县住房和城乡建设局
福清市住房和城乡建设局
福清市城建投资控股有限公司
福建中茂房地产开发有限公司福州分公司
长乐鑫榕房地产开发有限公司
长乐市百达房地产有限公司
福州融林房地产有限公司
西安金业实业有限公司
郑州元龙房地产开发有限公司
郑州尚锦房地产开发有限公司
郑州泽龙置业有限公司
南京勋远置业有限公司
银川奥特莱斯投资有限公司
广州地铁设计研究院有限公司
南宁威宁资产管理有限公司

1　福州平潭海坛古城望海楼　　3　观音埔大桥
2　五店市传统街区建筑　　　　4　福州立洲大厦夜景照明设计

公司简介

福大·博维斯照明设计中心由福建福大建筑设计有限公司照明设计研究所与福州博维斯照明设计有限公司共同组成实行两块牌子一套人马的组织架构。

福建福大建筑设计有限公司（原福建省福州大学土木建筑设计研究院）成立于 1980 年，为国家建筑部批准的具有甲级设计资质的设计院，是一所综合性兼具设计及科研性质的设计机构，承担并完成了多项国家及省级大型项目。照明设计研究所是一所从事城市光环境研究、城市光环境规划设计、专业照明设计的机构。

福州博维斯照明设计公司是福建"嘉博筑业"旗下的一家从事照明设计、照明技术咨询服务与研究的专业服务机构。公司传承"嘉博筑业"设计团队"严谨、诚信、创造、服务"优良的企业理念，引入境外先进的照明设计理念，以全新的视野，专业的服务精神，从照明项目的前期定位与规划、中期设计和后期施工为客户提供全程的照明顾问与设计、技术服务和咨询。

公司的专长是用最少的光，设计更好的照明效果；为客户提供更合理的照明解决方案，创造最大的价值！以严谨落实，求精创实的科学态度，创造超越的设计理论，为提高城市夜空间资源的利用，创造怡人舒适的城市光环境，提升城市的光文化和照明艺术品位做出积极的努力。

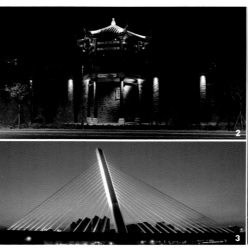

北京八番竹照明设计有限公司

公司分布

北京通州区龙湖花盛香醍别墅
303 号楼 1-102
邮编：101100

T：+86 10 6055 2240
F：86 10 6055 2240
E：939152929@qq.com
www.bld-bj.com

关键人物

柏万军 总经理 设计总监
周莉莉 执行总监

公司规模：10 人

公司简介

公司成立于 2002 年,是国内第一批本土照明设计公司。公司业务发展对象主要为:建筑照明设计、景观照明设计、酒店照明设计、餐厅照明设计、会所照明设计、别墅照明设计,以及装饰灯具设计和产品开发设计等。公司由设计专业历练近十年的资深设计师担当项目设计,配合国内外多位著名建筑师以及室内设计师完成过一些经典项目。比如北京天文馆、北京融科置业办公大厦、北京丽华中心等建筑照明项目,以及北京北湖九号、上海万科第五园等经典会所类项目。

公司在 2005 年以后逐渐将设计中心转为以室内项目为主的设计方向,先后完成了一些四、五星级酒店和会所、餐厅、超大别墅等类型的精品项目。公司与业主单位和设计单位建立了良好的设计交流,一直秉承:"一切从实际出发,做可行的设计,做适合的设计。"一直坚持用艺术的方法综合研究光与人和环境的关系创造具有生命力的灯光主题,仔细考量经济因素。

公司认为,设计灯光就是把光当媒介,灯光设备当作工具。用灯光联系人和环境提高工作、生活环境的品质。

近期客户

上海万科房地产
深圳市里城投资发展有限公司
歌华集团
华润置地（南宁）有限公司

代表项目

上海万科第五园余舍会所
重庆云会会所
秦皇岛歌华营地体验中心
南宁万象城接待中心

1　上海万科第五园余舍会所
2　南宁万象城接待中心
3　重庆云会会所
4　秦皇岛歌华营地体验中心

上海艾特照明设计有限公司

公司总部

上海市静安区新丰路 498 号

邮编：200040

T：+86 21 5213 7649

F：86 21 5213 7647

E：ATL@188.com

www.atllighting.net

关键人物

汪建平　设计总监

公司规模：30 人

代表项目

无锡灵山梵宫

太原绿地半山国际花园会所

无锡梁溪路梁清路

威海环翠楼

无锡五印坛城

无锡华莱坞影城

上海绿地云峰大厦

上海房地产公司新办公室

无锡蜗牛工坊

无锡灵山精舍

大唐西市宴会厅

苏州王小慧艺术中心

西安丝路风情街

松江谷水湾售楼处

镇江北固楼

广州绿地滨江汇

佛山绿地顺德国际花都售楼处

1　五印坛城
2　灵山梵宫
3　环翠楼
4　大唐西市宴会厅
5　灵山精舍
6　西安丝路风情街

公司简介

　　上海艾特照明设计有限公司最初为 2006 年成立的艾特照明设计工作室，由几位照明界资深人士创建。艾特照明设计在设计中强调对项目的功能和使用者需求分析，力图在照明项目的设计中融入艺术的创造，结合照明的最新科技，实现最理想的照明效果。艾特照明设计团队中设计师包括主创设计、效果设计、电气设计、施工图设计等各个方向，可为大型项目提供从概念设计开始一直到施工结束完整的设计服务。

　　自成立以来，艾特照明设计担任了多个知名项目的照明设计顾问，项目范围包括宗教文化建筑综合体、商业办公楼宇、城市街道亮化规划、高档住宅会所、政府行政中心、城市地标建筑、城市广场和公园等。广大的客户群体、业内的良好口碑及所获得的各种奖项都体现了专业人士及客户对艾特工作的认可。其中灵山梵宫、五印坛城项目均获得中照奖室内照明工程一等奖，同时艾特照明还是中国照明学会装饰照明委员会的委员单位。

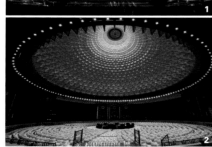

弗曦照明设计顾问（上海）有限公司

公司总部
上海市浦东新区杨新路
88 号骊弯 88 创意园区
1 号楼 402 室
T：+86 21 63219112

F：+86 21 63219102
E：yjy@flsi-usa.com
www.flsi-usa.com
邮编：200002

分公司
北京市朝阳区白家庄西里 2 号
T：+86 10 85952447
F：+86 10 85952448
E：yjy@flsi-usa.com

公司规模：21 人

关键人物
巢勇强 董事长

公司简介

　　弗曦照明设计顾问（上海）有限公司总部（FLSI）于 2008 年成立于美国加州，并在北京、上海设立了常驻分支机构。公司整合了国内外的设计精英团队专注于照明设计领域，热忱的为建筑师、室内设计师、景观设计师提供专业、实用、有效的服务，并与我们的客户一起携手共同打造绚丽多彩的光空间。

　　公司崇尚简洁、实用的风格，坚持"观念节能"的理念，推崇"少即是多"的设计哲学，即利用最少的资源，达到最理想的效果。

　　公司是北美照明协会、中国照明学会的团体会员单位，多个项目曾在国内屡次获奖，并广受业主好评。

近期客户

金融街控股	美国 SOM
润泽庄苑	美国 KPF
西安万科	德国 GMP
华夏幸福基业	美国 SWA
天津保利	北建院
世茂置业	上海华东院

代表项目

上海虹桥机场综合交通枢纽	武汉辛亥革命博物馆	杭州/绍兴/宁波/廊坊喜来登酒店
上海世博中心	西安万科大明宫会所	北京润泽庄苑会所及样板间
上海世博会沙特馆	北京金融街月坛中心	东莞大运城邦三期、五期
北京雁栖湖国际会展中心	天津世纪中心	

1　沈阳赛特奥特莱斯
2　廊坊潮白河喜来登酒店 –SPA 入口
3　北京润泽庄苑 – 大堂吧
4　天津丽思尔顿酒店

映扬 (DPL) 灯光设计事务所

公司总部

RM1126 ,JIANGNAN BLDG,QUXI
ROAD, SHANGHAI
T: 021- 63526385

MP: 18911962758
E:dpl_design@163.com
www.dplighting-design.com

关键人物

Lu li_wei	主设计师
Peter Kim	主设计师
Skyong Chou	设计师

公司规模：20 人

公司简介

DPL believes in the fusion of architectural and visual lighting to enhance our surrounding structures.Individuality is the source of inspiration behind each project, which the company believes will evolve according to our diverse economic and natural environment. DPL does not subscribe to a limited from of lighting design; but instead, allows the abstract art of lighting to permeate through its design proposals.All these are embraced through the passion of the firm's belief that there is no limited from to the field of lighting in our living environment.Instead,lighting as a from in itself is allowed to become an aesthetic and ever-changing feature of our cityscape. Conceptually and technically DPL aims to "paint" and infuse colours in to a black & white portrait.

新加坡DPL是一家专业的灯光设计顾问公司，负责五星级酒店，商业中心，高端别墅公寓灯光设计工作。在国内北京和上海设立灯光设计分支机构。有30年的各类酒店室内外灯光设计经验。

映扬灯光设计事务所是 DPL 设立于上海的酒店灯光设计机构。在国内有 10 年的酒店灯光设计业绩。

近期客户

重庆希尔顿酒店

无锡丽笙酒店

海南文昌珀尔曼度假酒店

福州喜来登酒店

朗豪酒店

天津艾美酒店

重庆温德姆酒店

苏州太湖喜来登度假酒店

云南腾冲希尔顿酒店

贵阳马可孛罗酒店

福建正祥中心

千岛湖喜来登度假公寓

1	酒店大堂入口
2	中餐厅
3	客房
4,5	大堂吧
6	公共电梯厅
7	特色餐厅
8	SPA
9	全日餐厅

美洲地区	擅长领域	代表作品
芭芭拉·钱奇·霍尔顿（Barbara Cianci Horton） IALD, LC Horton Lees Brogden Lighting Design 总裁，设计主管 美国纽约 www.hlblighting.com	城市景观 文化建筑 公共艺术 酒店住宅	美国纽约 Rouge Tomate餐厅 美国帕罗奥多斯坦福大学法学院 美国纽约名胜世界赌场 美国波士顿W酒店 美国华盛顿国家二战纪念馆
克劳德·R.恩吉（Claude R. Engle III） Claude R. EngleLighting Consultant 创始人 美国塞维切斯 www.crengle.com	文化建筑 办公空间 交通设施	英国伦敦大英博物馆 英国希思罗机场 法国蓬皮杜中心 法国卢浮宫部分展厅及金字塔入口 北京香山饭店
查尔斯·斯通（Charles G Stone II） IALD, PLDA, IES, LC Fisher Marantz Stone 合伙人，设计主管 美国纽约 www.fmsp.com	文化建筑 办公空间 酒店住宅 城市景观	上海金茂大厦 美国纽约"9·11"纪念碑 苏州博物馆新馆
德里克·波特（Derek Porter） IALD, IESNA Derek Porter Studio 创始人，首席设计师 美国纽约 www.derekporterstudio.com	教育研究 交通设施 办公空间 酒店住宅	美国托皮卡Flexsystems仓储设施 美国格林维尔市自由桥 美国堪萨斯市立公共图书馆主楼
ED·卡彭特（Ed Carpenter） Ed Carpenter Studio 创始人，艺术总监 美国波特兰 www.edcarpenter.net	城市景观	美国达拉斯"Lightstream"光艺术装置 美国奥兰多市政广场光塔
乔治·塞克斯顿（George S. Sexton III） IES, IALD George Sexton Associates 创始人 美国华盛顿 www.gsadc.com	文化建筑 商业零售	2010上海世博会法国馆 路易·威登日本六本木店 路易·威登法国香榭丽舍店 纽约当代艺术博物馆 美国国家历史博物馆
葛兰·施鲁姆（Glenn Shrum） PLDA, IALD, IESNA Flux Studio 创始人 美国巴尔的摩 www.fluxstudio.net	文化建筑 休闲娱乐	马里兰艺术学院Gateway公寓楼 Sprout有机沙龙
吉恩特·帕斯查（Guinter Parschalk） Studioix 创始人 巴西圣保罗 www.studioix.com.br	酒店住宅 商业零售 办公空间 休闲娱乐	巴西圣保罗尤尼卡酒店 巴西圣保罗BELA SINTRA餐厅 巴西圣保罗ONOFRE药房
赫维·德斯科特（Herve Descottes） L'Observatoire International 创始人，设计主管 美国纽约www.lobsintl.com	文化建筑 办公空间 酒店住宅	北京当代MOMA 深圳万科中心 安大略美术馆
霍华德·布朗（Howard Brandston） Brandston Partnership Inc. 创始人 美国纽约 www.brandston.com	文化建筑 商业零售 城市景观	美国纽约自由女神像 美国明尼阿波利斯Gaviidae Common 购物中心 美国亚特兰大桃树中心一期

	擅长领域	代表作品
吉恩·桑迪（Jean Sundin） IESNA, IALD, PLDA Office for Visual Interaction, Inc. 创始人，设计主管 美国纽约 www.oviinc.com	办公空间 城市景观 文化建筑	苏格兰国会大厦 美国空军纪念碑 奥地利伯吉瑟尔滑雪台
莱尼·史温丁格（Leni Schwendinger） IALD, IES Light Projects Ltd. 合伙人，设计主管 美国纽约 www.lightprojectsltd.com	酒店住宅 城市景观 商业零售	美国纽约康尼岛弹跳岛 美国纽约曼哈顿港务局巴士枢纽
马修·塔特里（Matthew Tanteri） IES, IALD, SBSE Tanteri and Associates LLC 创始人，设计主管 美国纽约 www.tanteri.com	商业零售 文化建筑 办公空间	日本东京银座香奈儿旗舰店 波多黎各庞赛艺术博物馆
南希·E.克朗顿（Nancy E. Clanton） PE, FIES, LC, IALD Clanton & Associates 创始人，总裁 美国波尔得 www.clantonassociates.com	城市景观 教育研究	美国依利湖Tom Ridge环境保护中心 美国布鲁姆菲尔德Anthem住区景观
保罗·格利高里（Paul Gregory） Focus Lighting 创始人，总裁 美国纽约 www.focuslighting.com	商业零售 休闲娱乐	美国拉斯维加斯Tourneau Time Dome钟表店 美国纽约Carlos Miele时装店
保罗·萨弗伊尔（Paul Zaferiou） IALD, RA Lam Partners Inc 主持设计师 美国纽约 www.lampartners.com	文化建筑 教育研究 办公空间 休闲娱乐	西班牙毕尔巴鄂古根海姆美术馆 美国匹兹堡大卫·L.劳伦斯会议中心
兰迪·伯克特（Randy Burkett） FIALD, IES, LC Randy Burkett Lighting Design 创始人，总裁，设计总监 美国圣路易斯 www.rbldi.com	文化建筑 城市景观 办公空间 商业零售	美国杰佛逊国家西拓纪念公园大拱门 美国詹姆斯·C.柯克帕特里克图书馆 美国奥兰多海底公园
理查德·兰弗洛（Richard Renfro） IALD, IES Renfro Design Group, Inc. 创始人 美国纽约 www.renfrodesign.com	文化建筑 历史宗教 教育研究 酒店住宅	美国Nelson-Atkins艺术博物馆扩建新馆 美国大中央车站照明改造 美国路易斯维尔21c博物馆酒店
周铄（Chou Lien） IALD, IES Brandston Partnership Inc. 总裁，设计总监 美国纽约 www.brandston.com	文化建筑 办公空间 酒店住宅 城市景观	美国自然历史博物馆海洋生物大厅 台湾北港步道桥 北京国际贸易中心 III 期
欧洲地区	**擅长领域**	**代表作品**
阿岚·吉乐（Alain Guilhot） AFE, LUCI 法国城市照明管理集团 景观照明设计总监 法国里昂 www.architecture-lumiere.com	城市景观 历史宗教 办公空间	法国里昂市灯光规划设计 中法文化年法国巴黎红色埃菲尔铁塔 马来西亚吉隆坡双子座大楼

欧洲地区	擅长领域	代表作品
亚历山德罗·格拉西亚 (Alessandro Grassia) Studio Grassia 创始人 意大利罗马	历史宗教 文化建筑	意大利罗马无名英雄纪念堂 意大利卡塔尼亚中央广场 陕西省博物馆
艾伦·鲁贝格 (Allan Ruberg) PLDA ÅF Lighting 总监 丹麦哥本哈根 www.afconsult.com/lighting	城市空间 照明规划 道路照明	丹麦Nyborg桥 瑞典赫尔辛堡海滨 丹麦奥尔堡海滨
安德里亚·舒尔茨 (Andreas Schulz) Licht Kunst Licht AG 创始人，设计主管 德国波恩 www.lichtkunstlicht.com	办公空间 文化建筑	德国柏林新万豪酒店 奥地利维也纳Uniqa保险大楼
阿诺德·陈 (Arnold Chan) Isometrix Lighting and Design Ltd 创始人，设计主管 英国伦敦 www.isometrix.co.uk	文化建筑 休闲娱乐 酒店住宅 商业零售	美国明尼阿波利斯沃克艺术中心 西班牙马拉加毕加索博物馆 北京瑜舍 伊斯兰艺术博物馆
克里斯汀·巴登巴赫 (Christian Bartenbach) Bartenbach LichtLabor 创始人 奥地利因斯布鲁克 www.bartenbach.com	文化建筑 交通设施 商业零售 办公空间	美国Genzyme公司办公楼 新加坡樟宜机场T3航站楼 Europark购物中心 萨拉戈萨桥阁
大卫·阿特金森 (David Atkinson) IALD, PLDA David Atkinson Lighting Design Ltd 创始人，主持设计师 英国伦敦 www.dald.co.uk	文化建筑 酒店住宅 商业零售 历史宗教	意大利杜米尼Duomo酒店 英国罗西大教堂
弗洛伦斯·兰 (Florence Lam) Arup Lighting 设计主管（伦敦） 英国伦敦 www.arup.com	文化建筑 城市景观 历史宗教	美国达拉斯纳什雕塑中心 加拿大多伦多皇家安大略博物馆新馆 加利福尼亚科学院 新卫城博物馆
戈德·普法瑞 (Gerd Pfarré) IALD Pfarré Lighting Design 合伙人 德国慕尼黑 www.lichtplanung.com	城市景观 商业零售 交通设施	德国慕尼黑奥尔特霍夫皇家官邸地下通道 德国慕尼黑Manufactum百货商店
格兰·菲尼克斯 (Graham Phoenix) IALD, IESNA Graham Phoenix Lighting Design 创始人，首席设计师 英国伦敦 www.grahamphoenix.co.uk	城市景观 历史宗教	英国伦敦特拉法加广场 英国伦敦杜伦大教堂 英国伊利大教堂
赫伯特·赛博斯 (Herbert Cybulska) PLDA Lichtgestaltung+Fotografie 创始人 德国慕尼黑 www.herbertcybulska.com	城市景观	上海Z58"光之诗篇"灯光秀 2006意大利米兰"光的传说"灯光秀

欧洲地区	擅长领域	代表作品
詹森·布鲁日 (Jason Bruges) Jason Bruges Studio 创始人 英国伦敦 www.Jasonbruges.com	公共艺术 办公空间 城市景观	Puerta美洲酒店8层记忆墙 莱斯特灯 BBC 1xtra电台灯光秀 2007英国建筑周风之光装置
乔纳森·斯皮尔斯 (Jonathan Speirs) BSc (Hons) Dip Arch, RIBA ARIAS PLDA FRSA Hon, FSLL Speirs and Major Associates 创始人,设计主管 英国爱丁堡 www.samassociates.com	文化建筑 交通设施 城市景观 办公空间	阿布扎比大清真寺 英国盖茨亥德千禧桥 英国伦敦伦敦千禧穹顶 英国伦敦圣玛丽斧街30号大楼 英国无限桥
凯·皮普 (Kai Piippo) Ljusarkitektur 主管,设计总监 瑞典斯德哥尔摩 www.ljusarkitektur.se	办公空间 酒店住宅 休闲娱乐	美国华盛顿瑞典大使馆 "瑞典会馆" 瑞典Ice酒店
凯文·肖 (Kevan Shaw) IALD, PLDA, MSLL Kevan Shaw Lighting Design 创始人 苏格兰爱丁堡 www.kevan-shaw.com	酒店居住 商业零售 历史宗教 文化建筑	瑞典斯德哥尔摩皇家维京酒店 苏格兰皇家银行全球总部
劳伦·弗拉舍尔 (Laurent Fachard) ACE, PLDA Les Éclairagistes Associés 创始人 法国里昂	城市景观 历史宗教	1998-2002法国里昂灯光节创意总监 法国里昂格兰公园 法国尼姆古罗马竞技场照明改造
路易斯·克莱尔 (Louis Clair) Light Cibles 创始人 法国巴黎 www.light-cibles.com	城市景观 交通设施 历史宗教	法国巴黎圣母院 法国戴高乐机场 法国巴黎凯旋门 Le CNIT办公楼
马可·汉默林 (Marco Hemmerling) Marco Hemmerling设计工作室 创始人,艺术家 德国科隆 www.marcohemmerling.com	城市景观 公共艺术	"城市透镜" (Cityscope) 艺术装置 "身体形态" (Corpform) 艺术装置 "光管" 艺术装置
马克·梅杰 (Mark Major) BA (Hons) Dip Arch, RIBA, PLDA, IALD, FRSA Speirs and Major Associates 创始人,设计主管 英国伦敦 www.samassociates.com	文化建筑 交通设施 城市景观 办公空间	英国谢菲尔德Magna科学探索中心 英国伦敦圣玛丽斧街30号大楼 More London3号楼
马丁·路普顿 (Martin Lupton) President of PLDA BDP Lighting 主管 英国伦敦 www.bdp.com	文化建筑 教育研究 商业零售 办公空间	威斯敏斯特学院 皇家亚历山大儿童医院 Leeds大剧院 Cornmill花园 Roche总部
莫里斯·布里 (Maurice Brill) Maurice Brill Lighting Design 创始人,创意总监 英国伦敦 www.mbld.co.uk	酒店住宅 商业零售 休闲娱乐 城市景观	英国伦敦芬斯伯里大道广场 英国伦敦Sketch餐厅

		擅长领域	代表作品
	迈克尔·霍尔伯特（Michael Hallbert） MH LjusDesign AB 创始人 瑞典斯德哥尔摩 www.ljusdesign.com	城市景观	1994年挪威利勒哈默尔冬季奥运会开闭幕式 瑞典Motala景观瀑布
	罗格·纳博尼（Roger Narboni） Agence Concepto 创始人 法国巴涅厄	历史宗教 交通设施 城市景观	法国香波城堡 希腊科林斯湾里奥-安托里恩大桥 京杭大运河杭州主干段
	罗杰·范德·海德（Rogier van der Heide） IALD Philips Lighting 首席设计师 荷兰阿姆斯特丹	文化建筑 商业零售 教育研究	韩国首尔西部商厦 荷兰鹿特丹公共图书馆 日本东京银座Prada旗舰店 北京西翠路GreenPix
	若普（Roope Siiroinen） PLDA Valoa Design 创始人，设计总监 芬兰坦佩雷 www.valoa.com	城市景观 交通设施 办公空间	芬兰坦佩雷市政厅 芬兰捷瓦斯吉拉Kuokkala桥 芬兰坦佩雷Naistenlahti发电厂
	萨利·斯塔瑞（Sally Storey） Lighting Design International 设计主管 英国伦敦 www.lightingdesigninternational.co	酒店住宅 商业零售 休闲娱乐	英国伦敦圣殿教堂 英国伦敦One Aldwych酒店 英国伦敦Fifty俱乐部 开普费拉大酒店
	乌里克·布兰迪（Ulrike Brandi） IALD,DWB Ulrike Brandi Licht 创始人，执行董事 德国汉堡 www.ulrike-brandi.de	文化建筑 办公空间 交通设施	德国梅赛德斯-奔驰博物馆 汉堡城市照明总体规划
	杨·科萨雷（Yann Kersalé） AIK 创始人 法国温森斯 www.ykersale.com	办公空间 文化建筑 公共艺术	德国邮政大厦 慕尼黑Langenscheidt大楼 哥本哈根大剧院
亚太地区		**擅长领域**	**代表作品**
	安小杰 北京光景照明设计有限公司 总设计师 中国北京 www.lightingplan.com	文化建筑 城市景观 办公空间 交通设施	广州新白云国际机场 广州新歌剧院 广东省博物馆新馆
	柏万军 北京八番竹照明设计有北京限公司 设计总监 中国北京 WWW.BLD-BJ.COM	文化建筑 休闲娱乐 酒店住宅 公共艺术	北大博雅国际酒店 北京中石化大厦概念 北京中钢集团大厦概念 北京北湖九号北京高尔夫俱乐部 上海万科第五园会所
	陈宇晃 MIES 原硕照明设计顾问有限公司 负责人，设计总监 中国台湾 www.oldc.com.tw	文化建筑 休闲娱乐 酒店住宅 城市景观	台北故宫博物院 台湾高雄捷运美丽岛站 台湾宜兰珑山林苏澳冷热泉度假饭店 中国国立台湾美术馆 台北县政府行政大楼

亚太地区	擅长领域	代表作品
郑康和（Chung, Kangwha） KALD 株式会社 以温SLD 顾问 韩国首尔	城市景观 商业零售	首尔N塔 韩国建国大学星光城
丁平 英国莱亭迪赛灯光设计合作者事务所 执行董事 中国北京 www.LDPinternational.com.cn	酒店居住 办公空间 商业零售 交通设施	北京香格里拉饭店 北京凯德置地（中国）大厦 北京丽都水岸 广州新火车站
关永权 MIES 关永权照明设计有限公司 首席顾问设计师 中国香港	酒店住宅 商业零售 休闲娱乐 办公空间	北京财富中心千禧酒店 北京半岛王府饭店 上海金茂君悦酒店 上海半岛酒店 丽江悦容庄二期
郭明卓 英国大可莱伊照明设计事务所 www.dlld-cn.com	商业零售 办公空间 酒店住宅 展览展示	三亚.海棠湾九号 外滩 哈密大厦 弘毅投资（上海） 海峡明珠商业广场
韩磊 福大·博维斯照明设计中心 设计总监 中国福州 www.ightandview.com	文化建筑 商业零售 城市景观 酒店住宅	晋江五店市传统街区夜景照明设计
裕仁户恒（Hirohito Totsune） IALD，注册建筑师 Sirius Lighting Design 总裁 日本东京 http://www.sirius-lighting.jp	商业零售 酒店住宅 城市景观	东京天空树 东京Nikkei 总部大楼 东京日航酒店小教堂〝Luce Mare〞 东京滨离宫庭园照明
黄晶晶 弗曦照明设计顾问（上海）有限公司 设计总监 中国北京 www.flsi-usa.com	文化建筑 酒店住宅 城市景观 交通设施	上海虹桥机场综合交通枢纽室内外照明
金鑫 映扬（DPL）灯光设计事务所 主设计师 中国上海	文化建筑 休闲娱乐 酒店住宅 城市景观	重庆希尔顿酒店 无锡丽笙酒店 郎豪酒店
江海洋 福建工大建筑设计院城市照明研究所 执行所长 中国福州	文化建筑 酒店住宅 历史宗教 展览展示	福建尤溪城市照明设计 福建湄洲岛照明文化创意设计 合肥时代广场商业地产照明设计
面出薰（Kaoru Mende） IALD, IES, AIJ, JUDI, JDC Lighting Planners Associates Inc.（LPA） 创始人，CEO 日本东京 www.lighting.co.jp	文化建筑 酒店住宅 办公空间 商业零售	新加坡ION Orchard购物中心 日本东京国际会议中心 日本六本木山 日本茅野市民馆 巴厘岛乌鲁瓦图阿丽拉别墅度假村

亚太地区		擅长领域	代表作品
林大为 PLDA, IESNA 周为国际设计顾问有限公司 主持设计师 中国台湾 www.cwilighting.com.tw		办公空间	台北润泰敦仁公寓 台湾北港溪观光吊桥 台湾清水休息站
		酒店住宅	
		休闲娱乐	
		交通设施	
李美爱 (株) I Light照明设计有限公司 所长 韩国		城市景观	国家交通核心技术开发事业_智能照明系统技术研发 (2006-2011) 隧道照明运营及改善工程 (2011) 世宗路 林荫树 夜间景观设计 (2010) 东海市城市设计指标_夜间景观领域 (2010) 首尔METRO(地铁公司) 设计指标_照明领域 (2011)
		交通设施	
李其霖 (Wilson Lee) 日光照明设计顾问有限公司 www.artlight.com.tw		文化建筑	京城凯悦 凤山基督教会 垦丁H会馆 芳岗山海领市馆 三山国王庙
		酒店住宅	
		历史宗教	
		城市景观	
李太和 LEOX design partnership黎欧思照明有限公司 设计总监 中国上海 www.leoxdesign.com		文化建筑	中国钻石交易中心 上海世博会世博村 苏州科技文化艺术中心 外滩3号7楼新视角餐厅 上海诺基亚旗舰店
		办公空间	
		商业零售	
		休闲娱乐	
赖雨农 IALD, IESNA Unolai Design 创始人，设计总监 中国台湾www.unolai.com		商业零售	路易·威登台中旗舰店 台北国宾大饭店宴会厅/酒廊/扒房 夜上海餐厅浦东店 北京名肴会 台北101塔总裁办公室
		休闲娱乐	
		办公空间	
李桐禧 (株) I Light照明设计有限公司 室长 韩国		城市景观	首尔市地铁9号线 919施工区建设工程 基本规划 (2009) 世宗路 林荫树 夜间景观设计 (2010) 蔚山大学及邻近道路 民间事业提案 施工设计_ 夜间景观领域 (2010) 锦江修建工程 景观照明 (2011) 首尔METRO(地铁公司) 设计指标_照明领域 (2011)
		交通设施	
李喜璿 (株)以温SLD照明设计公司 组长 韩国 http://eondesign.webhard.co.kr		文化建筑	一山火力发电厂 (2007) 首尔内部循环道路 景观照明 (2008) 首尔 Plaza酒店 (2010) 坡州乐天购物商场 (2011) State Tower(南山) 商业大楼 (2011)
		商业零售	
		办公空间	
林志明 MIES BPI碧谱照明设计有限公司 合伙人，中国区执行董事 中国上海 www.brandston.com		办公空间	上海浦西洲际中心及酒店 台湾台北社教馆 台湾桃园市胡同坊餐厅 北京励骏酒店
		酒店住宅	
		商业零售	
马丁·克莱森 (Martin Klaasen) IESNA, DAS, ALIA Lighting Images 澳大利亚佩恩 www.lightingimages.com.au		酒店住宅	新加坡Raffles酒店 上海丽晶酒店 马来西亚吉隆坡Petronas KLCC双塔 上海朱家南水都南岸
		办公空间	
		城市景观	
角馆政英 (Masahide Kakudate) Masahide Kakudate Lighting Architect & Associates,Inc. 创始人，主持设计师 日本东京 www.bonbori.com		文化建筑	日本东京国际会议中心 日本大阪吉本大楼 北京建外SOHO
		办公空间	
		商业零售	

亚太地区	擅长领域	代表作品
石井幹子 （Motoko Ishii） IALD, IESNA Motoko Ishii Lighting Design Inc. 创始人，总裁，设计总监 日本东京 www.motoko-ishii.co.jp	城市景观 历史宗教 交通设施 文化建筑	日本东京铁塔 日本明石海峡大桥 日本东京浅草寺 2005日本爱知世博会
朴志哲 (株)以温SLD照明设计公司 组长 韩国 http://eondesign.webhard.co.kr	休闲娱乐 酒店住宅 交通设施	上岩 DMC综合大楼（友利银行）(2009) Galleria Foret 高层住宅 (2010) 金浦机场 SKY PARK 乐天购物商场 (2010) 金浦机场（国内线）航站楼改建工程 State Tower（光华门）商业大楼
齐洪海 远瞻照明 总经理，设计总监 中国 www.zlighting.com.cn	历史宗教 城市景观 文化建筑 商业零售	北京dresscode时装店（荷兰）室内设计 广州广东科学中心建筑、室内、景观照明设计 四川自贡水涯居大桥照明设计 北京故宫保和殿两庑展厅照明设计 北京北二环城市公园景观照明设计
近田玲子 （Reiko Chikada） IALD, IEIJ Reiko Chikada Lighting Design, Inc 首席执行官，主设计师 日本东京www.chikada-design.com	文化建筑 城市景观 酒店住宅 商业零售	九州国立博物馆 岐阜站北广场 东京椿山　四季饭店 银座Takamoto大楼
内原智史 （Satoshi Uchihara） Uchihara Creative Lighting Design 总裁 日本东京 http://www.ucld.co.jp/	文化建筑 交通设施	日本京都金阁寺 日本京都青莲苑 日本东京羽田机场
荣浩磊 CIES 北京清华城市规划设计研究院光环境研究所 所长 中国北京 www.thupdi.com	城市景观 交通设施 文化建筑 办公空间	北京市中心城区景观照明专项规划 深圳市城市景观照深明规划 北京王府井商业街照明总体规划 北京奥林匹克森林公园照明规划设计 宁波三江六岸
施恒照 照奕恒照明设计（北京）有限公司 总经理 中国北京	休闲娱乐 酒店住宅 商业零售	苏州太湖高尔夫会馆 苏州太湖酒店
宋彦明 天津津彩工程设计咨询有限公司 设计总监 中国 www.iali.com.tw	文化建筑 城市景观 酒店住宅	天津时尚舞台国际品牌城泛光照明工程 海河夜景提升照明设计 团泊现代农业园天房光合谷真人CS基地及周边景观附
石晓蔚 光理设计有限公司 主持设计师 中国台湾 www.iali.com.tw	办公空间 休闲娱乐 城市景观	台湾台北保安宫 台湾宜兰罗东运动公园 台湾台北大方养生美鑽餐厅
东海林弘靖 （Shoji Hiroyasu） IALD LIGHTDESIGN Inc. 创始人，主持设计师 日本东京 www.lightdesign.jp	文化建筑 商业零售 办公空间	日本东京银座二丁目MIKIMOTO珠宝店 日本岐阜瞑想之森市立斋场 东京ZA-KOENJI公共剧院

亚太地区		擅长领域	代表作品
斯蒂文·高夫（Stephen Gough） Project Lighting Design 负责人 新加坡		酒店住宅	北京丽晶酒店 北京希尔顿酒店改造 香港四季酒店 香港数码港艾美酒店 北京金融街洲际酒店
沈葳 浙江城建园林设计院有限公司光环境所 所长 中国 www.cjylsjy.com		文化建筑	西安世界园艺博览会 杭州新天地综合体 无锡惠山古街历史文化街区 秦皇岛城区亮化规划设计
		酒店住宅	
		城市景观	
		交通设施	
武石正宣（Takeishi Masanobu） Illumination of City Environment 总裁 日本东京 http://www.ice-pick.jp		文化建筑	海萤 川崎冈本太郎美术馆 西都原考古博物馆
		展览展示	
东宫洋美（Tomiya Hiromi） Lightscape Design Office 总裁 日本东京 www.ldo.co.jp		交通设施	日本中部国际机场 日本东京电力技术开发中心
		办公空间	
汪建平（Richard Wang） 上海艾特照明设计有限公司 （ATL Lighting Design） 设计总监 www.atllighting.com		文化建筑	无锡灵山梵宫 无锡五印坛城 威海环翠楼 上海绿地云峰总部 王小慧艺术馆
		休闲娱乐	
		历史宗教	
		城市景观	
王彦智 CIES 大观国际设计咨询有限公司（北京） 合伙人，首席照明设计师 中国北京 www.GDIL-lighting.com.cn		酒店住宅	天津火车站 北京立交桥灯光设计 北京中国建筑与室内设计师俱乐部 北京康莱德酒店
		办公空间	
		休闲娱乐	
		交通设施	
萧丽河 萧丽河灯光设计有限公司 设计总监 中国北京 www.lealighting.com		戏剧照明	北京奥运会开幕式灯光设计之一 话剧《商鞅》 昆曲《牡丹亭》
许东亮 CIES 栋梁国际照明设计中心 总经理 中国北京 www.toryolighting.com.cn		商业零售	北京中关村西区 北京新中关购物中心 郑州郑动新区城市夜景照明规划
		城市景观	
		交通设施	
许楠 中科院建筑设计研究院有限公司光环境 研究所 所长 中国北京 www.adcaslighting.com		文化建筑	中国科学院学术会堂 绍兴镜湖湿地公园 北京林业大学学研中心
		休闲娱乐	
		教育研究	
		城市景观	
姚仁恭 IALD 大公照明设计顾问有限公司 主持设计师 中国台湾 www.chroma33.com		办公空间	台湾大都市M39/40 台湾中正机场一期航站楼出入境大厅 台湾仁宝电脑总部
		交通设施	

亚太地区		擅长领域	代表作品
颜华 CIES，IEIJ I.D.STUDIO 艾德联合照明设计事务所 合伙人，设计主管 中国北京		办公空间 商业零售 城市景观 酒店住宅	常州南大街 北京电视台 郑州金水立交桥
富田泰行（Yasuyuki Tomita） IESNA Tomita Lighting design Office Inc. 创始人，总裁 日本东京 www.tldo.jp		城市景观 办公空间 酒店住宅	Grantokyo双塔 赤坂金 大阪城公园
叶虹韬 北京高光环艺照明设计有限公司 中国 http://www.gladlighting.com/		交通设施 城市景观	承德市中心区照明规划设计 珠江桥梁景观照明设计 阿根廷布宜诺斯艾利斯市方尖碑景观照明设计
袁宗南 IALD, TLA, LTC, SLA 袁宗南照明设计事务所 设计总监 中国台湾 www.jylight.com		历史建筑 交通设施 城市景观	台湾台北居安公园 台湾国父纪念馆 台湾台北世贸中心 台北接云楼
张耿 北京中联环建文建筑设计有限公司 www.uadesign.cn		文化建筑 公共艺术 历史宗教 城市景观	济南大明湖照明夜景设计 宜昌东站广场
郑见伟 CIES，IEIJ 北京市建筑设计研究院灯光工作室 中国北京		休闲娱乐 城市景观 办公住宅	上海蘭会所 北京蘭会所 北京奥运中心区夜景照明主持设计
郑美 (株)以温SLD照明设计公司 社长 韩国 http://eondesign.webhard.co.kr		文化建筑 商业零售 办公空间 历史宗教	江南区夜间景观规划 (2009) 建大星光城 (2006-2009) 金浦机场 SKY PARK 乐天购物商场 (2010) 新罗酒店_宴会厅(2010) 昌庆宫夜间开放Lighting Event & 弘华门(2011)
朱晓君 北京太傅光达照明设计有限公司 总经理 www.pldlighting.com		文化建筑 商业零售 酒店住宅 展览展示	中国美术馆室内照明 新保利博物馆室内照明 国家大剧院东西展厅照明改造 奔驰汽车展厅 奥迪品味车苑

4

APPENDIX & INDEX

附录 & 索引

绿色照明

绿色照明是节约能源、保护环境,有益于提高人们生产、工作、学习效率和生活质量,保护身心健康的照明。

视觉作业

在工作和活动中,对呈现在背景前的细部和目标的观察过程。

光通量

根据辐射对标准光度观察者的作用导出的光度量。对于明视觉有:

$$\Phi = K_m \int_0^\infty \frac{d\Phi_e(\lambda)}{d\lambda} \cdot V(\lambda) \cdot d\lambda$$

式中 $d\Phi_e(\lambda)/d\lambda$ —辐射通量的光谱分布;

$V(\lambda)$ —光谱光(视)效率;

K_m —辐射的光谱(视)效能的最大值,单位为流明每瓦特(lm/W)。在单色辐射时,明视觉条件下 K_m 的值为 $683\text{lm/W}(\lambda_m=555\text{nm}$ 时)。

该量的符号为 Φ,单位为流明(lm),$1\text{lm}=1\text{cd}\cdot1\text{sr}$。

发光强度

发光体在给定方向上的发光强度是该发光体在该方向的立体角元 $d\Omega$ 内传输的光通量 $d\Phi$ 除以该立体角元所得之商,即单位立体角的光通量,其公式为:

$$I = \frac{d\Phi}{d\Omega}$$

该量的符号为 I,单位为坎德拉(cd),$1\text{cd}=1\text{lm/sr}$。

亮度

由公式 $d\Phi/(dA\cdot\cos\theta\cdot d\Omega)$ 定义的量,即单位投影面积上的发光强度,其公式为:

$$L = d\Phi/(dA\cdot\cos\theta\cdot d\Omega)$$

式中 $d\Phi$ —由给定点的束元传输的并包含给定方向的立体角 $d\Omega$ 内传播的光通量;

dA —包括给定点的射束截面积;

θ —射束截面法线与射束方向间的夹角。

该量的符号为 L,单位为坎德拉每平方米(cd/m²)。

照度

表面上一点的照度是入射在包含该点的面元上的光通量 $d\Phi$ 除以该面元面积 dA 所得之商,即:

$$E = \frac{d\Phi}{dA}$$

该量的符号为 E,单位为勒克斯(lx),$1\text{lx}=1\text{lm/m}^2$。

维持平均照度

规定表面上的平均照度不得低于此数值。它是在照明装置必须进行维护的时刻,在规定表面上的平均照度。

参考平面

测量或规定照度的平面。

作业面

在其表面上进行工作的平面。

亮度对比

视野中识别对象和背景的亮度差与背景亮度之比,即:

$$C = \frac{\Delta L}{L_b}$$

$$C$$

式中 ΔL —亮度对比;

L_b —识别对象亮度与背景亮度之差;

—背景亮度。

识别对象

识别的物体和细节(如需识别的点、线、伤痕、污点等)。

维护系数

照明装置在使用一定周期后,在规定表面上的平均照度或平均亮度与该装置在相同条件下新装时在同一表面上所得到的平均照度或平均亮度之比。

一般照明

为照亮整个场所而设置的均匀照明。

分区一般照明

对某一特定区域,如进行工作的地点,设计成不同的照度来照亮该区域的一般照明。

局部照明

特定视觉工作用的、为照亮某个局部而设置的照明。

混合照明

由一般照明与局部照明组成的照明。

正常照明

在正常情况下使用的室内外照明。

应急照明

因正常照明的电源失效而启用的照明。应急照明包括疏散照明、安全照明、备用照明。

疏散照明

作为应急照明的一部分,用于确保疏散通道被有效地辨认和使用的照明。

安全照明

作为应急照明的一部分,用于确保处于潜在危险之中的人员安全的照明。

备用照明

作为应急照明的一部分,用于确保正常活动继续进行的照明。

值班照明

非工作时间,为值班所设置的照明。

警卫照明

用于警戒而安装的照明。

障碍照明

在可能危及航行安全的建筑物或构筑物上安装的标志灯。

频闪效应

在以一定频率变化的光照射下,观察到物体运动显现出不同于其实际运动的现象。

光强分布

用曲线或表格表示光源或灯具在空间各方向的发光强度值,也称配光。

光源的发光效能

光源发出的光通量除以光源功率所得之商,简称光源的光效。单位为流明每瓦特（lm/W）。

灯具效率

在相同的使用条件下,灯具发出的总光通量与灯具内所有光源发出的总光通量之比,也称灯具光输出比。

照度均匀度

规定表面上的最小照度与平均照度之比。

眩光

由于视野中的亮度分布或亮度范围的不适宜,或存在极端的对比,以致引起不舒适感觉或降低观察细部或目标的能力的视觉现象。

直接眩光

由视野中,特别是在靠近视线方向存在的发光体所产生的眩光。

不舒适眩光

产生不舒适感觉,但并不一定降低视觉对象的可见度的眩光。

统一眩光值(UGR)

它是度量处于视觉环境中的照明装置发出的光对人眼引起不舒适感主观反应的心理参量,其值可按 CIE 统一眩光值公式计算。

眩光值(GR)

它是度量室外体育场和其他室外场地照明装置对人眼引起不舒适感主观反应的心理参量,其值可按 CIE 眩光值公式计算。

反射眩光

由视野中的反射引起的眩光,特别是在靠近视线方向看见反射像所产生的眩光。

光幕反射

视觉对象的镜面反射,它使视觉对象的对比降低,以致部分地或全部地难以看清细部。

灯具遮光角

光源最边缘一点和灯具出口的连线与水平线之间的夹角。

显色性

照明光源对物体色表的影响,该影响是由于观察者有意识或无意识地将它与参比光源下的色表相比较而产生的。

显色指数

在具有合理允差的色适应状态下,被测光源照明物体

的心理物理色与参比光源照明同一色样的心理物理色符合程度的度量。符号为 R。

特殊显色指数

在具有合理允差的色适应状态下,被测光源照明 CIE 试验色样的心理物理色与参比光源照明同一色样的心理物理色符合程度的度量。符号为 R_i。

一般显色指数

八个一组色试样的 CIE1974 特殊显色指数的平均值,通称显色指数。符号为 R_a。

色温

当某一种光源（热辐射光源）的色品与某一温度下的完全辐射体（黑体）的色品完全相同时,完全辐射体（黑体）的温度,简称色温。符号为 T_c,单位为开尔文(K)。

相关色温

当某一种光源（气体放电光源）的色品与某一温度下的完全辐射体（黑体）的色品最接近时完全辐射体（黑体）的温度,简称相关色温。符号为 T_{cp},单位为开尔文(K)。

光源量维持率

灯在给定点燃时间后的光通量与其初始光通量之比。

反射比

在入射辐射的光谱组成、偏振状态和几何分布给定状态下,反射的辐射通量或光通量与入射的辐射通量或光通量之比。符号为 ρ。

照明功率密度(LPD)

单位面积上的照明安装功率（包括光源、镇流器或变压器）,单位为瓦特每平方米（W/m²）。

室形指数

表示房间几何形状的数值。其计算式为：

$$RI = \frac{a \cdot b}{h(a+b)}$$

式中 RI —室形指数；

a —房间宽度；

b —房间长度；

h —灯具计算高度。

A

absorptance	吸收比（吸收系数）
accent lighting	重点照明
ambipolar diffusion	双极扩散
arc discharge	电弧放电

B

baffle	遮光版
ballast	镇流器
batwing distribution	蝙蝠翼型配光
beam angle	光束角
brightness	视亮度

C

candle（cd）	坎德拉（亮度单位）
carbon arc lamp	炭弧灯
cavity ratio（CR）	空间比
chroma	彩度
chromaticity	色品（色度）
chromaticity diagram	色度图
CIE 1931 standard color-metric system	CIE1931标准色度系统
CIE（International Commission on Illumination）	国际照明委员会
clear sky	晴天空
clerestory	高窗，阁楼天窗
color appearance	色表
colorimetry	色度学
color rendering	显色性
color rendering index（Ra）	显色指数
color temperature	色温
columnar cell	柱状细胞
compact fluorescent lamp	紧凑型荧光灯
cone cell	视锥细胞，圆锥细胞
contrast	对比
contrast rendering factor（CFL）	对比显现因数
contrast sensitivity	对比感受性（对比敏感性）
cornice lighting	檐板照明
correlated color temperature	相关色温
cove lighting	暗灯槽照明
cut-off angle	截光角

D

daylight	天然光
daylight factor	采光系数
daylighting	天然采光
diffuse reflection	漫反射
diffused lighting	漫射照明
dimmer	调光器
direct glare	直接眩光

directional lighting	定向照明
disability glare	失能眩光
discharge lamp	气体放电灯
discomfort glare	不舒适眩光
downlight	下射式灯具；下照灯

E

electroluminescent lamp	场致发光灯
electrode	电极
electroluminescence	场致发光；电致发光
emergency lighting	应急照明

F

filament	灯丝
floodlighting	泛光照明
fluorescent lamp	荧光灯
fluorescent high-pressure mercury lamp	荧光高压汞灯
footcandle（fc）	英尺烛光（照度单位）
footlambert（fl）	英尺朗伯（亮度单位）
full radiator	完全辐射体
fuse	保险丝

G

gas incandescent lamp	充气白炽灯
general lighting	一般照明
glare	眩光
glare index（GI）	眩光指数
green lights	绿色照明

H

high intensity discharge lamp（HID）	高强气体放电灯（HID灯）
high pressure mercury lamp	高压汞灯
high pressure sodium lamp	高压钠灯
high pressure xenon lamp	高压氙灯
homogeneous light	单色光
hue	色调（色相）

I

IALD (The International Association of Lighting Designers)	国际照明设计师协会
IEIJ (The Illuminating Engineering Institute of Japan)	日本照明工程学会
IESNA (Illuminating Engineering Society of North America)	北美照明工程学会

IDA（International Dark-Sky Association）

                  国际暗天空联盟

illuminance   照度
incandescent lamp   白炽灯
incident angle   入射角
indirect lighting   间接照明
inert gas   惰性气体
infrared radiation   红外辐射
infrared ray   红外线
integrated ceiling unit   综合顶棚单元
internally reflected component（IRC）

                  室内反射分量

intensity   亮度
inter-reflection   相互反射
isolux   等照度曲线

L

lamp cap   灯头
lamp base   灯座
landscape lighting   景观照明
lead wire   导线
light-emitting diode（LED） 发光二极管
lighting power density（LPD）

                照明功率密度

light intensity   光强度
lightness   明度
local lighting   局部照明
localized general lighting 分区一般照明
louver   （遮光）格栅
louvered ceiling   格栅顶棚
low pressure discharge 低压放电
low pressure sodium lamp 低压钠灯
lumen（lm）   流明
lumen method   流明法
luminaire   灯具（照明灯具）
luminaire efficiency；light output ratio（of a luminaire）

                灯具效率（灯具光输出比）

luminance   亮度
luminance factor   亮度因数
luminance ratio   亮度比
luminous ceiling   发光顶棚
luminous efficacy（of a lamp）（灯的）发光效能（光效）
luminous environment   光环境
luminous flux   光通量
luminous intensity   发光强度
luminous intensity distribution curve

                光强分布曲线（配光曲线）

lux（lx）   勒克斯（照度单位）

M

maintained illuminance 维持照度
maintenance factor   维护系数
mesopic vision   过渡视觉；黄昏黎明视觉
metal halide lamp   金属卤化物灯
monochromatic   单色

Munsell color system   孟塞尔色表系统

N

neon arc lamp   氖弧灯
neon lamp   霓虹灯

O

object color   物体色
outdoor lighting   室外照明
overcast sky   全阴天空

P

partly cloudy sky   多云天空
pendant luminaire/suspended fitting

                悬吊式灯具（吊灯）

phosphor   荧光粉
photopic vision   明视觉
photometers   光度计
photometry   光度测定
photopic vision   亮视觉；白昼视觉
PLDA

  （Professional Lighting Designers' Association）

                职业照明设计师协会

point method   点算法
primary color   原色
prismatic   棱镜的
protected luminaire   防护型灯具

R

radial   射线
radiation   辐射
ratio of glazing to floor area 窗地面积比
recessed luminaire   嵌入式灯具
reflect   反射
reflectance   反射比（反射系数）
reflected glare   反射眩光
reflection angle   反射角
reflection   反射率
regular reflection   规则反射
refraction   折射
relative spectral power distribution

                相对光谱功率分布

room index（RI）   室形指数
room cavity ratio（RCR） 室空间比

S

safety lighting   安全照明
saturated color   饱和色
sawtooth skylight   锯齿形天窗

scattering	散射
scotopic vision	暗（夜，微光）视觉
semi-cylindrical illuminance	半柱面照明
shielding angle	遮光角（保护角）
sidelighting	侧面采光
sky component of daylight factor	
	采光系数的天空光分量
sky light	天空（漫射光）
skylight	天窗
solid angle	立体角
spacing hight ratio of luminaire	灯具距高比
spectral energy distribution	光谱能量分布
spectral luminous efficiency	光谱光视效率
spectrum	光谱
speed of vision	视觉速度
spotlight	射灯；聚光灯
spread reflection	扩散反射
stand-by lighting	备用照明
sunlight	阳光；直射阳光
surfaced mounted luminaire；ceiling fitting	
	吸顶灯具

visual performance	视觉功效
visual radiation	可见辐射
visual task	视觉作业
vision	视觉

W

wall washing	洗墙灯
wavelength	波长
working plane	工作面

T

task-oriented lighting	指向作业的照明
thermal radiation	热辐射
threshold contrast	阈限对比（临界对比）
toplighting	顶部照明
total internal reflection	全内反射
total reflection	全反射
transmission	透射
transmittance	透射比（透射系数）
trichromatic	三原色的
troffer	灯槽
tungsten-halogen lamp	卤钨灯

U

urban lighting	城市照明
ultraviolet radiation	紫外辐射
unified glare rating（UGR）	统一眩光值
uniform diffuse reflection	均匀漫反射
uniformity of illuminance	照度均匀度
utilization factor	利用系数

V

vacuum lamp	真空灯
value	明度值
veiling reflection	光幕反射
visible light	可见光
visibility	可见度
visibility level（VL）	可见度等级
visual acuity	视觉敏锐度
visual angle	视角
visual field	视野
visual perception	视知觉

照明设计师项目索引
LIGHTING DESIGNERS' PROJECTS INDEX

附录 & 索引

APPENDIX & INDEX

设计师	国家或地区	项目所在页码
Aedas	英国	82
Albert Angel	美国	106
ATELIER BRÜCKNER GmbH	德国	220
Arup	英国	132
Arch. Di Bernado Bader	奥地利	248
Arquitectonia 建筑设计公司	美国	192
Beyer Blinder Belle	美国	80
BIAD 体育工作室	中国	324
Blair Associates Architecture	英国	124
Coop Himmelblau	美国	96
David Reffo	瑞士	270
Daniel Burnham and John Wellborn Root	美国	148
DCA Architects	美国	168
Eun Young Yi	韩国	54
Frederik Lyng	丹麦	74
Foster and Partners	英国	266
gmp	德国	58/310
Gijs Van Vaerenbergh	比利时	208
Henn GmBH	德国	216
HOK Architects	美国	280
Jestico & Whiles	英国	172
John Pawson Architects	英国	244
JR East Design	日本	288
JR East Tokyo Electrical Consultation and System Integration Office	日本	288
KPF	美国	159
Klapper & Niethardt Partnerschaftsgesellschaft	德国	282
Leitenbacher Spiegelberger	丹麦	242
Link Arkitektur Architekten BDA	德国	222
MAD 建筑事务所	中国	180
Menis Arquitectos— Fernando Menis	美国	232
Mark + Partner	德国	310

设计师	国家或地区	项目所在页码
MDS architecture	南非	130
Michael Grubb Studio	英国	209
Neiheiser & Valle	美国	138
Nikken Sekkei Ltd—Tadao Kamei	日本	278
Olsen Design Group Architects	美国	66
O Studio Architects	中国	240
Oscar Tusquets Blanca	西班牙	296
Raupach Architekten GbR	德国	300
Rockwell Group	美国	112/152/176
RCR Arquitectes	西班牙	210
Sasaki Associates	美国	150
Sid Lee 建筑	荷兰	214
Schuller+Tham Architekten BDA	德国	62
Schmidt hammer lassen	丹麦	242
Shigeru Yoshino	日本	278
Studio Daniel Libeskind	美国	168
SOM	美国	126
3XN	丹麦	70
3H Architecture & Design	英国	244
4a 建筑设计事务所	德国	88
Taisei Corporation	日本	68
Tima Winter Inc.	美国	104
Tim Laubinger Rhwl	英国	116
Tetsuo Tsuchiya	日本	278
Tangram architects	英国	266
UNStudio	荷兰	132
von Gerkan	德国	310
William Barbee	美国	188
Wilkinson Eyre Architects	英国	256/304
WOHA /WOHA Architects Pte Ltd	新加坡	164
x2 architettura 事务所	意大利	236

图书在版编目（CIP）数据

国际照明设计年鉴. 2014 /《国际照明设计年鉴2014》编委会编写.
-- 北京：中国林业出版社, 2014.5
ISBN 978-7-5038-7490-1

Ⅰ. ①国… Ⅱ. ①国… Ⅲ. ①建筑照明－照明设计－世界－2014－年鉴
Ⅳ. ①TU113.6-54

中国版本图书馆CIP数据核字(2014)第096212号

策　　划：照明设计杂志社
（100085 北京市海淀区清河中街清河嘉园东区甲1号楼21-22层）
主　　编：何　崴
副 主 编：张　昕
参　　编：陈　东　张　倩　李蔚霖　王子妍　赵晓波
市　　场：赵晓波　王子妍　陈　东
流程统筹：刘炳育
装帧设计：卞宇轩　郑慧晴
美术编辑：郑慧晴　李思凝　谢　飞　殷志伟

中国林业出版社 · 建筑与家居出版中心
责任编辑：纪亮 王思源

出　　版：中国林业出版社
（100009 北京西城区德内大街刘海胡同 7 号）
http://lycb.forestry.gov.cn/
E-mail：cfphz@public.bta.net.cn
电　　话：（010）8322 5283
发　　行：中国林业出版社
印　　刷：北京利丰雅高长城印刷有限公司
版　　次：2014年5月第1版
印　　次：2014年5月第1次
开　　本：210mm×285mm
印　　张：24
字　　数：360千字
定　　价：368.00元